中国寺观园林

乐卫忠　朱轶俊　著

中国建筑工业出版社

图书在版编目（CIP）数据

中国寺观园林 / 乐卫忠，朱轶俊著 . — 北京：中
国建筑工业出版社，2019.10
ISBN 978-7-112-24069-2

Ⅰ.①中… Ⅱ.①乐…②朱… Ⅲ.①寺庙—宗教建
筑—建筑艺术—研究—中国 Ⅳ.① TU-098.3

中国版本图书馆 CIP 数据核字 (2019) 第 167742 号

中国宗教文化是中国传统文化的重要组成部分，中国寺观园林是中国风
景园林的重要组成之一。本书内容包括中国寺观园林建置史、中国寺观园林类
型解析与营建程序、中国著名宗教圣地等。

本书可供广大风景园林工作者、风景园林艺术爱好者等学习参考。

责任编辑：吴宇江　孙书妍
责任校对：刘梦然

上海市园林设计院参与图片拍摄

中国寺观园林
乐卫忠　朱轶俊　著

*

中国建筑工业出版社出版、发行（北京海淀三里河路9号）
各地新华书店、建筑书店经销
北京光大印艺文化发展有限公司制版
北京富诚彩色印刷有限公司印刷

*

开本：880×1230毫米　1/16　印张：21¼　字数：404千字
2020年6月第一版　　2020年6月第一次印刷
定价：**198.00**元
ISBN 978-7-112-24069-2
（34567）

作者简介

乐卫忠，1933 年生，上海人，1953 年上海同济大学建筑系本科毕业，1954 年哈尔滨工业大学土木建筑系副博士研究生预科毕业，1957 年南京工学院（现东南大学）建筑系研究生毕业。教授级高级建筑师，国家特许一级注册建筑师，同济大学兼职教授，中国风景园林学会资深会员，上海市风景园林学会高级会员，享受国务院政府特殊津贴。

作者从事建筑与园林的规划、设计、研究、教学工作 50 年。历任上海市园林设计院院长，上海市园林管理局（现上海市绿化与市容管理局）副总工程师，中国园林设计协会副理事长，中国风景园林学会理事，上海市勘测设计协会理事，上海市园林科学技术委员会常务副主任，上海园林建设咨询服务公司总工程师等职。曾获得国际设计奖 2 项，国家级设计、科技进步奖 3 项，部级设计、科技进步奖 6 项，上海市级设计奖 6 项，一级学会系统优秀论文奖 2 项。2016 年获得上海市风景园林学会终身成就奖。

朱轶俊，思纳史密斯集团（CNASmith Group）总裁，思纳设计股份艺术总监和执行总裁，思纳史密斯文创投资总经理。

作为一位资深设计师和收藏家，朱先生在项目规划统筹、城市规划设计，以及酒店业、展览业和零售业的设计等各种项目中都具有丰富而广博的经验，尤擅长处理功能复杂的综合体项目，从室内到数百万平方米的超级城市综合体以及相关项目的策略规划问题的研究，朱先生都能从容应对并在其中获得乐趣，其所领导思纳设计股份的创新平台，在设计的创意落地、产品化培育、景区和园区的主题运营以及智能建筑领域的开发方面不断取得实质性的成绩，思纳设计股份更是国内最早从事产业研究和产业小镇策划设计规划的专业机构；朱先生对东方古典园林造景艺术，以及天、地、人的关系学类尤为关注和研究，并在濒危艺术非物质文化遗产的保护方面和对环喜马拉雅艺术进行系统性研究与整理方面成果卓著；近年来，更致力于将国外著名学者的相关研究成果在中国翻译出版，已经立项出版的"喜马拉雅的召唤"系列艺术研究丛书在美国收藏界获得广泛好评，并且成为国内喜马拉雅艺术的收藏品范本。

自序

全球物质文化遗产中景观建筑类属大宗。中国有一传统经典成语，曰"纲举目张"。景观建筑学（亦称风景园林学）解析景观建筑与风景园林，其传统的"纲"谓之"三定"，即定性、定位和定型。

一、定性，即定经济属性。经济属性是指自然资源与园地产业的社会归属，自古至今可分为：国家或地方政府所有、私人所有、集体所有、皇室所有以及社会大众共同享有等。在存在阶级的社会里，经济属性是最基本的属性。经济属性不仅确立景观建筑与风景园林的服务对象，而且还是决定景观建筑与风景园林服务功能的前期条件。

二、定位，即功能定位，指风景地与园地依其使用、服务、管理等功能的差异性，而对风景地与园地所作的分类，自古至今可分为：

1. 私园类。附于城镇住宅的，附于郊外别墅的，附于寺观、教堂、修道院与礼拜堂的，以及各种私营企业单位的园地或单独的城乡私人园地。

2. 宫园与官邸类。中国的苑囿、西方的皇家花园，以及附于皇家殿宇与官署的园地。

3. 集体所有类。部分附于寺观、教堂、修道院与礼拜堂的，以及附于事业单位（学校、医院、研究机构等）和各种国有企业的园地。

4. 公园类。城市公园、国家公园、森林公园、地质公园、湿地公园、国家历史公园、植物园、动物园以及其他多种专类园等。

5. 风景区类。自然风景区、风景名胜区、宗教性风景名胜区、国家野外娱乐活动区等。

6. 保护区类。自然保护区、野生动物保护区、国家自然面貌保留区等。

不同国家对景观功能的理解不尽相同，区分方式也不完全一致，如在美国与欧洲称国家公园或州级公园，在中国原来称风景名胜区。但自 2007 年起，原称国家重点风景名胜区的改称中国国家公园，其英文名称为 National Park of China，便于同国际对应。位于郊区的皇家花园、私人别墅花园，或宗教性花园，其占地面积较大者，实际上就是风景区，也就是说，风景区可以是属于国家或地方政府的，也可以是属于皇室的、私人的或集体的。所以，功能定位有其灵活性。

三、定型，型者，乃铸物之模具。定型，即制定规划设计模式，包括规划设计理念、规划形式、设计方式、设计手法等。景观建筑学范畴可分：

1. 自然景观型，或称自然景观体系（包含原生态自然景观与模仿自然景观）；

2. 人文景观型，或称人造景观体系；

3. 自然景观与人文景观复合景观型，或称自然人文复合景观体系等。

规划设计技术与艺术完全是人为的，规划设计理念随民族、哲学思想、观念等的不同而形成各自的特色，景观建筑（风景园林）体系随时代发展而发生演变。

景观的英文对应词是 Landscape。Landscape 一词，英文原意是指陆地上一个部分的景象，翻译为"景观"，是一种广义的概念，实指"现实的现象"，而未作评价；亦可引申为"野外图画""自然景色或自然风景"。若指"风景"则包含一个判别的因素。风景是人类评价自然景观的一种认知和认可，原始景观不一定都是美的风景。人类的建设行为经常产生破坏自然生态和自然景观的不良作用，但通过科学的规划设计与管理手段，也可以产生提高景观效果、增加景观的美观度和改善自然生态的积极作用。美国景观建筑家欧姆斯特德（Frederick Law Olmsted，1822～1903 年）于 1860 年首创"景观建筑学"一词。景观建筑学（风景园林学）是 Landscape 和 Architecture[①] 两词、两学科的综合，包含了创造与建设行为，是以人们的建设行为去创造匹配自然美、优于自然美与自然环境的一个科学学科。

中国古代传统上是依据经济性质，也即资源或产业性质，来区分一个景观建筑（风景园林）项目的属性，如属皇室的园地，不论其规模大小，归入"苑囿"类；属民间私人的园地（包括集体所有园地，如书院等）曾经有许多名称，如园林、园池、园亭、园圃、山池、别业、山庄等，明清时期则归入"园林"类；属地方政府而向民众开放的风景区归入"名胜"类。佛教的寺庙（古时称梵刹）和道教的道观，于封建时代后期，因其所附的园地基本上属私产或集体所有，故也归入园林类。西方取同样原则。西方古典园林历史上有柱廊园、庄园、寺园（附属教会、修道院）、

---

① Architecture 一词，在牛津词典中的解读是"Art and science of designing and constructing buildings"，即"设计和建造建筑物的艺术与科学"。国际通行的 Landscape Architecture 学科，在国内或称景观建筑学、风景园林学，或称造园学，为使多方面能了解这个学科，本文作等同式相示。

宫园、私宅园庭等，但除宫园外，其余的性质基本上都属私产或集体所有，近代归入园林（花园 garden，或花园群 gardens ）之列。近代出现属于国家或地方政府而向公众开放的园地或风景地，称为公园（ park ）。garden 与 park 之分，即私园与公园的属性之分，而非功能定位之别。鉴于中外古今，凡宗教性的园地或风景地本质上都属私有或集体所有园地，一般概称园林（花园或花园群）。所以，这本书就名之《中国寺观园林》，本质的定性有利于包含一切技术层面的剖析。

中国古代是一个兼容多种宗教的国家。所谓"三教九流"，三教是指儒、道、佛三教①。"九流"者最经典的是东汉班固②所列九流：儒、墨、道、法、农、名、阴阳、纵横、杂（九流中无佛，间接说明当时佛教尚未明确传入）。就现代观念，三教中华夏的儒家③不是宗教，而道教与佛教确实是中国传统的两大宗教体系。道教与佛教所属的园地，其规模大小之间可相差千百倍，大者称宗教名胜和宗教圣地，属风景区类，小者庭园而已④。当今，中国保存保留有风景名胜区近千处，在国务院批准的 244 处国家级风景名胜区中，含宗教圣地与宗教性质的风景名胜约占一半，那里保存保留下自汉朝以降珍贵的实物（建筑物、构筑物、植物、石质艺术品等），具有直观的文化历史价值。

中国宗教文化是中国传统文化的重要组成部分，包括宗教圣地与宗教名胜在内的中国寺观园林又是中国旅游文化的核心内容之一。我国推进实施传统文化教育与发展旅游事业是为社会主义物质文明与精神文明服务的。

① 南北朝《北史·周高祖记》载："周武帝建德二年集群官及沙门道士等，帝升高座，辨释三教先后，以儒教为先，道教次之，佛教为后"。
② 史学家班固（32～92 年，东汉光武帝建武八年 ~ 和帝永元四年）著有中国第一部断代史《汉书》。
③ 自汉朝起历代封建王朝均崇儒尊孔，为孔子建庙立像，树礼制，配机构，名之文庙，故被误认为又一宗教，与佛、道合称"三教"。孔子是圣非神，是儒生之师而非宗教教祖，现代已为之正名。
④ 佛徒（亦称沙门、比丘）所据曰佛寺、寺、院、庵，又名寺刹、僧寺、精舍、道场、佛刹、梵刹、净刹、伽蓝、兰若、丛林、檀林等；道徒所据曰官、观、道院、道观，又名祠、庙、府、洞、庵、馆等。凡此，大清律例之户律条概称"寺、观、庵、院"，或简称"寺观"，现依其称。此外，中国寺观园林有狭义与广义之别。狭义者，园林是寺观内部的一个部分，不出现独立的"园"的名称。本文中指某寺或某观，即指某寺观园林。佛寺道观若包括宗教性质的延伸区，名之宗教名胜和宗教圣地的，即本文所论广义的寺观园林。图片用以观察景观之势，解释文字之意，附录中有图片目录可查阅。

第
一
篇

中国寺观园林
建置史

第一章

道教宫观园林

　　道教是以道家的学术思想为基本内容的宗教。道学思想创建人老子李耳与佛学思想创建人释迦牟尼同为公元前五世纪至公元前六世纪之人。释迦牟尼创立佛教，被尊奉为佛教教祖，后来老子被道教创立人张陵尊奉为道教教祖。道教与佛教都是多神教，属偶像崇拜体系。不过，偶像崇拜本非老子和释迦牟尼的本意。释迦牟尼去世时（佛教称涅槃），嘱"焚身取舍利"。老子留下《道德经》（亦名《老子五千言》）后，便不知所终。"他本无心为教祖，谁知教祖迫人来"，老子被动地被奉为道教教祖，不同于释迦牟尼。但两哲圣则怀相同意愿，他们都淡视尘世，何图铸像受拜？偶像崇拜实乃后世印度比丘和中国道士的创作。

　　据史籍记载和民间传说，开启中华文明之门者，"三皇"是也。古时，伏羲氏、神农氏与轩辕氏（黄帝），合称"三皇"①。在中华民族的文明史上，伏羲位居"三皇之首，百王之先"。伏羲观天象，制历法，画八卦，创文字，结网罟，把中华先民由茹毛饮血带入文明，故尊为三皇之首。"历来传统学者认为中国文化与文化学术的起源，都以伏羲画八卦为有书契的开始。《易经》就是从八卦演进为文化学术思想的一部书"（南怀瑾著《禅宗与道家》）。"夫《易》广矣大矣"，中国传统文化几乎都可以寻根到《易》。《周易》由《易经》和《易传》组合而成，通过周文王、周公（西周时期，公元前 1046 年～公元前 771 年）至孔子（春秋时期，公元前 770 年～

---

① 何为"三皇"？中国古人有不同说法：有以伏羲、神农、燧人为三皇（汉班固《白虎通》，清陈寿祺《尚书大传》）；有以伏羲、神农、黄帝为三皇（晋皇甫谧《帝王世纪》）；有以伏羲、神农、女娲为三皇（唐司马贞《史记·补三皇本纪》）。但不论何种组合，伏羲总位居首位。

公元前 476 年）完成了易学体系。《周易》无所不包，有哲理、数理、医理、物理、生理、命理，及文化系列的文学、美学、园艺学、建筑学、音乐、绘画、教育、饮食等，被列为儒家经典之一。

《易经》又是中国宗教与宗教思想的源头。老子姓李名耳（约公元前 571 年 ~ 公元前 471 年），与孔子是同时代的伟大哲学家、思想家。老子年长于孔子。老子著《道德经》上下两篇，五千余字。《道德经》是一部认识宇宙、教导大众、治理国事的哲学著作，启示人们怎样去观察认知宇宙、天、地、万物、自然、社会和人的自身。老子建立了中国思想文化的一座丰碑，那就是"道"，"道"成为中国文化重要的核心概念。老子被尊为道家宗师，老子学说和道家文化同样归属《易经》这个思想体系。由《易经》至《道德经》，再发展成后世的"堪舆学"（地理学、风水学）、"丹道学"（化学、药物学）、"养生学"（中医学、植物与营养学）等学术，是道教作为道家文化的继承者所作出的成就与贡献。

第一节　秦朝西汉东汉三国时期

（公元前 221 年 ~ 公元 265 年）

老子的道学思想虽然一经传世即被当时尊为"黄、老学术"，与黄帝并立，但老子被尊奉为道教教祖却要比释迦牟尼被尊奉为佛教教祖大概迟 600 年。作为产生于中国的传统宗教的道教，其创立存在一个逐渐推进的过程。战国（公元前 475 年 ~ 公元前 221 年）至西汉时期（公元前 202 年 ~ 公元 8 年）盛行"黄、老学术"，并且老子渐渐被神化。

道教初期的组织形态以分散的民间教团为标志，最早有方仙道和黄老道，之后有五斗米道和太平道。方仙道是战国时期产生的一个以"长生不老"为目的之道团，以不死药方为"方"，以长生神仙为"仙"，故称方仙道。这种信仰为道教教义做好了前期准备。据东晋（317 ~ 420 年）葛洪记述，陕西终南山老子说经台区域，早在东周中期已建有老子祠，故留下"道观之兴，实祖于此"之说[①]。中国第一代封建帝君嬴政（公元前 259 ~ 公元前 210 年）崇敬老子，据《周至县志》记载：秦"始皇帝嬴政建陵庙于尹喜结楼地之南，并躬行祭祀。"西汉时，"汉武帝刘彻至楼观谒祀老子，建望仙宫于楼观台观北"。东汉明帝、章帝之际，益州太守王阜作《老子

---

① 东晋葛洪（284 ~ 363 年）《〈关尹子〉序》："今陕州灵宝市太初观，乃古函谷关候见老子处，终南宗圣宫乃关尹故宅，周穆王修其草楼，改号楼观，建老子祠。"

圣母碑》称："老子者，道也。乃生于无形之先，起于太初之前，行于太素之元，浮游六虚，出入幽明，观混合之未别，窥清浊之未分"。黄老道奉守"黄、老学术"，建立"老子祠"作斋戒祭祀，出现宗教仪式。

最早的道教约在东汉顺帝年间（126年～144年）由张陵创立。张陵，又名张道陵，远祖西汉初张良，原籍江苏省沛县，出生于浙江省天目山，天性聪慧，少年即能研读《道德经》《河洛图谶》等书，并进太学为太学生。青年时曾任四川省一县县令，后弃官入山修道，循道家之风，周游名山，寻求仙术，领悟道之本旨。20年后，因爱民风纯厚、溪岭深秀的蜀中，张陵遂回归四川，隐于鹤鸣山，修神丹符咒之术。

观古代宗教史，大凡立教初始，以"神迹"开道为常见，张陵也称感太上老君授《正一盟威》之道，及《太上三五都功》诸品经箓，于鹤鸣山创立道教，旋至青城山，于后世名之为"天师洞"的一个幽静山坳内结茅舍，立治区，降魔传教，奉老子为教祖，以《道德经》为主要经典，以"道"为最高信仰，故名道教。道教起初亦称正一盟威道，或称五斗米道（该时道师治病，病家出米五斗为公用，故名）和米道，后来又称天师道、正一道，"正者不邪，一者不杂"，这是产生于中国本土的道教组织中最传统的一个教派，流传至今。道教是敬祀鬼神、重生贵术的宗教，追求长生久视。道教的根本教义是《道德经·六十七章》所指的"我有三宝，持而保之，一曰慈，二曰俭，三曰不敢为天下先。慈故能勇，俭故能广，不敢为天下先故能成器长。"正一道的《老子想尔注》把老子作为"道"的化身，称"一者，道也"，"一散形为气，聚形为太上老君。"道教讲解其宗教理想为："各安其位""治国令太平"，教徒应"奉道守戒，施惠散财，竞行忠孝，行善积德"，以及张陵扶危济困、战瘟疫、灭兽害、教民以掘井取盐之法等行为，包含积极精神。

张陵立教的青城山天师洞三面峭壁陡岩，正面临溪流，山峦上古木森密，洞外有"降魔石""掷笔槽"等天然名胜，天师洞开启创建自然景观型道观园林之门，具非凡意义。

东汉灵帝熹平年间（172～178年），张角创立太平道，奉事黄老道。太平道组织黄巾起义，被东汉朝廷镇压，太平道只存在很短时间。

道家的哲理持"天地与我并生，万物与我唯一"（《庄子》）的信念，认为自然万物是具有人的品格的生命体。道教将道家的自然人化思想改变为自然神化观念。 道教宗教观念的核心里存在一个神仙世界，而神仙世界里则蕴藏着一个"一气化三清"的"创世篇"。道教信仰老子的"道"，在吸收原始宗教、民间宗教与神话传说的基础之上，道教的一个教派又把老子所说"道生一，一生二，二生三，三生万物"的哲理改换为"洪元、混元、太初"三个世界，再由此衍化为元始天尊、灵宝天尊、道德天尊的"三清尊神"而崇拜之。道教应用这个"化"法,通过"转化、神化、生化"的整合方式孕育出道教的诸路神灵。

神仙之说有多个出处,《楚辞》《庄子》《淮南子》《山海经》等书皆有论述,实起源于原始的自然崇拜,崇拜天、地、山、川、星辰、风、雨、雷、电等自然万物,将之"转化",并配设相对应的尊神,如三官大帝(天官尧,天官赐福;地官舜,地官赦罪;水官禹,水官解厄)、北斗真君(北斗星,北斗星君掌消灾解厄)、南斗星君(二十八星宿之斗宿,南斗星君掌延寿施福)、五岳大帝(泰山、华山、恒山、衡山与嵩山五大山岳之神),以及雷公、电母、风伯、雨师、山神、河神等,而崇拜之所来源于巫祠。所谓"神化",是指引入被中国历史或历史传说公认为功德永垂人间的先祖先辈,将之神灵化,列入"神"的范畴,如伏羲、神农、黄帝、老子、关羽、吕纯阳、妈祖等。所谓"生化",即依神话故事推想或臆想出来而生成的神,包括殷商时期的鬼神,占道教诸神的多数,如元始天尊、玉皇大帝、东王公、西王母等。神仙世界里,神或被视作先天自然之神,是于天地未分之前就存在的真圣,或是后世受封建皇帝册封而神化成神。常言道:"名山即人授,佛道皆君封",其实,神都是人间对他们加奉的封号,神大都有"封诰",享受祭祀。仙是世俗中修炼得道之人,通过修炼最终达到长生不老的人就是仙人。大凡执政管事的是神,而不管事的则为仙,仙有天仙、地仙、散仙之分。仙人"不食五谷,吸风饮露,乘云气,御飞龙,而游乎四海之外"(庄子《逍遥游》),民间传说最多的、最具代表性的仙人是"八仙"。

因神仙组成内容庞杂,使道观组合结构丰富多样。因神灵来路有多种渠道,故道观分布面相对广泛。东汉至三国时期,道教宫观道院已传及浙江、安徽、山东、山西、湖南、河南、四川、陕西、福建、江西、甘肃等省。自东汉、三国开始开发为道教圣地的有:四川省青城山、鹤鸣山,山东省泰山、崂山,江苏省茅山,江西省阁皂山,陕西省终南山、华山,河南省嵩山,浙江省委羽山,福建省武夷山等。创建于此时期并经后世重建重修留存至今的道教宫观道院见表1-1。

东汉三国时期道观园林始建时间表　　　　表1-1

(经重建或重修留存至今的)

序号	道观、道观园林	所在地	始建年代 (后世重建或重修)
1	太室山中岳庙◎	河南省登封市嵩山	东汉,前身西汉汉武帝太室祠
2	岱庙◎	山东省泰安市泰山	东汉,前身西汉汉武帝所起之宫

序号	道观、道观园林	所在地	始建年代 （后世重建或重修）
3	三官大帝庙（宋太清宫）◎	山东省崂山	东汉
4	后土祠◎	陕西省万荣县	东汉
5	道德中宫（历代祭祀老子）◎	安徽省亳州市	东汉延熹八年（公元165年）
6	老子庙（天静宫）◎	安徽省涡阳县	东汉
7	老君台（太清宫）◎	河南省鹿邑县隐山（古楚国时苦县为老子故里）	东汉延熹八年始建老君台
8	圣佑观（即九霄宫）◎	江苏省句容县茅山	相传东汉茅盈三兄弟始建茅舍，东晋太和元年（366年）许谧入山建宅，后改为精舍（道观）
9	天师洞	四川省青城山	东汉张陵讲道处，隋大业年间建观
10	群玉庵（即王母池）	山东省泰山	东汉
11	淮渎庙◎	河南省桐柏县	东汉延熹六年（公元163年）
12	黄陵庙	湖北省西陵峡	相传始建于汉，唐大中元年（847年）复建；明、清重建
13	凤凰矶中庙◎	安徽省巢湖	三国东吴赤乌元年（公元238年），元大德年间重建，明、清重修
14	钦赐仰殿（东岳行宫）◎	上海市浦东	相传始建于三国东吴，清重建
15	卧云庵◎	江西省樟树县阁皂山	三国东吴

注：◎表示景园型寺观园林。

中国道教内部门派众多，最后由多源的道派逐渐归拢而成两大主要教派：

其一，正一道教派。东汉时期（25～220年）张陵创立正一盟威道，也称五斗米道、天师道。后来天师道归拢丹鼎、上清、灵宝、净明等道派，合成正一道教派，这个统称始于元朝（1206～1368年）。

其二，全真道教派。由张伯端、王重阳开创于南宋、金时期（1127～1279年）。后来全真道归拢楼观、真大与武当等道派，合成全真道教派，这个统称也始于元朝。

第二节　西晋东晋南北朝时期

（265~589 年）

东汉时期创立的道教其宗旨与活动带有政治性质，虽然符合老子的养生治国之道，但是其反叛精神却为汉室所恶，曹操对于信奉太平道的黄巾军采用武力镇压，故而传道之途受阻。但中国道教最初本非一个集中产生的宗教组织，北地的道教于张陵死后，其孙张鲁在汉中传播"五斗米道"三十余年。东汉建安二十年（215 年），曹操攻汉中，张鲁避走巴中，不久归降曹操，拜镇南将军，封阆中侯。五斗米道取得合法地位，得以公开传播，影响日大。南地兴起其他道教教派，主要有茅山派和灵宝派。茅山派也即上清派，于东晋哀帝兴宁二年（364 年）由杨羲与许谧父子首创，奉魏华存为祖师。后由南朝齐梁道士陶弘景加以发扬，开山林，广招道徒。陶弘景隐居江苏省句容句曲山（即茅山），故而称上清派茅山宗，使茅山成为江南道教中心。灵宝派为丹道学的主流派，江苏省句容葛氏家族世代相传。三国东吴方士葛玄为灵宝派祖师。葛玄传葛洪，葛洪著《抱朴子》，是中国炼丹史上的重要人物[1]。

两晋南北朝时期，北朝的北魏是由北方拓跋鲜卑族进入中原后建立的北地政权，中岳嵩山的道士寇谦之于北魏神瑞二年（415 年）为适应拓跋氏统治北方各民族的需要，假托太上老君降下经卷，授予他"天师"之位，令他改变五斗米道。五斗米道（即正一道）原是一个扎根于民间的宗教，在创教之初，其教理教义充满平民色彩。寇谦之则改变东汉道教的许多教义和制度，污三张（张陵、张衡、张鲁）为伪法，投靠北魏朝廷，被封为国师，逐渐使北方道教由民间宗教变成官方宗教，称北天师道，把《道德经》的治国志向变为臣服朝廷的谋士。道教的"三清"观念源出灵宝派，东晋葛洪是炼丹名士，亦是"造神"大师，他在《枕中书》中制造"大罗天上三宫"的说法，出现"元始天王"之词[2]。葛洪传族孙葛巢甫，

---

[1]　葛玄崇尊老子，他在《五千文经序》说："老君体自然而然，生乎太无之先，起乎无因，经历天地，终始不可称载，穷乎无穷，极乎无极也，与大道而轮化，为天地而立根，布气于十方，抱道德之至纯，浩浩荡荡，不可名也。……堂堂乎为神明之宗，三光持以朗照，天地禀之得生……故众圣所共宗。"葛洪是葛玄（葛仙翁）的后裔，东晋时期著名的道教领袖，内擅丹道，外习医术，精研道儒，学贯百家。葛洪崇信金丹功效，讲究药物养身，排斥巫祝祈祷、符水疗病，所著《抱朴子》内篇20篇，外篇50篇，内篇专讲神仙方药、鬼怪变化、养生延年、禳邪去病。葛洪又是一个典型的"神仙家"，他师承葛仙翁之道，多方面论证神仙的存在，建立起一套有系统的神仙理论。

[2]　中国古时出现过诸多神话故事，如盘古开天辟地、女娲补天、后羿射日、嫦娥奔月，等等。神话故事不等同于历史传说，中国远古"三皇"是老祖，其历史传说逐渐被现代考古所证实。盘古开天辟地非属人类所能，当为神话，神话故事的人物不是实体，不产生实绩，把构想的盘古改变为大罗天元始天王，自然仍归属神话故事类人物。

葛巢甫造作《灵宝经》，故称灵宝派，宣扬养生修仙之术，推出"一气化三清"观念。葛巢甫按葛洪的"大罗天上三宫"之说，发挥异想，把老子所论"道生万物"的哲理改换为元始天尊、灵宝天尊、道德天尊的"三清天尊"，这种改换被后世识破为抄袭佛教的释氏"三身"①。其后，茅山道士陶弘景②编撰《真灵位业图》，编排出道教神仙谱系，继汉朝的"洞天福地"说，使道教"天界、仙境"的概念具体化、系统化。但陶弘景的《真灵位业图》神谱只是上清派一家之言，灵宝派依教派个性所崇又人为地编排"三清"之位，尊元始天尊为三清之首的最高神，把灵宝派所崇的灵宝君尊为三清之第二位，而降老子为"三清"的第三位。道教是"由道而立教"，道教的根基是"道"。这种把道教的崇拜主体从"其犹龙乎"③的惊世哲圣改为虚拟神灵之变，显露出教理与崇拜主体游离之窘和教派习性之狭隘，道教的信仰走向出现混乱。

南朝刘宋庐山道士陆修静④虽师出灵宝派，但奉天师道。他以天师道融摄灵宝、上清等派，改造天师道，"祖述三张，弘衍二葛"（葛玄、葛洪），搜罗经诀，整理道经，完善道教斋醮仪式，称南天师道。道教的包含养生、服食、炼丹、房中术的外丹教法得力于南北朝以来形成世袭的上层贵族特权阶层的信奉，故盛行不衰。从此，南北两天师道都获得封建朝廷的承认和支持，道教取得较大的发展时机。

作为一种宗教，既需要有树为思想基础的信仰体系，又需要有与之相关的行为与组织体系（教团、礼拜仪式、修持方法、制度），还需要配备物质设施（宫观建筑与环境），而信仰体系则是最根本的基石。虽然道教教派较多，崇拜的神灵也不

---

① 《枕中书》中记载：混沌未开之前，有天地之精，号"元始天王（即元始天尊、盘古）"。"三清"一词，出现于东晋南北朝，宋朝理学家朱熹（1130～1200年）的《朱子语录》讲道："道家之学，出于老子。其所谓'三清'，盖仿释氏'三身'而为之耳。佛氏所谓'三身'：法身者，释迦之本性也；报身者，释迦之德业也；肉身者，释迦之真身，而实有之人也。……而道家之徒欲仿其所为，遂尊老子为三清，……且玉清元始天尊既非老子之法身，上清太上道君又非老子之报身，设有二像，又非与老子为一，而老子又自为上清太上老君，盖仿释氏而失之又失之者也"。葛巢甫以"灵宝经"宣扬所谓的"元始天尊降授太上大道君，再遣三天真皇降授帝喾、夏禹、吴王阖闾"云云，自属虚构的胡说八道；所谓"葛玄于天台山得'灵宝经'33卷"之说，《道藏源流考》指出："盖本无其事。"
② 陶弘景、南朝齐、梁道士，既是兼通历算、地理的具现实科学头脑的医药家，又是朝廷的"山中宰相"，既属道门又信佛门，他按封建朝廷体制把神仙分等级，又把佛教轮回转生之说引入道教。
③ 孔子多次访老子，畅谈归后，称赞老子"其犹龙乎"。2007年下半年，在山东鲁西地区发现了一座汉代壁画墓，内有目前唯一保存完好的孔子向老子问礼的故事绘画图。
④ 陆修静，南朝刘宋道士，浙江吴兴东迁人，通儒学与佛典，入云梦山修道。宋文帝时入宫讲道，受太后执弟子礼。宋孝武帝大明五年（461年）到庐山，隐居于太虚馆。泰始三年（467年）应诏至建康（现江苏南京），明帝为之于天仰山（现南京方山）建崇虚馆以居，与弟子长期整理道经，弘扬道教，《道学传》赞之："道教之兴，于斯为盛"。南地道教能够得到官方承认，取得较大发展，陆修静起了重要作用。

完全一致，直至明朝初年，应明朝朝廷检束道教之警示，道教制订《道门十规》，才在道教肇始与修炼理论方面趋于合一。

依据道教立教之本的《道德经》而建立的道教学说，其要点大致包括：

（1）宇宙生成，持"道生万物"论；

（2）天、地、人三者，持"天人合一"论；

（3）修持法则，持"致虚守静"论；

（4）道教又持"我命在我不在天"的观念，相信人通过道功与道术的修炼可以延寿。

其整体意思是：无边无际、无形无影、无生无死的道体先天地而存在，道体同时生成天、地、万物（包括人）。天、地、人同一根源，故天能长存，人也能长生。人生是从无生到有生的一个过程，死是生的回归，时空可以在仙境中逆转，故而若于至静中直接体验万物根源，通过道功道术修炼，"生道合一"，就能修得"至真之道"，就能长生。这就是道教长生理论的哲学思想和达到长生的修炼方法。这种学说与"洞天福地"之说能够很自然地结合起来，构成思维与实物合一的神道世界[①]。

对于宇宙结构，中国上古时期有天圆地方说："天圆如张盖，地方如棋局"，天有天柱支撑，地有地柱支撑。道教的时空观认为：宇宙其大无穷极，整个宇宙中既存在上部空间，也存在地下空间，天地空间呈现层叠的套圈式结构状态，大小相含。"天分六界"，"天庭"有"三十六重"，地上有洞天福地，地下有洞府。六界之天居六界之神，最上层是最高神三清真人所居处之界域。各层空间之间存在时间差，所谓"山中七日，世上千年"。"天无谓之空，山无谓之洞，山腹中空虚，是谓洞庭"，洞庭就是地上存在的与人居空间相对隔绝的处所，就是道教所指"洞天"，那里是地上的仙山，山中洞府是仙人住地。"洞"者通也，洞中修道可与仙通，可与天通。作为特殊地域的"福地"则"居月弗地，必度世"。

在"洞天福地"中"诚志攸勤，神仙应而可接，修炼克著，则龙鹤升而有期"，故"洞天福地"是道士们企望的最佳修炼场所。

早在战国时期已盛传"三神山"说和"昆仑山"说，接着，《史记·秦始皇本纪》记载："齐人徐市（一作徐福）等上书，言海中有三神山，名曰蓬莱、方丈、瀛洲……"，遂有徐福带童男童女各三千人乘船入海寻觅仙药的典故。又传西汉时期被称为"滑稽之雄"的东方朔博学多谋，著有《海内十洲记》。道书《道藏·云

[①] 《老子道德经·二十五章》："有物混成，先天地生，寂兮寥兮，独立而不改，周行而不殆，可以为天地母，吾不知其名，字之曰道。"《老子道德经·十六章》："致虚极，守静笃，万物并作，吾以观复。夫物芸芸，各归其根，归根曰静，是谓复命。复命曰常，知常曰明。"道功者，修性养神的内养功夫，诸如清静、寡欲、息虑、坐忘、守一、抱朴、养性、接命、存思筹；道术者，修命固形的具体方法，诸如吐纳、导引、服气、胎息、辟谷、服食药饵、符箓斋醮、丹道等。

笈七籤》云："旧说东方朔①曾向汉武帝叙述十洲三岛其事"。

及至两晋南北朝，据南朝《梁书》卷五陶弘景传："（陶弘景）止于句容之勾曲山，恒曰：此山下是第八洞宫，名金坛华阳之天，周回一百五十里"之记录，可知南北朝之前"洞天福地"说已流行。江南道教中心的茅山上清派则编排出三十六天和神仙谱系，与洞天福地接轨。唐朝司马承祯编制《上清天地宫府图经》和唐末杜光庭编制《洞天福地岳渎名山记》，最终使洞天福地体系大完备。但"洞天福地"说又并非一家之言，北宋道士李思聪所编《洞渊集》所列洞天福地的名录与唐朝所载不尽相同。说明"洞天福地"并非只有一种版本。

按唐朝司马承祯编制的《上清天地宫府图经》②和唐末杜光庭编制的《洞天福地岳渎名山记》分解道教的"洞天福地"说见表1-2～表1-4。

1. "十洲"

表1-2

序号	洲名	十洲所在地
1	祖洲	在东海中，上有不死草，形若菰苗，食之长生
2	瀛洲	在东海中，上有神芝、仙草、玉白，又有玉礼泉
3	玄洲	在北海中，太玄都仙伯真公治之
4	炎洲	在南海中，上有奇草异兽，以法食之可以延人寿命
5	长洲	在南海中，多山川，又有大树茂林，产仙草灵药
6	元洲	在北海中，上有玉芝玄涧，涧水如蜜浆，饮此水可与天齐寿
7	流洲	在西海中，上多山川，有积石名昆吾，可冶炼成铁，铸为剑，明如水晶，能削玉如泥
8	生洲	在东海中，上居仙家数万，洲中多灵芝仙草，味如饴酪
9	凤麟洲	在西海中，上有珍禽异兽
10	聚窟洲	在西海中，居神仙灵宫，多异物

---

① 东方朔，字曼倩，西汉方士，今山东陵县人，精通道家命相学与医药学，人称"仙人"，著有《神异经》《海内十洲记》等书。

② 《上清天地宫府图经》系江苏省句容县的茅山上清派道士所编，故突出上清派在"洞天福地"中地位的用意很明显。十大洞天中，属上清派和灵宝派（是上清派江苏茅山的同乡）的就占4个（第1、6、7、8洞），所以，排序并不表示"洞天"的重要性与自然环境的优质次序。"小洞天"与"福地"的排序也带上了教派的因素。

2."三神山"

表1-3

序号	位置	神山名
1	海上	蓬莱、方丈、瀛洲
2	海上陆上相混	昆仑、方丈、蓬丘（即蓬莱山）
3	海上陆上相混	扶桑易方丈。昆仑多神（黄帝，西王母），蓬莱多仙（宋毋忌等）

3."十大洞天"

《天地宫府图》云："十大洞天者，处大地名山之间，是上天遣群仙统治之所"。

表1-4

序号	大洞天	号	所在地
1	王屋山洞	小有清虚天	河南省王屋山（海拔1711m，唐开元十二年（724年）建王屋山阳台宫，属茅山上清派）
2	委羽山洞	大有虚明天	浙江省委羽山（相传仙人刘奉林于此乘鹤飞升，三国时建委羽观，清朝改称大有宫）
3	西城山洞	太玄总真天	陕西省终南山（海拔2604m，周康王时尹喜于山中结草为楼，老子于此著《道德经》，讲道于楼南高岗上）
4	西玄山洞	三玄极真天	陕西省华山（海拔2160m，北朝寇谦之修道处）
5	青城山洞	宝仙九室天	四川省青城山（海拔1600m，东汉张陵修道传道处）
6	赤城山洞	上玉清平天	浙江省赤城山（或名天台山洞，海拔1098m，三国葛玄修道处，唐玄宗建桐柏观，全真道南宗祖庭）
7	罗浮山洞	珠明耀真天	广东省罗浮山（海拔1282m，东晋葛洪炼丹处）
8	句曲山洞	金坛华阳天	江苏省茅山（海拔372m，茅山派发源地，三茅真君、葛玄、葛洪创茅山道派）
9	林屋山洞	佐神幽虚天	江苏省洞庭西山（海拔336m）
10	括苍山洞	神德隐玄天	浙江省括苍山（海拔1383m）

4."三十六小洞天"

《天地宫府图》云："太上曰，其次三十六小洞天，在诸名山之中，亦上仙所统治之处也"。见附录1。

5."七十二福地"

《天地宫府图》云："七十二福地，在大地名山之间，上帝命真人治之，其间多得道之所。见附录2。

古人对美丽富饶的自然山川的喜爱，蝶化为披上神秘色彩的118处道教名之"洞天福地"所在地域，都具备相似的自然环境，山峻、谷幽、水清、植被茂盛、无永久积雪带、景色优美，是不仅符合世人理想，更符合道家理想的风水宝地，适宜隐居和修道，于是就成为道教诸教派的开山源头和"祖庭"所在地。

道教所属宗教活动场所有很多称谓，诸如宫、观、祠、庙、府、洞、庵、馆、道院等等，通称宫与观。"古者王侯之居，皆曰宫；城门之两旁高搂，谓之观。"宫与观之类的建筑体制原先属于历朝历代皇室与王侯们专用。西汉汉武帝（公元前140～公元前87年）听信"仙人好楼居"之说，"令长安作蜚廉桂观，甘泉作益延寿观"，以候神人。"观"转换为带有信仰性质的名词。不过那时道教尚未产生，"观"并非庙宇的称谓。

道教宫观的原型之一是皇家的宫殿。东汉五斗米道创立时称道庙为"治"（师家曰治）、"靖室"（民家曰靖），屋宇称"堂"。东晋时，南地的道庙称"馆"。北朝北周武帝（561～578年）灭佛，并把道庙由"馆"改为"道观"，这个称谓于唐朝固定下来。道观之有"宫"的称谓始于唐朝。唐朝李氏皇室认老子李耳为神仙祖先，奉老子为太上玄元皇帝，遂把供奉老子的道观称"宫"。自此，凡有一定规模的道庙普遍称作宫观，于是就产生了中国古代景观建筑的一个移植范例，皇家的宫殿成为道教宫观的原型之一。

道教宫观的原型之二是山居别业，肇始于东汉时期的四川青城山天师洞。东晋时，称为馆的道庙，其状如私家的山居别业，建筑布置自由，房舍与景园相结合，由此形成中国寺观园林的一个基本型式，即园林的自然风景型式。

道教宫观原型之三是中国古代的坛庙。中国的坛庙起源于远古的自然崇拜和先祖先贤崇拜。商尚鬼，周尚礼，其历史可追溯到商周时代（公元前十六世纪～公元前五世纪）。因崇敬自然万物，于是有祭祀山川等神灵的坛。因崇敬先祖先贤，于是有祭祀先祖先贤的祠。中国古代的坛庙，按历代惯例，皆建置于城郊，建于西汉元封三年（公元前109年）陕西省终南山翠华山谷的太一祭坛，建于西汉元封五年（公元前106年）。湖南省九疑山的舜庙，以及河南省登封县的嵩山太室祠（西汉）、河南省王屋山的轩辕坛遗址等，都是佐证。由祠庙、坛庙改变为祭祀自然神灵和尊奉先祖先贤为神仙的道观，转换是因势利导，极为顺畅，秦汉时期始建的许多祠庙，如陕西终南山山麓祀奉老子的"楼观"（前秦）、山东省泰安县祭祀泰山神的岱庙（秦汉）、河南省登封市祭祀中岳大帝的中岳庙（秦）、陕西省西岳镇祭祀西岳大帝的西岳庙（西汉），以及河南省淮阳县的伏羲祠（西汉）等，后来都变成道教的重要宫观。中国古代坛庙呈现祭祀建筑与自然风景相结合的早期面貌，转换为道教宫观，这种结合就演变为自然风景型的宫观园林。

东汉时，道教创始人张陵辞官，经过漫长的游名山、寻仙术的历程后，隐居河南省洛阳北邙山与嵩山修道。然后入四川，于成都郊外的鹤鸣山创立道教，开启道教与名山结伴的先例。据《道藏源流考》："山居修道者居山洞，即于其旁筑有馆舍"，即所谓"置以土坛，戴以草屋"。 道士隐于山中修道，其栖息之所，或居山洞，或筑茅舍，舍或称茅庵，为简易小屋，稍加改善成为后世所称之"馆"，如东晋道士许翙居方圆馆，南朝道士陆修静居崇虚馆，南朝道士陶弘景居朱阳馆等。馆是道士和道家养性修持之处，格局类似民间的山居屋舍，从而产生自然风景型道庙的雏形。之后，道馆的名词虽有变化，但是，布置自由的、与山林结合的馆的格局模式仍然延续下来，构成自然风景型寺观园林的重要一支（表1-5）。

道教初始，其所经营之地以"洞天福地"为首选目标。隋朝之前，中国大部分著名山岳都有道教踪迹，包括泰山、衡山、华山、恒山、嵩山、茅山、青城山、罗浮山、龙虎山、阁皂山、武当山、鹤鸣山、终南山、王屋山、委羽山、崂山等，其中多数发展成以道教独占形式的宗教圣地（表1-6）。道教早期的道士先生们大都能遵循老子之训，"功成、名遂、身退，天之道也"，隐入山林，不参世事。

（上古）先秦至南北朝时期深入"洞天福地"的道家与道士　　　表1-5

洞天福地、山岳名	时代	入山人姓名	山中情况
甘肃崆峒山	（上古）～汉朝	黄帝（传说）	传说黄帝学道修道，秦汉建庙观
河南嵩山	（上古）～汉朝	传说舜禹时期	祭祀嵩山，秦汉建庙观
陕西终南山	春秋	老子李耳	"楼观"著"道德经"，高岗讲道
江西庐山	东周	匡氏七兄弟	草庐为舍，修道隐居
山东泰山	先秦至汉朝	先秦诸君主立祠	南北朝时期于峰顶建庙
山西恒山	西汉	茅盈	修道隐居
江苏茅山	西汉	茅盈三兄弟	及其后葛玄、葛洪、陶弘景均于山中修道
四川青城山	东汉	张陵	结茅设坛，创立五斗米道
四川鹤鸣山	东汉	张陵	创立五斗米道
江西龙虎山	东汉	张陵	修道炼丹，西晋张盛建天师府
湖北武当山	东汉	阴长生	及其后东晋谢允均山中修道隐居
山东崂山	东汉	郑玄	设康成书院
云南巍宝山	东汉	孟优	修道，建老君殿
江西阁皂山	三国东吴	葛玄	修道、炼丹，建卧云庵
福建武夷山	三国东吴	葛玄	修道隐居，后人于山顶建葛仙祠
浙江赤城山	三国东吴	葛玄	修道、炼丹、种茶
浙江委羽山	三国	刘奉林	相传成道飞升处，后建委羽观

洞天福地、山岳名	时代	入山人姓名	山中情况
广东罗浮山	东晋	葛洪夫妇	修道、炼丹，后建葛洪祠
浙江宝石山	东晋	葛洪	修道、炼丹，建抱朴道院
福建葛洪山	东晋	葛洪	炼丹
浙江金华市北山	东晋	赤城子皇初平	相传修道得道处
江西麻姑山	东晋	麻姑女	相传得道处
四川青城山	东晋	范长生	修道隐居
湖南衡山	魏晋	魏存华	修道隐居
陕西华山	北魏	寇谦之	及其后北周的焦道广均山中修道隐居

西晋东晋南北朝时期道观园林始建时间表   表 1-6

（经重建或重修留存至今的）

序号	道观园林、造像	所在地	始建年代，均经后世重建、重修
1	关林（祀关羽）◎	河南省洛阳市	西晋（关羽于宋朝封王，明朝封帝）
2	真庆道院（玄妙观）◎	江苏省苏州市	西晋咸宁年间（275～280年）
3	龙虎观（已毁）	江西省贵溪市龙虎山	西晋
4	朝天宫◎	江苏省南京市	东晋孝武太元十五年（390年）建寺，唐改为太清宫
5	抱朴道院◎	浙江省杭州市宝石山	东晋，葛洪结茅
6	上清宫	江西省贵溪市龙虎山	西晋永嘉年间（307～313年）
7	万寿宫◎	江西省南昌市	东晋，供奉许逊
8	万寿宫（前许逊祠）	江西省新建县西山	东晋由祠改建游帷观，北宋改宫
9	都虚观（冲虚古观），黄龙观，九天观，酥醪观	广东省罗浮山	东晋咸和年间（326～334年）葛洪筹建，北宋元祐二年（1087年）重建
10	越岗院（后改三元宫）	广东省越秀山	东晋元帝大兴二年（319年）
11	上清宫	四川省青城山	东晋
12	禹庙◎	浙江省绍兴市	南朝梁初
13	游帷观（许仙祠）	江西省新建县西山	南朝（宋朝改名万寿宫）

序号	道观园林、造像	所在地	始建年代，均经后世重建、重修
14	光天观	湖南省衡山	南朝
15	白云观	江苏省茅山	南朝齐梁
16	北岳真君庙◎	河北省曲阳县	北魏宣武帝年间（500～515年）
17	叔虞祠（晋祠）	山西省太原市	北魏
18	西岳庙◎	陕西省华山下岳镇	北周天和二年重建
19	娲皇宫	河北省涉县凤凰山	北齐

注：◎表示景园型寺观园林。

第三节　隋朝唐朝时期

（581~907年）

　　隋朝皇室崇佛，也重视道教，隋文帝杨坚尊道士焦子顺为天师，隋炀帝杨广对茅山宗宗师王远知"执弟子之礼"。隋朝统治40年间先后建立五通观、老子庙、玄都观、清虚观、清都观、至德观、玉清观、衡岳观、嵩阳观，及36所玄坛、洛阳城内36所道观等，并重修京畿内楼观宫宇。隋朝两帝特崇茅山宗，以茅山宗为主流，促进道教的南北融汇，为唐朝以后道教的兴盛与道法的推广做好了准备。

　　唐朝是中国封建时代的鼎盛时期，也是道教、佛教的兴盛时期。唐朝开国皇帝高祖李渊（618～626年）与其子太宗李世民（627～649年）借用道教教祖老子姓李的关系，尊奉老子为唐皇室的祖先。据《旧唐书·高宗本纪》载：唐乾封元年（666年）二月，高宗亲到亳州拜谒老君庙，追号老君为"太上玄元皇帝"，立祠堂，道教不仅成为唐朝的国教，也成为唐皇室的家庙。在唐皇室近300年的统治中，道教始终得到扶植和崇奉，居三教之首。唐朝道教之盛是全面之盛，包括营造之盛、道士先生（有高级修炼的道士）之盛、经籍之盛和修炼学之盛。

　　营造之盛即道观兴造之盛。唐太宗敕建老子祠，并令诸州建立玄元皇帝庙；置茅山太受观、九缎（音棕）山紫府观。唐高宗为茅山著名道士潘师正建嵩山逍遥谷隆唐观；自唐显庆元年（656年）起，立昊天观、东明观、宏道观；于庐山建白鹤观；于兖州置紫云观、仙鹤观、万岁观；于诸州置道士观，上州三所，中州二所，下州一所。

唐玄宗崇道更达高潮，神化玄元皇帝掀起崇拜热，自唐开元十年（722年）起，下诏令两京及诸州各置玄元皇帝庙一所，每年依道法斋醮。唐开元十二年（724年）建王屋山阳台观以供司马承祯所居，宫内保留一株唐朝七叶树，围3m，高14m。唐开元年间又建紫微宫、清虚宫、十方院、灵都观、迎恩宫、奉仙观、白云道院；于庐山建太平宫、广福观；令五岳各置老君庙；又下令更改玄元庙名称，西京的均改称太清宫，东京的均改称太微宫，诸州改称紫极宫，各宫观均选配道士，赐赠庄园和奴婢等。据唐末名道杜光庭于唐僖宗中和四年（884年）的记载，唐朝从开国以来"所造宫观约1900余所，度道士计15000余人，其亲王贵主及公卿士庶或舍宅舍庄为观并不在其数"。

自南北朝开始，道教于众神之间讲究品位高下，唐朝的道教礼节则依照儒学与朝廷的一套礼制模式，在宫观内推行规格制度，凡大罗神仙，并被皇帝册封为"帝君"者，其宫观规格按殿制配置。唐朝朝廷没有按道教"三清"说配置道教宫观，而规定以老子的太清宫的规格最为上等，据杜光庭所记的安徽亳州太清宫建置："唐时规制，其地有两宫两观，古桧千余株，屋宇700余间，有兵士500人镇卫宫所。"其次，东岳泰山岱庙（唐朝增建）、南岳衡山南岳庙、中岳嵩山中岳庙（汉朝始建，唐朝迁址后重建）的形制均为宫墙周匝，殿宇高耸，回廊环绕，庭内林木森森，古树参天，环境清静肃穆。唐朝开创殿庭景园型道教宫观之先例，为历代后世所遵循。

隋唐时期道教仍处于道派纷立状态，包括龙虎山天师道、南天师道、茅山宗、关中楼观派、四川镇元派、江西孝道派与北帝派，以及个体隐修道人。各道派涌现很多精于修炼的道士先生，其中不少人称得上是影响深远的道教大师。唐玄宗特尊太上老君，并及其他道教祖师，下诏褒奖张天师、杨羲、许谧、陶弘景，封张天师为太师，陶弘景为太保；在茅山建紫阳观、太平观、崇玄观。茅山宗上清派是影响最大的教派，前后有王远知、潘师正、司马承祯、李含光，及唐末的杜光庭；另外有王延（楼观派）、苏云朗、成玄英、孙思邈等，都是出色的道教学者、隐修名师，他们所著经籍多半归入道家经典，孙思邈的许多医学著作更具科学价值。

作为道教主要修道功课之一的修炼学，如吕纯阳的神仙丹道、谭峭的《化书》，以及丹药研究、养生术实践等，唐朝的道教大师们也对其有新的见解与贡献。他们实践老子的修道宗旨，长期隐栖于山林之间、洞府之中，即便后来受封于当时的封建朝廷，最后仍然回归自然，直至终了。这种情况产生一个积极作用，使自然风景型道教宫观得以顺利传承和成熟发展（表1-7、表1-8）。

南北朝至隋唐时期著名道士隐居地

表 1-7

著名道士	年代	隐居地
陆修静（南朝宋）	406—477 年	隐居江西庐山， 后迁至建康（南京）方山崇虚馆
许翙	341—370 年	隐居方隅山洞方圆馆
陶弘景（南朝齐）	456—536 年	辞官隐居茅山朱阳馆、灵宝院
苏元朗	隋唐之际	茅山学道，后隐修于罗浮山青霞谷
王远知	528—635 年	隐于茅山，隋唐皇室迎其出，旋复归山，居曲林馆
成玄英	？—778 年	隐居江苏茅山
孙思邈	581—682 年	辞不为官，先隐居终南山，晚年结庐王屋山翠微庵
潘师正	586—684 年	隐居嵩山逍遥谷，后居敕建嵩唐观
司马承祯	647—735 年	唐玄宗曾为之于王屋山建阳台观， 后隐居天台山玉霄峰
李含光	682—769 年	隐居王屋山，后还茅山紫阳观
杜光庭	850—933 年	浙江天台山修道，晚年隐居青城山白云溪

隋唐时期道观园林（含造像）始建时间表

表 1-8

（经重建或重修留存至今的）

序号	道观园林、造像	所在地	始建年代， 均经后世重建、重修
1	天师洞（常道观）	四川省青城山	隋大业年间（605-616 年）☆
2	延庆观	四川省青城山	隋始建，唐改常道观
3	光天观	湖南省衡山	隋朝（后改为佛寺）
4	花果山郁林观	江苏省连云港市	隋朝（已不存）
5	常平关帝庙◎	山西省运城市	隋始建，历代重修，清重建
6	解州关帝庙◎	山西省中条山	隋开皇九年（589 年）建， 清重建
7	济渎庙◎	河南省济源市	隋开皇二年建，存元、明建筑
8	吴岳庙◎	陕西省西镇吴山	隋开皇十六年（596 年）， 存明建筑
9	南海神庙◎	广东省广州市	隋开皇十四年（594 年）
10	鹤鸣山	四川省大邑县	相传隋唐前已有道观
11	丈人观	四川省青城山丈人峰	唐开元十八年（730 年）
12	东岳庙◎	山西省万荣县	唐贞观年间（627～649 年）
13	岱庙◎	山东省泰山南麓	唐、宋增扩☆

序号	道观园林、造像	所在地	始建年代，均经后世重建、重修
14	南岳真君祠（后改南岳庙）◎	湖南省衡山	唐开元十三年（725 年）
15	真仙观〔宋大中祥符五年（1012 年）改名上清观，元朝又改名大上清正一万寿宫〕	江西省龙虎山	唐会昌年间（841～846 年）始建，北宋至清多次重建，清末失修灾毁
16	西岳庙	陕西省华山	唐重建
17	中岳庙	河南省嵩山	唐移址重建
18	嵩阳观（后改为嵩阳书院）	河南省嵩山	唐始建，存大唐嵩阳碑☆
19	阳台宫等"三宫一院"	河南省王屋山	唐始建
20	元符万宁宫	江苏省茅山	唐始建，宋重建改名元符观
21	冲佑万年宫	福建省武夷山	唐天宝年间（原名天宝殿）
22	白云观◎	北京市	唐开元二十七年（739 年）
23	天宁观	江西省宝山青云谱	依东晋许逊"净明意境"，唐建观
24	金华观◎	浙江省金华市	唐始建，北宋重建（1117 年）☆
25	天柱观（原汉宫坛）	浙江省大涤山	唐弘道元年（683 年），宋改名为洞霄宫
26	隐元宫	浙江省括苍山	唐天宝七年（748 年）
27	奉先观◎	河南省济源市	唐垂拱二年（686 年）
28	阳台宫	河南省天坛山	唐始建，存明清建筑
29	天师府◎	江西省龙虎山	唐天宝七年（748 年）册封后建
30	仙人洞	江西省庐山	唐朝吕纯阳辟为修道处
31	三元宫	江苏省花果山	唐始建
32	燕洞宫	江苏省茅山	唐天宝七年（748 年）
33	五龙祠	湖北省武当山	唐贞观年间，宋改道观
34	南庵、道教造像☆	陕西省磬玉山	唐孙思邈隐修药王山，由祠改观
35	玄中观（青羊宫）◎	四川省成都市	唐高宗乾封元年（666 年），清重建
36	圣母庙	陕西省尧山（浮山）	唐咸通年间（861-874 年）

序号	道观园林、造像	所在地	始建年代， 均经后世重建、重修
37	仙游观◎	陕西省麟游县	唐大和三年（829 年）
38	苏仙观	湖南省郴州苏仙岭	唐始建
39	魏阁（祀魏夫人）◎	湖南省衡山天柱峰下	唐始建，清移现址
40	铁柱观（祀许逊）◎	江西省南昌市	唐咸通年间，明改为万寿宫
41	冲虚观	福建省怡山	唐贞元十二年（796 年）， 后改寺
42	老君殿（清微观）◎	云南省巍山	唐始建
43	开元观◎	湖北省江陵县	唐开元年间，历代修
44	元妙观◎	湖北省江陵县	唐贞观九年（635 年），明迁此
45	黄陵庙	湖北省黄牛山	汉始建，唐大中元年（847 年） 复建
46	五龙祠	湖北省武当山	唐贞观年间，宋改观
47	玄妙观◎	福建省莆田市	唐贞观二年（628 年），北宋 大中祥符八年（1015 年）重 建三清殿☆
48	天宁观	江西省定山青云谱	唐始建
49	池神庙◎	山西省运城市	唐大历年间（766-779 年）， 明重建
50	建福宫	四川省青城山	唐始建
51	东岳庙	四川省江油市窦圌山	唐始建
造像			
1	道教造像☆	四川省鹤鸣山	唐大中 11 年造（857 年）
2	道教造像数十龛☆	四川省龙鹄山	唐开元年间

注：加☆号者表示建筑物、古树、造像保持始建时状态，◎表示景园型寺观园林。

第四节　五代北宋南宋辽金时期

（907~1279 年）

五代十国时期，社会动荡，文人儒生与失意官吏隐遁山林，入道教当道士。有些隐逸道士专致修道，在内丹修炼功法上获得进展，其中著名者有钟离汉、吕纯阳、陈抟等人。钟离汉和吕纯阳两人被后世奉为仙人，均是"八仙"之一，他们的不少行径变成神话传说。

五代十国结束后，北宋与辽呈南北对峙局势。北宋主要崇奉道教。辽朝主要崇奉佛教。北宋时期道教得以中兴，宫观营建再度活跃。北宋赵氏皇室崇信道教，刻意制造一个赵氏的道教祖先，名之赵玄朗，尤其是宋徽宗自称教主道君皇帝。于是，大兴土木，广建道观，以都城汴京的玉清昭应宫的规模最为宏大。都城还有元符观、景灵观、葆真观、上清宝箓宫、紫微宫。终南山建有上清太平宫；茅山建元符万宁宫；龙虎山迁建上清观；武当山重建紫霄宫，增建靖通观、灵宝观；各州皆造天庆观、万寿观；诸"洞天福地"里，宫观建筑与园林的营建活动持续不断。宋朝的大宫观均具官办性质，内部管理仿照朝廷官吏的品秩，实施官府体制，设立道官道职。据《宋史·徽宗本纪》载："重和元年（1118年）十月，置道官二十六等，道职八等，有诸殿侍晨、校籍、授经等。"各地道观皆受赐田产，每一观给田不下数百千顷。道士们由朝廷供养，道观获得雄厚财力，道教变成官办道教，沦为朝廷的附庸。北宋崇道，促成了宫观的发达，也促进了自然风景型道教园林的繁荣兴旺。浙江省雁荡山、玉皇山，福建省清源山、葛仙山，陕西省药王山，四川省青城山，山东省崂山，山西省晋祠，山东省蓬莱阁等著名道教圣地与道教名胜，是当时遗留下的丰富物质文化遗产。

宋徽宗下令编修道教历史，称为《道典》；访求道经和编修《万寿道藏》（总5481卷）。道教得势，但在舞弄旁门左道之术的道官掌握权势的状况下，反使道教的精神堕落。北宋皇帝迷恋旁门法术，自食苦果，在同金朝对决的战事中失败，沦为金人的阶下囚，从而开始了南宋与金朝的对峙格局。

南宋偏安，南宋皇室祈求神道庇佑，信奉道教之念更强，道观营建之势不减，前后修建显庆观、延祥观、三茅观、洞霄宫、玉清昭应宫，各地建报恩光孝观，甚至"舍宅为观"，宋孝宗舍旧邸为佑圣观。但终因国力微弱，除皇室专用宫观外，道庙园林的规模大为缩减。

早在南北朝时期，北有寇谦之，南有陆修静，他们开始借取儒学与佛教的礼仪、经籍编纂、组织方式、管理方法等传统经验。南宋时期，传统道教衰微，新符箓道派（以内丹修炼与符咒法术相结合为特点）浮现，"三教融合"论思潮泛起。所谓"不知《春秋》，不能涉世；不知老庄，不能忘世；不参禅，不能出世"（明朝憨山著《老子解》），说明"三教融合"思潮其实是该时一种功利性质的、乱世中求生存的应世之道。

中国古代自产生宗教以来，始终是皇权高于神权，皇帝的倾向与好恶往往决定某一个宗教的兴衰。佛道两教，开始时你争我斗，常常两败俱伤，后来渐渐明白，

"三教融合"最好，你中有我，我中有你，无可挑剔，皆大欢喜。但是，"三教融合"只是思潮的融合，而非宗教的合体。两宋、辽金时期道教发展中的重要事件是全真道派的出现。两宋与辽金的南北割据局面，使道教亦分隔为南北两派，全真道派分南宗与北宗两支，南宗的开创人张伯端与北宗的开创人王重阳同奉祖师吕纯阳。南宗成立早于北宗90年，但北宗的影响大于南宗。金朝先后灭辽与北宋，随着统治地区扩大，陕西终南人士王重阳开创的全真道派北宗被认为是金朝功绩，受金皇室尊重。全真道派推崇"三教一祖"，主张"教虽三分，道则唯一"，推行"三教圆融"，以《道德经》（道教）、《般若心经》（佛教）、《孝经》（儒家）作为信徒必读经典，实质内容为：三教教祖共尊，三教经书并重，三教尊神共拜，由修炼外丹（丹药）转到修炼内丹，再到提倡神秘的元神升天等[①]，使道教教义也起变化。全真教派推行"三教圆融"，袭用佛教规制，"出家而不婚娶，素食且住茅舍，以五戒为清规，组丛林行双修"，以及儒家礼制与忠孝纲常等，犹如大拼盘式的信仰内涵，故后世产生了一个认为全真道派是新教之说。

全真道派北宗第二代掌门人投奔边陲民族皇室而得势，被元蒙大汗成吉思汗封为国师，元朝统一天下后，令其总领道教，全真道派的兴盛情况足以与有千年传统的正一道派分庭抗礼，从而成为中国道教两个主要教派之一。全真道派北宗的开创对道教在中国北地的传播起了重要作用。全真道派执行的"十方丛林制"，与正一道派执行的"十方常住制"[②]，对自然风景型道观园林的稳定推进起着有益的保障作用。金朝重建王屋山阳台观，并改称阳台宫。江西省德兴县少华山三清宫；浙江省杭州吴山城隍庙、栖霞岭岳王庙、北山黄龙洞；江西省上饶琅琊山东岳庙；广东省新会县鹏山白仙祠；湖北省通山县九宫山九宫观；福建省泉州天妃宫；陕西省西安八仙宫、耀县药王山南庵、户县重阳宫；山西省蒲县柏山东岳庙等，皆是宋金时期所开创并留存至今的重要道教圣地与道教名胜。

受自然或人为的损害毁坏，不可移动历史文物若随逆历史的方向推移，其遗存物的数量便负增长般缩减，直至湮没不存，这是物质社会发展的普遍规律。归属于

---

① 全真道派南宗张伯端（984～1082年），浙江天台人，所创金丹派，又称紫阳派，他倡言"三教合一"。他所著《悟真篇》是道教内丹学名著，被誉为"千古丹经之祖"。全真道派北宗王喆，号重阳子（1112～1170年），陕西咸阳人，曾当过金朝小官，后自称遇仙，转而修行传道，创立全真道派北宗。内丹者，是修炼人以人身为丹鼎，以自身中之精气神为药物，在自身中燃烧，使精气神聚凝不散，而成"圣胎"，所谓"圣胎即内丹，即元神"。道教中人相信内丹若成，可以离人体而出，人体就可以分身，肉体会灭，元神能成仙。此即所谓"元神"升天！
② 道教宫观的日常管理由庙产的两类归属而产生两种制度，庙产私有的为子孙庙家长式管理，庙产属教派集体所有的为"十方常住制"管理。"十方常住制"道观有较严格的规章制度和仪式，包含三项中心规定：①以方丈为首的等级制管理；②为留居参访道众设置"十方客坊"；③为传戒设置"受道院"。道观实施"十方常住制"以南北朝末北周（557～581年）为起始，唐宋两朝则全面推行。

木结构体系与自然栽植模式的中国佛寺道观建筑与园林的发展，没有游离出这个规律。视之中国道观园林，保留始建时期的主体建筑、总体格局与古老树木的实物，五代之前，道观建筑已荡然无存，北宋开始保存下山西省太原市晋祠、江苏省苏州市玄妙观三清殿、福建省莆田市玄妙观三清殿、山西省芮城县城隍庙大殿、山西省陵川县二仙庙大殿、山东省广饶县关帝庙大殿等主体建筑，为数也不多（表1-9）。

反倒是长寿的古树，诸如山西太原晋祠圣母殿殿侧保留的一株周柏，据说是周朝所植；陕西周至县终南山楼观台一株称之系牛柏的，相传被老子系过青牛，还有老子手植古银杏树（东周）；四川青城山天师洞张陵手植古银杏（东汉）；河南嵩山原嵩阳寺的3株古柏（西汉以前）；山东泰安市岱庙的5株古柏与崂山太清宫古柏均植于汉朝；江西新建县西山万寿宫3株晋朝古柏相传是许逊手植；江苏茅山古金边玉兰相传是陶弘景手植等等，向我们诉说出那些宫观园林更古的历史。

五代北宋南宋辽金时期道观园林始建时间表 表 1-9

（经重建或重修留存至今的）

序号	道观园林	所在地	始建年代，经后世重建、重修
1	洞霄宫	浙江省大涤山中峰下	五代钱镠年间（907~931年）改建
2	东岳庙◎	河南省新乡县	五代后唐清泰二年（935年）☆
3	八仙宫（原吕祖祠、八仙庵）◎	陕西省西安市	五代始建，金扩建，清重修改八仙宫
4	苑山太平宫	山东省崂山	北宋太祖（960~976年）建道场，太宗（977~997年）建宫
5	湄州妈祖庙（北宋封圣妃、天妃）	福建省莆田市	北宋雍熙四年（987年）
6	碧霞元君祠	山东省泰山绝顶	北宋大中祥符二年（1009年）
7	寿圣院	山东省龙洞山	北宋元丰元年（1078年）
8	岱庙◎	山西省晋城市	北宋元丰三年（1080年），金改建☆
9	玉皇观◎	山西省晋城市	北宋熙宁九年（1076年），金改建
10	二仙观◎	山西省太行山中峰	北宋大观元年（1107年）
11	晋祠☆	山西省悬瓮山	北宋天圣年间（1023~1031年）重建
12	关帝庙◎	山西省阳泉市	北宋宣和四年（1122年）重建

序号	道观园林	所在地	始建年代， 经后世重建、重修
13	坤柔圣母庙◎	山西省吉县	北宋天圣元年（1023 年）
14	伏龙观◎	四川省都江堰	北宋改祠为观
15	玄妙观◎	江苏省苏州市	北宋建三清殿☆
16	玄妙观◎	福建省莆田市	北宋建三清殿☆
17	淮渎庙◎	河南省桐柏县东	北宋大中祥符七年（1014 年）重建
18	崇福道院◎	上海市	北宋宣和二年（1120 年）赐额圣堂
19	松谷庵◎	安徽省黄山叠嶂峰	北宋宝祐年间（1253~1258 年）道士张尹甫隐修
20	老君造像☆，真君殿◎	福建省清源山老君岩	北宋
21	福星观◎	浙江省玉皇山	北宋（已不存）
22	葛仙祠（祀葛洪）	江西省葛洪山	北宋元祐七年（1092 年）
23	佛山祖庙（北帝庙）◎	广东省佛山市	北宋元丰年间（1078~1085 年）
24	蓬莱阁（八仙传说）	山东省丹霞山巅	北宋嘉祐年间（1056~1063 年），明重建
25	云台观	四川省云台山	宋始建，明重建
26	城隍庙◎	浙江省吴山	南宋绍兴九年（1139 年，已不存）
27	岳王庙◎	浙江省栖霞岭	南宋绍兴三十二年（1162 年）
28	黄龙洞	浙江省杭州市北山	南宋淳祐年间（1241~1252 年），先有寺，后改观
29	真武祠	安徽省齐云山	南宋
30	天后宫（天妃宫）◎	福建省泉州市	南宋庆元二年（1196 年）
31	三清宫	江西省少华山（三清山）	南宋乾道六年（1170 年），明景泰间间（1450~1457 年）重建
32	东岳庙	江西省琅琊山	南宋绍兴年间（1131~1162 年）
33	白仙祠（祀白玉赡）	广东省新会县叱石（鹏山）	相传南宋道士白玉赡修道
34	九宫观（9 座道观）	湖北省九宫山	南宋淳熙十四年（1187 年）

序号	道观园林	所在地	始建年代，经后世重建、重修
35	洞真观	山东省五峰山	金贞祐年间
36	圣水宫（圣水岩）	山东省乳山县	金承安二年（1197年）赐名玉虚观
37	孙真人祠（祀孙思邈）	陕西省药王山	金
38	东岳庙	山西省柏山之巅	金泰和五年（1205年）
39	龙祥观◎	山西省平顺县	金大定三年（1163年）
40	永乐宫◎	山西省芮城县	金建祠，元重建
41	关王庙◎	山西省定襄县	金泰和八年（1208年）
42	太符观◎	山西省汾阳县	金承安五年（1200年）

注：加☆号者表示建筑物、古树、造像保持始建时状态，◎表示景园型寺观园林。

第五节　元朝明朝清朝时期

（1206~1911年）

中国封建社会后期的元、明、清三个朝代均属中国历史上统一的强盛国家，版图辽阔。元朝和清朝分别由两个少数民族皇室政权统治，内部民族矛盾始终强烈。自道教受封建朝廷册封而成为官方道教之后，其活动便受朝廷控制，其兴衰亦受朝廷制约。

元朝对道教保持一种尊重之礼，继续维持对天师道张氏后裔的册封，予以真人之职掌管三山符箓及江南诸路道教。全真道派因对元皇室的积极投靠，故得到元朝朝廷的特别眷顾，该道派分南北两宗，北宗繁衍出七个支派，具有相当实力。全真道派所具较强组织戒律与"真行"行为和有如元朝皇室般扩展版图的进取阵地功利之心，于元朝深切民族矛盾局势下却获得大拓展。全真道派所掌管的宫观大量增加，尤其北地，诸道教圣地的重要大道观几乎均归入其掌管之下，如青城山、泰山、华山、嵩山、武当山等。但从全国整体而言，元朝笃信喇嘛教，道教降为次要地位，观察元朝百余年历史，道观园林建设的总量为数不多，新的道教圣地接近于零开拓。景气地区之一的山西省，保留至今的元朝道观园林也仅有芮城县永乐宫、高平县圣姑庙、长治县玉皇庙、洪洞县水神庙、蒲县东岳庙、万荣县东岳庙，与运城寨里县的关帝庙等。另外，湖北省武当山真庆宫、岩庙、万寿宫、五龙宫，北京市东岳庙，河北省曲阳县北岳庙，山东省崂山华楼宫，湖北省武昌双峰山长春观，安徽省巢湖中庙，甘肃省天水市天靖山麓玉泉观等，均是元朝重要的道观园林。

元末明初道士张三丰"神龙见首不见尾"的传奇一生，据传得道于创制"太极图"的道士先生陈抟。张三丰所创内家拳技，实践道家哲学的养生之道与技击方法的结合，"内以养生，外以却恶"，是道教的又一项有益于人类的珍贵遗产。

继唐朝李氏皇室尊封老子为"太上玄元皇帝"，北宋赵氏皇室生造一个祖宗赵元朗，明朝朱氏皇室又制造了一出真武大帝佑助朱棣争夺帝位有功的故事。明成祖朱棣在夺取帝位之后，便特别尊奉玄武神，于京城及武当山营建宫观供奉，下令全国各地大修真武庙，并与湖北武当山真武神本坛兴建庞大的宫观群，动用了丁夫 30 余万人，费用以百万计，修造了金殿、太和宫、玄天玉虚宫、太玄紫霄宫、兴圣五龙宫、大圣南岩宫、遇真宫、元和观、复真观等，计有 8 宫、2 观、36 庵堂、72 岩庙，展现了自然与人文结合型道观园林的最佳风采之一面。

始建或重建于明朝的重要道观园林尚有：山东省泰山斗母宫，山西省万荣东岳庙，浙江省杭州葛岭抱朴道院，湖北省荆州太晖观，河南省浚县浮丘山碧霞宫，湖南省长沙岳麓山云麓宫，广东省佛山祖庙，陕西省宝鸡金台观，江西省德兴县少华山三清宫，安徽省休宁县齐云山玉虚宫，安徽省黄山松谷庵、朱砂庵，辽宁省本溪县铁刹山三清观，广东省肇庆七星岩水月宫，四川省峨眉山纯阳殿（清朝改为佛寺），贵州省修文县龙岗山阳明洞、阳明祠，广西桂林七星岩水月宫等。虽然道教宫观营建活动在明朝兴起又一次高潮，但这也是道教建设的最后一个兴旺期。

按汉民族立场，宋末元初之际，对于全真道派亲金元而远南宋，投靠元朝皇室而得显赫，依附元朝朝廷而盛的行为，概无好感，故不获驱蒙兴汉的明朝皇帝朱元璋的信任。从明太祖御制《大明玄教立成斋醮仪范》序文："朕观释道之教，各有二徒。僧有禅，有教。道有正一，有全真。禅与全真，务以修身养性，独为自己而已。教与正一，专以超脱，特为孝子慈亲之设，益人伦，厚风俗，其功大矣哉"中，点出不信"独为自己"的全真道派的原委。而正一道派则"其功大矣"，故自明太祖起只支持正一道派，明朝正一道派的地位居道教各派之首，从封 42 代天师张正常为"大真人"并主领天下道教事起，一直到明末 51 代天师张显庸，代代皆袭封如故。正一道派道首大真人奉旨编修道书，编成《道藏》正续两部，对道教经书的保存起了重要作用。明末清初，全真道龙门派采取清整戒律而得复兴，清朝得政后，全真道派获清廷支持，虽重新兴起，但清朝皇室既崇奉喇嘛教，也推崇儒家理学，全真道派与正一道派的整体地位均大为贬降。

观察古代以来的宗教界，存在一种现象，即不能坚守崇拜主体与主要经典的一元化为宗旨者，很难避免不产生分歧，世间宗教多半存在宗派或教派的状况，如若派性过盛，则或引起内耗，或绑架史实。中国道教曾出现弃离这个宗旨的时段，灵宝派舍老子，创三清，改变道祖的一元化原旨。而主要经典《道德经》原是被尊为道教教祖的老子亲手所作，有考古发掘的真实历史文物作证。道教教祖一变更，使主要经典归属不清，一元化组合的缺失使以后崇拜主体产生模糊化偏向和信仰的飘忽性。张道陵开启尊崇《道德经》、阐扬《道德经》思想的传统，东汉时天师道所施行的教化中包括对老子思想的实践，《道德经》是道教一直奉行的圣典。而之后兴起的道教的一些教派，则切断这样的内在联系，另辟神话人物式虚拟的"天尊"，发生老子与《道德经》被降格的可笑事故。明朝朝廷正视这种不正常倾向，在朝廷的警示下，道教制订《道教十规》。由受道法于全真的天一道派第43代天师张宇初撰写的《道教十规》首先申明："道教肇始于太上授道德五千言于关令尹喜，后世道派意出，非究源以求流，必忘本以逐末"，把背离原旨提高到"忘本"的高度，明确规定"录以太上诸品经录为主"，理顺了道教发展的始末，综合了正一、全真两道派之异同，在道派源流和道门修炼诸方面形成合流大局。

清朝中晚期，正统道教陷于衰微，反之道教的多神教崇拜在民间则呈活跃之势。民间崇拜的对象倾向于有作为的神和由凡人升腾的仙，因之官府于府城州县普遍修建关帝庙、天后宫（妈祖庙）、城隍庙、玉皇庙（阁）、文昌君庙等；另对庄子、尹喜、岳飞、包拯、华佗、扁鹊、鲁班等历史上有作为的正能量人士也均为之建庙受祭。

三国时期蜀国大将关羽遭难后受民间敬崇，又经历代朝廷褒封，被尊称为"武圣"。古时关帝庙（亦称关公庙、关王庙、武庙、武圣庙等）供奉关公，他的忠义精神为历代统治阶层所推崇，诚信精神被商界奉为经商信条，礼仁智品格被儒家尊为人伦典范，勇武行为为民众所敬仰，清朝推行满、蒙、汉诸民族并尊，又以关帝的"义结金兰"为典范，致"庙宇盈寰中，姓名走妇孺"，关帝庙遍布中国各省，包括台湾、港澳，据有关资料，海外华人聚居的地方亦多建有关帝庙（约有30多个国家）。在中国，至今保留的比较著名的景园型关帝庙有：山西定襄县关王庙（元）、河南洛阳关林关帝庙（明）、福建东山县关帝庙（明）、上海大境关帝庙（明，庙内有花园、池塘）、山西运城解州关帝庙（清）、河南周口市关帝庙（清）、黑龙江虎林县虎头关帝庙（清）等。

据《莆田县志》记载：妈祖，原名林默，北宋年间"羽化升天"，雍熙四年（987年）邑人立通贤灵女庙于湄州岛，是第一座祭祀妈祖的祀庙。自宋徽宗宣和五年（1123年）至清朝，先后有14个皇帝对她敕封，林默获"妈祖"之称号。据有关资料，迄今全球有妈祖宫庙2000余座，其中中国台湾地区有800余座，中国港澳地区有50余座。国外10多个国家都建有妈祖庙。妈祖庙，又称天妃庙、天后宫，以福建省湄洲岛妈祖庙为祖庙。在中国，保留至今的比较著名的景园型天后宫尚有：天津天后宫（元）、福建泉州市天后宫（清）、福建永定县西陂天后宫（明～清）、台湾台南安平大天后宫（清）、台湾澎湖天后宫（明）、澳门天后宫（明）、湖南芷江天后宫（清）、广东堪江妈祖庙（清）等。

玉皇上帝，又称玉皇大帝、玉皇、玉帝、玉皇大天尊、天公，在道教神阶中修为境界不是最高，但是神权最大，为众神之王，除统领天、地、人三界神灵之外，还管理万物的兴隆衰败、吉凶祸福，故人间皇帝也得对之跪拜有加。至今保留的景园型玉皇庙仅有山东泰山玉皇庙（明朝成化年间重建）、山西长治县长治玉皇观（元～清）、陕西韩城市玉皇后土庙（明）等。

城隍原指城市的城墙与城濠，古时筑城挖濠是为保护城内居民的安全，后城隍被道教神化为城市的保护神。古代的名将名人常被奉为城隍神，如东汉名将霍光、元末名人秦裕伯、清末名将陈化成，都前后被供奉为上海城隍庙的城隍神。至今保留的景园型城隍庙除上海城隍庙（明）之外，尚有江苏苏州城隍庙（明），陕西三原城隍庙（明）、西安城隍庙（明），河南郑州城隍庙（明）等。

民间筹建的山神庙、财神庙、土地庙、龙王庙等则遍及乡镇，至今保留的景园型龙王庙有辽宁鞍山市千山五龙宫（清）、云南昆明市黑龙潭玉泉龙王庙（清）、江苏宿迁县皂河龙王庙（清）等（表1-10）。

因出现道教文化信仰的下移，使小型景园型道观随处可见，而自然风景型道教圣地则处于维持现状的局面。降及清末，朝廷腐败，外患严重，经济衰退，地方道庙民间已无力顾及，处于风雨飘摇之中。

元朝明朝清朝时期道观园林始建时间表　　　　　　　表 1-10

（经重建或重修留存至今的）

序号	道观园林	所在地	始（基本保留保存）建年代，经重建、重修
1	北岳庙◎	河北省曲阳县	元重建
2	北京东岳庙◎	北京市朝阳区	元至元四年（1267年）～清
3	天乙真庆宫	湖北省武当山南岩	元延祐元年（1314年）
4	太和宫	湖北省武当山天柱峰	元大德十一年（1307年），明永乐十四年（1416年）扩建
5	岩庙	湖北省武当山玉虚岩	元泰定元年（1324年）
6	万寿宫	湖北省武当山南岩	元始建，明永乐十一年（1413年）扩建为宫

序号	道观园林	所在地	始（基本保留保存）建年代，经重建、重修
7	文昌宫（南朝立祠）	四川省七曲山	元重建，明、清扩建
8	凤凰台巢湖中庙	安徽省巢湖	元大德年间（1297~1307 年）重建，清修建
9	介休后土庙◎	山西省介休市	元延祐五年（1318 年）重建
10	永乐宫（金朝永乐观）◎	山西省芮城县	元太宗三年（1231 年）毁后扩建元中统三年（1262 年）建成主体建筑，升格为宫
11	水神庙◎	山西省洪洞县霍山旁	元延祐六年（1319 年）重建
12	上清宫	山东省崂山	元大德年间（1297~1307 年）迁现址重建
13	玉泉观	甘肃省北靖山	元大德三年（1299 年）
14	舜庙	湖南省宁远县九疑山（苍梧山）	明洪武年间（1368~1398 年）始建庙，建于西汉元封五年（公元前 106 年）祀虞舜九疑的遗址上
15	东岳庙（主体建筑飞云楼）◎	山西省万荣县	元始建，明、清重建
16	白云观	陕西省白云山	明万历三十二年（1604 年）
17	斗母宫	山东省泰山	明嘉靖年间（1522~1566 年）重建
18	玉皇庙	山东省泰山	明成化年间（1465~1487 年）重建
19	纯阳宫◎	山西省太原市	明万历年间（1573~1620 年）始建，清扩建
20	吴岳庙	陕西省陇县吴山	明重建
21	翠云宫	陕西省华山莲花峰	明重建，清重修
22	西岳庙◎	陕西省华阴市	明重建，清修建
23	碧霞宫（圣母庙）	河南省浮丘山	明始建，多次扩建
24	玉虚宫	安徽省齐云山	明正德年间（1506~1521 年）
25	佑圣真武祠	安徽省齐云山	明嘉靖年间（1522~1566 年）敕建
26	遇真观（张三丰结庵名会仙馆）	湖北省武当山	明永乐十五年（1417 年）
27	金殿	湖北省武当山天柱峰	明永乐十四年（1416 年）

序号	道观园林	所在地	始（基本保留保存）建年代，经重建、重修
28	玄天玉虚宫，元和观	湖北省武当山	明永乐十一年（1413年）
29	复真观	湖北省武当山	明永乐十二年（1414年）
30	水月宫	广东省七星岩	明万历年间（1573~1620年）始建，崇祯九年（1636年）重建
31	太晖观◎	湖北省江陵市	明洪武二十六年（1393年）
32	元祐宫◎	湖北省钟祥市	明嘉靖二十八年至三十七年（1549~1558年）
33	五岳庙◎	宁夏中卫县	明正统年间（1436~1449年）始建，清增建
34	白云观◎	北京市西城区	清重建
35	太清宫◎	辽宁省沈阳市	清康熙二年（1663年）
36	老君台◎	河南省鹿邑县	清重建
37	五龙宫	辽宁省鞍山市千山中沟	清乾隆年间（1736~1795年）
38	慈祥观	辽宁省鞍山市千山中沟	清嘉庆年间（1796~1820年）
39	无量观	辽宁省鞍山市千山北沟	清康熙年间（1662~1722年）
40	太清宫◎	辽宁省沈阳市	清康熙二年（1663年）
41	古后土祠◎	山西省万荣县	清同治九年（1870年）移后重建
42	白云观◎	甘肃省兰州市	清道光十九年（1839年）
43	万寿宫◎	江苏省苏州市	清康熙年间（1662~1722年）建，嘉庆十八年（1813年）修
44	海神庙◎	浙江省海宁市	清雍正八年（1730年）敕建
45	云麓宫	湖南省岳麓山	清乾隆年间（1736~1795年）
46	中岳庙◎	河南省登封市	清重建，规模宏大，保留状况佳

注：◎表示景园型寺观园林。

第二章

佛教寺庙园林

公元前6世纪中叶，古印度的释迦牟尼[①]在深山中悟道，创立佛教，也称释教。公元前5世纪初，释迦涅槃，弟子阿难、迦叶、舍利佛、目犍连等人执释迦原教义，称之"小乘部"行者，其修行以解脱痛苦、止息轮回、导向寂止（涅槃）为目的，北印度的罽宾犍陀罗为小乘部中心。公元前四世纪，佛教发生分裂，分成两派：其一为上座部，其二为大众部。释迦涅槃后相隔6个世纪，公元1世纪佛教大众部一支派演变为"大乘部"派。在此基础上于公元2～3世纪，僧人龙树与提婆创立大乘佛教，这是佛教与外道的混合体，化出以文殊、普贤、弥勒、观音诸菩萨为大乘佛教的行者，其修行以功在度世、超度众生为目的。大乘佛教分两大派别：一是龙树所创的中观宗，宣扬"一切皆空"，故也称"空宗"；二是无著所创的瑜伽宗，宣扬"实无外境，唯有内识"，故也称"唯识宗"或"有宗"。

第一节　东汉三国西晋东晋南北朝时期

（25～581年）

《释老志》依《史记·大宛列传》说，张骞使大夏还（公元前126年），传其旁有身毒国，一名天竺。始闻有浮屠之教。据此史籍记载，中国之知有佛教约在西汉

[①] 据乔达摩·悉达多传说，释迦牟尼生于公元前565年，逝于公元前485年，其寿约80岁。

初汉武帝通西域之后。而佛教正式传入中国约在东汉中晚期，有两种说法：一说，东汉明帝永平七年（64年），第一批来到中国的是小乘教派的天竺人（即古印度人）迦叶摩腾和竺法兰，住河南洛阳白马寺。白马寺由官府改建，汉朝官府有称佛寺者，故中国第一座佛教庙院名为"佛寺"。但当时小乘教派刚入中原，尚无传化事迹。另一说，汉传佛教真正起弘化作用者应是安世高（小乘）与支娄迦谶（大乘）。东汉桓帝建和年间（147~149年），安息人安世高和月氏人支娄迦谶是最早来中国传教的佛教徒。以上四名僧人中，只有支娄迦谶属大乘教派，其他三人均属小乘教派，当时他们都以佛经传译为任务，从而形成汉朝以来佛经翻译的"安译"和"支译"两大系统："安译"者是安世高系，属小乘佛教，注重修炼精神的"禅法"；"支译"者是支娄迦谶系，属大乘佛教，宣传空宗般若学[①]。

东汉末期佛教最早传入中国之时自称"道人"，其修行过程称"修道"，对佛教的信奉先限于宫廷的崇奉，观念上佛被认为是一种大神，效法祠祀。初期所传以小乘佛教为主，而中国中原地区盛传的大乘佛教传入中国的时间略迟于中国道教创立的时间。据《三国志·刘繇传》所记：东汉灵帝光和五年至献帝初平三年（182~192年），笮融在江苏徐州建浮屠祠，"铜槃九重，下面重楼阁道可容3000人"。所以，可以认为中国的佛教与道教几乎是同步推进与发展的两个宗教体系。

魏吴蜀三国时期的佛教，其中魏继东汉，建都洛阳，魏明帝（227~239年）曾大起浮屠；吴据江南，建都建业，孙权为天竺僧康僧会建寺塔，号建初寺[②]。当时佛教已传播到河南登封嵩山、江西庐山，以及南京、苏州、镇江、上海、广州等地。

两晋南北朝时期是中国佛教的发展早期，当时属于大乘佛教不同派别的天竺、大月氏僧人陆续东来，著名者有月氏人竺法护（231~308年），西域人佛图澄（232~348年），天竺人鸠摩罗什（344~413年）、佛驮跋陀罗（359~429年）和菩提达摩（?~536年）。他们以译经、著经、传经等方式带出一班弟子与再传弟子，促成中国佛教宗派的产生，如华严宗、净土宗、天台宗、达摩宗（后称禅宗）、三轮宗、地轮宗等。"夫佛教本非厌世也，然信仰佛教者，什九皆以厌世为动机，此实无庸为讳。故世愈乱而逃入之者愈众"（梁启超）。两晋南北朝时期政治局势动荡不安，佛教获得极好的发展契机，佛寺的营建在这一时期盛极一时。相传西晋时代东西两京（洛阳、长安）的寺院一共有180所，僧尼3700余人（法琳《辩正论》卷三），记载中所见，洛阳有白马寺、东牛寺、菩萨寺、石塔寺、愍怀太子浮屠、

---

① "般若"是"般若波罗蜜多"的略称，是指一种大乘佛教的佛、菩萨所具有的不同于凡俗之人的智慧。

② 孙权建造建初寺并阿育王塔，供奉康僧会请得的舍利，这段历史记载于敦煌第323窟壁画。

满水寺、槃鸥山寺、大市寺、竹林寺等十余所。东晋的帝室、朝贵、名僧及一般社会知名人士（如许询、王羲之等），很多热心于佛寺的营建，历史上著名的诸如道场寺、瓦官寺、长干寺、庐山归宗寺、西林寺、东林寺、龙泉寺、中大林寺、天池寺等，都在这一时期建造。十六国后赵时（328～350年）佛图澄所兴立的佛寺据传有几千所[①]！后秦姚兴（394~415年）"起造浮图于永贵里，立波若台，居中作须弥山，四面有崇岩峻壁，珍禽异兽，林草精奇，仙人佛像俱有"，开创景园型佛寺园林之先河。

一、造像景观型佛寺园林

大乘佛教和小乘佛教的造像艺术源于受希腊文化影响的北印度犍陀罗雕刻艺术。佛教创立之初本无造像之风，《涅槃经》云："佛告阿难，佛般涅槃，荼毗既讫，一切四众，以取舍利，置七宝瓶，于拘尸那城，四衢道中，起七宝塔，高十三层，上有轮相辟支佛。"这里包含三层意思：①释迦强调"无我"，本不重视肉体，故涅槃后，肉身随之火化；②肉身火化，其残余物有"身骨"与称为舍利的结晶体；③取身骨、舍利起坟，名曰塔婆（中国简译为"塔"），故塔者，初实为僧人之坟也。

古印度佛教徒按佛祖原意，建造以掩埋身骨与舍利的塔婆作为崇拜对象，本无佛像，印度的佛寺沿用以塔为中心的布局，塔周建回廊与堂屋，称之塔庙，或称塔院。希腊化的犍陀罗雕刻艺术促成佛像的出现。佛教的造像艺术改变了古印度石窟以塔为崇拜中心的传统，佛像艺术逐渐成为石窟的主题形式。石窟寺以石窟为中心，石窟两侧开凿僧房，石窟前加窟檐等房舍，形成石窟寺。佛教传入中国有两条路径，陆路早于水路。陆路由天竺，经月氏、西域而抵中国中原，再由北地向南地拓展。北地佛教诸宗派依赖皇权而兴起，石窟寺与摩崖造像艺术形式被天竺僧人引入中原。那种着重宣扬形迹、崇尚宏大显赫、不惜工本的宗教艺术，与中国北朝皇权祈求佛陀永久保佑的思想相吻合。于是每逢新帝即位，即于都城相近山岗建造石窟寺，就山岩镌刻佛像，从而产生造像景观型佛寺园林，成为一时风尚。

这股风的影响所及，西起甘肃，东达山东。最有代表性的是苻秦沙门乐僔于前秦建元二年（366年）在甘肃省敦煌东南鸣沙山麓开凿石窟，镌造佛像，此即著名的甘肃敦煌莫高窟。中国北部的北朝，包括北魏、东魏、北齐、西魏、北周诸代的佛教，其遗留下的佛教文物很多，尤其是石窟与石窟寺，诸如北魏的云冈石窟、龙门石窟、巩县石窟、天水麦积山石窟；北齐的晋阳天龙山石窟、仙岩石窟寺、天龙石窟寺、响堂山石窟等，均规模宏伟、技艺精湛、环境秀美。

---

① 后赵主政仅20余年，建寺几千座不可信。

二、景园型佛寺园林

南北朝时期佛寺兴造之盛不分南朝北朝。北魏于平城"起永宁寺，构七级浮屠"，建瑶光寺、景乐寺、法云寺、皇舅寺、祇垣精舍，寺中或立浮屠，或"台观星罗，参差间出"，于河南登封县造少林寺与嵩岳寺，立嵩岳寺塔。南朝宋孝武帝（454~464年）建药王寺、新安寺；南朝梁武帝（502—549年）建爱敬寺、光宅寺、开善寺、同泰寺等诸大寺。南朝各代寺院、僧尼之数甚多，据传，南朝刘宋有寺院1900余所，僧尼36000人。南朝萧齐有寺院2000余所，僧尼32000人。南朝萧梁有寺院2800余所，僧尼82000人；梁武帝（502~549年）时，建康（江苏南京）一城有佛寺700所。南朝后梁有寺院100余所，僧尼3200人。南朝陈有寺院1200余所，僧尼32000人。北朝北魏末（534年），全境有佛寺30000余，其中洛阳城就有1000余所。北朝北周武帝建德六年（577年）灭北齐，命300万僧尼还俗，若一寺以居僧尼百人计，其寺院之数当达3万。如此数量，着实惊人！试想，那几百万不事生产、依赖供养的僧尼大军，是普度众生之福耶，还是消耗经济之祸耶！百年之后，中国佛教制度发生一次大改革，当认为是挽救佛教的一个大福音。

整个南北朝时期所建佛寺数以万计，分布面已遍及大江南北，有江苏、浙江、安徽、福建、广东、湖南、湖北、河南、河北、山东、山西、陕西、甘肃等省。庞大的佛寺群体中包含有民间馈赠的特别赠品，其专有名词叫做"舍宅为寺"。佛教宣扬，今世修功积德，来世可受福报得超度，若"施佛塔庙，得千倍报，布施沙门，得百倍报"，这就是出现"舍宅为寺"社会现象的起因。当时士大夫阶层中不少信奉佛教的人捐献出自己的府邸，转变为佛教寺院，《洛阳伽蓝记》云："王侯第宅，多题为寺，寿丘里间，列刹相望"，"招提栉比，宝塔骈罗"，记录了北地京都的情况。在南地，"舍宅为寺"之举也极普遍。附表所列举多属名人之例，而不知名者则不入典籍，难以查找。"舍宅为寺"之余风历隋、唐、宋，直至明朝，影响不断（表2-1）。

三国至明朝"舍宅为寺"人名表　　　　　　　　　　表2-1

佛寺名	舍宅人姓名	所在地	舍宅年代
光孝寺	虞翻家属施舍为寺	广东省广州市	三国
云岩寺	王珉	江苏省苏州市虎丘	东晋
灵岩寺	陆玩（司空）	江苏省苏州木渎灵岩山	东晋
天宁寺	谢安（太傅）	江苏省扬州市	晋
招隐寺	戴颙之女舍宅为寺	江苏省镇江市招隐山	东晋
普贤寺	熊鸣鹄（武昌人）	江西省南昌市	东晋隆安四年（400年）
檀溪寺	张殷原宅扩为寺	河南省襄阳市	东晋

佛寺名	舍宅人姓名	所在地	舍宅年代
戒珠寺	王羲之故宅址改为寺	浙江省绍兴市戒珠山	东晋
云门寺	王献之（中书令）旧宅改为寺	浙江省绍兴市	东晋义熙三年（407年）
栖霞寺	明僧绍	江苏省南京市栖霞山	南齐永明六年（488年）
法海寺	莫厘（将军）	江苏省吴县洞庭东山	隋
明福寺	杜明福	河南省滑县	隋仁寿四年（604年）
奉圣寺	尉迟敬德别墅改为寺	山西省太原市	唐武德五年（622年）
开元寺	黄守恭舍桑地为寺	福建省泉州市	唐垂拱二年（686年）
崇福寺	王钟传（南平人）	江西省上商县九峰山	唐乾宁年间（894~897年）
半山寺	王安石故居改为寺	江苏省南京市	北宋元丰七年（1084年）
陇西院	唐李白故宅改为寺	四川省江油县	北宋淳化五年（994年）
昙华寺	施石桥曾孙施泰维捐别墅为寺	云南省昆明市金马山	明崇祯年间（1628~1644年）

中国佛寺园林的景观建筑原型，其一是官府，其二是私宅。官府型以白马寺为模式，是四合院的组合体，佛寺的殿庭即扩大的四合院，配植以植物的大庭院。私宅型以"舍宅为寺"的邸宅为模式，寺内的方丈院、客舍院、放生池园、后花园等大抵都是仿自然山水园式的庭园。

景园与住宅相组合肇始于汉。南北朝时期的贵族官僚邸宅内附置山水园则属一种时尚。南朝大臣名流如王道之、郭文、谢安、孔季恭、徐堪之、顾辟疆、茹法亮、戴颙、萧绎等邸宅后园均穿池筑山，疏建亭阁，果木繁茂。北朝之洛阳，"帝族王侯，外戚公主……争修园宅，互相夸竞"，"高台芳榭，家家而筑，花林曲池，园园而有，莫不桃李夏绿，竹柏冬青。"南北朝盛"舍宅为寺"之举，把邸宅附有林园之风也引入佛门，洛阳佛寺皆附山池，《洛阳伽蓝记》如此描述：洛阳河间寺后园"沟渎潆洄，石磴嶕峣，朱荷出池，绿萍浮水，飞梁跨树，层楼出云"；洛阳宝光寺"园中有一海号咸池，葭芙被岸，菱荷覆水，青松翠竹，罗生其旁"；洛阳景明寺"房檐之外，皆是山池，竹松兰芷，垂列阶墀。寺有三池，萑蒲菱藕，水物生焉。或黄甲紫鳞，出没于繁藻，或青凫白雁，浮沉于绿水"等等；可见其倾任自然的景园风格。

三、自然景观型（包括自然人文复合景观型）佛寺园林

佛教入山建寺始于三国至南北朝，其著名者在北地有：河南嵩山少林寺，山西五台山南禅寺、佛光寺，山东泰山普照寺，山东长清灵岩寺等。西晋末年，北地社

会混乱多变，时以道安（314~385年）弟子慧远（334~416年）为代表的一派僧众避乱南下，入隐江西庐山。净土宗宗师佛图澄的弟子道安，既奉迎佛教，又传承魏晋玄学之习，受当时国人之欢迎。出道安之门，得青出于蓝之誉者，慧远也。道安慧远一派以超俗脱尘、恬淡无为为旨，求精神安静，乐道于山水之间。江西庐山慧远所居屋舍，其名"龙泉精舍"，状如私家的山居别墅，之后改建为东林寺。东林寺位处庐山幽谷中，周围群山密林，犹若绿屏。寺面对香炉峰，寺前有虎溪、东泉与莲池。《高僧传》记载："远[①]创造精舍，洞尽山美，却负香炉之峰，傍带瀑布之壑。仍石叠基，即松栽构，清泉环阶，白云满室。复于寺内别置禅林，森树烟凝，石径苔合，凡在瞻履，皆神清而气肃焉"，真是一处摆脱尘世的清凉世界！东晋太元十一年（386年）营建的庐山东林寺，开创中国自然人文复合景观型佛寺园林的先例。

昔日，释迦牟尼开创"隐入深山，回归自然，菩提树下涅槃成佛"的悟道之路，已成为佛教一项最基本的经典。综观中国佛教建置史，避世高僧结茅于林野，寺院配置同林园结合，已总结为历千年不变的经验，庐山东林寺即范本之一。

慧远卜居庐山30余载，又在庐山结念佛社，世称"白莲社"，集高僧（如道生、觉贤、慧永、慧远本人等）和学者（如名士陶渊明等）123人，其中尤贤者18人，世称"庐山十八贤"。白莲社促进宗派间的交流，庐山习尚与宗旨布传四方，有力驱动自然景观型（包括自然人文复合景观型）佛寺园林在南地的开展。

佛教的天界与诸神的来源与道教相似，也是由"转化、神化、生化"而得："大千世界、须弥山、西天、四大部洲"等佛教世界，是由自然界的宇宙、天、地等"转化"所致。释迦牟尼佛和阿难、迦叶、舍利佛、目犍连等释迦嫡传的十大杰出弟子，以及一些得道高僧，均由真实的人"神化"为佛、为菩萨、为罗汉[②]。其他大多数称为菩萨、罗汉、金刚、天王的，则均属按佛家故事"生化"推想或臆想出来的佛教神灵偶像。中国近代有称为"四大名山"的佛教圣地，即谓之"四大菩萨"

---

① 东晋孝武太元六年（381年）慧远至庐山，建龙泉精舍；东晋太元十一年（386年）由慧远主持建东林寺；东晋安帝元兴元年（402年）慧远"修净土之业"；东晋安帝义熙十二年（416年）慧远于庐山去世。
② "佛"系梵语，是佛陀的简称，意译"觉者"、"知者"、加上"觉"（自觉、能觉）。佛教修行的最高果位称之觉行圆满者，唯佛才三项皆全。小乘佛教以释迦牟尼为唯一的佛，而大乘佛教则除释迦牟尼之外，一切觉行圆满者也都是佛，如过去佛、七佛、燃灯佛、未来佛（东方有药师佛、西方有阿弥陀佛）。菩萨则只达二项，是"觉有情"的得道者，佛典上常提到的菩萨是弥勒、文殊、普贤、观世音、大势至等，《法华经》中称弥勒、文殊、普贤、观音为四大菩萨。罗汉是梵语"阿罗汉"的简称，依佛教教义，修行的成果称之"果"，每取得一个成就就叫做达到一个"果位"，小乘佛教修行所达的最高果位称之"阿罗汉果"。在大乘佛教中，凡获得阿罗汉果位的人称"阿罗汉"，简称"罗汉"，罗汉低于佛与菩萨的地位，属于第三等级。佛教认为获得这一果位就可以清除一切烦恼，圆满一切功德，永远免除投胎转世（生死轮回）之苦，也可以享受人间供奉。

的道场。"菩萨"之名词产生于大乘佛教。菩萨，原本一个意，其意"觉悟"加"有情"，即"觉有情"的得道者，这样的得道者的中文直译为"大士"。中国的佛教把四大名山称为四尊菩萨的道场，即山西五台山的文殊、四川峨眉山的普贤、浙江普陀山的观音、安徽九华山的地藏，也是古印度佛教神话演化为中国佛教神话的成果。这个神话自东晋以后随佛教兴盛而转化成实际，那里被认为就是真实的菩萨显圣地。

四大名山中四川峨眉山开发最早。东晋安帝义熙八年（412年）慧远的同门师弟慧持自四川成都龙渊县来到峨眉山兴造普贤寺（即后来的万年寺），这成为峨眉山的开山寺。山西五台山显通寺始建于北魏孝文帝时期（471~499年）。浙江普陀山与安徽九华山的开发则稍晚，在唐朝以后。

南北朝时期，北魏、北齐各代皇室均笃信印度佛教弘扬佛陀形迹的遗风，使石窟寺摩崖造像的构筑兴盛一时。崇信佛教的北魏孝文帝，于山西平城（北魏都城）之北开凿云冈石窟，之南创建五台山显通寺。孝文帝敬重天竺僧人跋陀扇多，不仅把云冈石窟供跋陀扇多作修炼之所，还因跋陀扇多遵循释迦入深山静修悟道之训，其"性爱幽栖，林谷是托"，自494年北魏迁都洛阳，便常栖于嵩山少室的密林之中。孝文帝特地为他建造少林寺，少林寺开启北地自然人文复合型佛寺园林之门，影响深远。之后又来了一个南天竺僧人菩提达摩（?~536年，古印度国秀玉王之子），他由海路（南海）抵达中土，再北渡至魏地，在少林寺一石洞中面壁苦修9年，口传了一个弟子，并继位为少林寺第二任方丈，他被认为是中国佛教禅宗的"初祖"。

对此说法，《中国禅寺》主编季羡林有一段精辟的论述："中国的禅宗，虽然名义上来自印度，实质完全是中国的产物。印度高僧菩提达摩被尊为东土初祖。据说当年灵山会上，如来拈花，迦叶微笑，师徒会心，灵犀一点。这种心法由迦叶传了下来，不知几年几代，传给了达摩，这故事本身就接近神话。印度和中国和尚编的那一套衣钵传承了几祖几代，又是没法证实的。达摩带到中国来的法，当然也就虚无缥缈。反正中国后来的禅宗与后汉安世高带进来的禅学根本不是一码事。总之，禅宗是在中国兴盛起来的。严格地说，禅宗是在五祖弘忍以后才畅行，而大盛于六祖慧能。"

毛泽东主席当年曾评说慧能，指出：唐代出现了一个唯心主义哲学家六祖慧能，他被视为禅宗的真正创始人。使中国佛教史中一段重要的史实回归到历史的真实（表2-2）。

三国两晋南北朝时期佛寺园林（含石窟寺）始建时间表　　表2-2

（经重建或重修留存至今的）

序号	佛寺园林、石窟寺	所在地	始建年代（均经后世重建、重修）
1	广胜寺（泉，溪，古柏）	山西省洪洞县霍山	东汉末僧人结茅
2	玉泉寺	湖北省当阳县玉泉山	东汉末僧人结茅
3	定慧寺	江苏省镇江市焦山	三国东吴（222~280年）
4	甘露寺	江苏省镇江市北固山	三国东吴（222~280年）
5	龙华寺◎	上海市	三国东吴（222~280年）
6	静安寺◎	上海市	三国东吴（222~280年）
7	光孝寺◎	广东省广州市	三国东吴（222~280年）
8	报国寺◎	江苏省苏州市	三国东吴（222~280年）
9	观音院（柏林寺）◎	河北省赵县	三国魏（220~280年）
10	法王寺	河南省嵩山	三国魏（220~280年）
11	岳麓寺	湖南省岳麓山	西晋泰始四年（268年）
12	阿育王寺	浙江省宁波市	西晋太康三年（282年）
13	天童寺	浙江省宁波市太白山	西晋永康元年（300年）
14	寒溪寺（慧远创建）	湖北省鄂州市西山	东晋建武元年（317年）
15	嘉福寺（潭柘寺）	北京市潭柘山	东晋建武元年（317年）
16	金山寺	江苏省镇江金山	东晋明帝（323~325年）
17	灵隐寺	浙江省灵隐山	东晋咸和年间（326~334年）
18	法镜寺	浙江省下天竺	东晋太宁四年（326年）
19	云门寺	浙江省绍兴市云门山	东晋义熙三年（407年）
20	东林寺	江西省庐山	东晋太元十一年（386年）
21	大安寺◎	江西省南昌市	东晋隆安二年（398年）
22	冶城寺（后改道观）◎	江苏省南京市	东晋太元十五年（390年）
23	灵岩寺	江苏省苏州市木渎灵岩山	东晋（317~420年）陆玩舍宅为寺
24	虎丘山寺（云岩寺）	江苏省苏州市虎丘山	东晋（317~420年）王珉舍宅为寺
25	普贤寺（万年寺）	四川省峨眉山	东晋（317~420年）
26	缙云寺	重庆市缙云山	南朝刘宋景平元年（423年）
27	大明寺	江苏省扬州市蜀岗	南朝刘宋大明年间（457~464年）

序号	佛寺园林、石窟寺	所在地	始建年代（均经后世重建、重修）
28	清涟寺	浙江省杭州市玉泉山	南朝萧齐隆昌元年（494 年）
29	栖霞寺☆	江苏省栖霞山	南朝萧齐永明元年（483 年）
30	保圣寺◎	江苏省甪直镇	南朝萧梁天监二年（503 年）始建，唐、宋重建，存宋罗汉塑像
31	南华禅寺◎	广东省韶关市	南朝萧梁天监三年（504 年）始建，唐慧能于唐仪凤二年（677 年）开南禅曹溪宗
32	开善寺（明朝迁址改名灵谷寺）	江苏省南京市钟山	南朝萧梁天监十三年（514 年）
33	鸡鸣寺	江苏省南京市鸡鸣山	南朝萧梁普通八年（527 年）
34	寒山寺◎	江苏省苏州市铁岭关	南朝萧梁（502～548 年）
35	兴福寺	江苏省常熟市虞山	南朝萧梁大同五年（539 年）
36	光福寺	江苏省吴县	南朝萧梁大同五年（539 年）
37	灵源寺◎	江苏省洞庭东山	南朝萧梁天监元年（502 年）
38	能仁寺◎	江西省九江市	南朝梁武帝年间（502～548 年）
39	方广寺	湖南省衡山	南朝萧梁天监二年（503 年）
40	南台寺	湖南省衡山	南朝萧梁天监二年（503 年）
41	南台寺南寺	湖南省衡阳南岳山	南朝梁武帝年间（502～548 年）
42	飞来寺◎	广东省清远县	南朝萧梁（502～548 年）
43	宝庄严寺（北宋重建后改名六榕寺）◎	广东省广州市	南朝 ～ 清萧梁大同三年（537 年），北宋重建
44	山谷寺	安徽省潜山县天柱山	南朝萧梁（502～548 年）
45	开元寺◎	福建省福州市	南朝萧梁太清二年（548 年）
46	盘空寺	河南省济源县磨脐山	南朝萧齐建元元年（479 年）
47	广化寺	福建省莆田凤凰山	南朝陈永定二年（558 年）
48	福严寺	湖南省衡山	南朝陈光大元年（567 年）
49	北泉寺	河南省确山县秀山乐山间	北朝北齐（550～556 年）
50	风穴寺	河南省临汝县风穴山	北朝西魏（535 年）始建，唐扩建

序号	佛寺园林、石窟寺	所在地	始建年代（均经后世重建、重修）
51	相国寺◎	河南省开封市	北朝北齐天保六年（555 年）
52	灵岩寺	山东省长清县方山	北朝北魏（386～534 年）
53	普照寺	山东省泰山	北朝北魏（386～534 年）
54	定林寺	山东省莒县浮来山	北朝北魏文成帝（453～465 年）
55	显通寺	山西省五台山	北朝北魏（386～534 年）
56	南禅寺	山西省五台县	北朝北魏时期，始建年代不详，唐德宗建中三年（782 年）重建大佛殿
57	佛光寺（存北魏初祖禅师塔与唐大殿☆）	山西省佛光山	北朝北魏皇兴五年（471 年），唐朝重建
58	碧山寺（后改普济寺）	山西省五台山台怀镇	北朝北魏（386～534 年）
59	文殊寺（后改菩萨顶）	山西省五台山	北朝北魏（386～534 年）
60	青莲寺◎	山西省晋城县	北朝北齐天保元年（550 年）
61	龙门寺◎	山西省平顺县	北朝北齐天保元年（550 年）
62	少林寺	河南省嵩山	北朝北魏太和十九年（495 年）
63	嵩岳寺（存塔☆）	河南省嵩山	北朝北魏正光元年（520 年）
64	永泰寺（存塔☆）	河南省嵩山	北朝北魏（386～534 年）
65	嵩阳寺（存古树☆）	河南省嵩山	北朝北魏太和八年（484 年）
66	玄中寺	山西省交城县石壁山	北朝北魏延兴二年（472 年）
67	开化寺（存塔☆）	山西省太原市蒙山	北朝北齐天保二年（551 年）
68	悬空寺	山西省恒山	北朝北魏（386～534 年）
石窟寺			
1	云冈石窟☆	山西省大同市	北魏
2	敦煌石窟莫高窟☆	甘肃省敦煌市	前秦、北魏
3	龙门石窟☆	河南省洛阳市	北魏
4	麦积山石窟☆	甘肃省天水市	后秦、北魏
5	响堂山石窟☆	河北省邯郸市	东魏、北齐
6	炳灵寺石窟☆	甘肃省临夏市	北魏
7	天龙山石窟☆	山西省太原市	东魏
8	积石山炳灵寺石窟☆	甘肃省永靖县	西秦、北魏、北周

序号	佛寺园林、石窟寺	所在地	始建年代（均经后世重建、重修）
9	须弥山石窟☆	宁夏固原县	北朝
10	羊头山石窟☆	山西省高平市	南北朝
11	驼山石窟☆	山东省青州市	北周
12	木梯寺石窟☆	甘肃省武山县	北魏
13	千佛崖石窟☆	四川省广元市	南北朝

注：加☆号者表示建筑物、古树、造像保持始建时状态，◎表示景园型寺观园林。

第二节 隋朝唐朝时期

（581~907 年）

虽然隋朝历史很短，但仍出现某些重要的佛事活动。隋文帝一生致力于佛教的传播，即位初年，令在五岳各建佛寺一所，诸州县建立僧、尼寺各一所，并在 45 个州各创设大兴善寺，又建延兴寺、光明寺、净影寺、胜光寺及禅定寺等。隋炀帝也笃信佛教，自称菩萨戒弟子，即位后，为文帝造西禅寺，又在高阳造隆圣寺，在并州造弘善寺，在长安造清禅寺、日严寺、香台寺，又舍九宫为九寺。南朝陈与隋朝之间，高僧智顗于浙江天台山依《法华经》立宗，称"法华宗"，又名"天台宗"，建国清寺，为天台宗祖庭。公元 804 年天台宗传入日本。

唐朝是中国历史上极其兴旺的时代，经济发达，国力强盛，版图广阔，文化艺术飞腾，宗教开放，佛教道教空前兴盛。道教因教祖姓李，被唐朝李氏皇室认作神仙祖先而受到特别眷顾。

佛教在中国化的进程中，佛家学术思想由众高僧求证研讨而注入新鲜元素。当时佛教界名师辈出，新宗派又有建立，自东晋慧远建净土宗，隋朝智顗建天台宗，吉藏建三轮宗（549～623 年），唐朝有道宣（596～667 年）的律宗、玄奘（602～664 年）的法相宗、不空与善无畏的密宗、达摩宗几传后形成的北禅宗（弘忍、神秀建立），以及南禅宗。被称为禅宗六祖的慧能（638～713 年）是禅宗的实际创始人。慧能受弘忍衣钵去韶州（今广东韶关）隐修，创立南禅宗。南禅宗又传五家，即沩仰宗（灵佑、慧寂）、临济宗（义玄）、黄龙宗（慧南）、杨岐宗（方会）和曹洞宗（良价、本寂）。禅宗的兴起和高僧玄奘（俗称唐僧）佛国取经的成果使佛教思想深深影响唐朝朝野上下。

唐朝李氏皇室虽然特别眷顾道教，但对佛教也十分崇信。唐朝立国之初，唐太宗因少林寺僧人曾助他降伏隋朝将军而封少林寺和尚为大将军，并特许少林寺可养僧兵500名。唐太宗在各战场地建寺院10所，据《大唐内典录》[①]记载，有幽州昭仁寺、洛州昭觉寺、洺州昭福寺、汾州弘济寺、晋州慈云寺、台州普济寺、郑州等慈寺、终南山龙田寺等。唐高宗登基又建佛寺多座，据《辩正论》记载，有长安会昌寺、胜业寺、慈悲寺、证果寺、集仙寺，太原灵仙寺、兴圣寺，并州义兴寺，皆极具轮奂之美。唐高宗还"舍宫为寺"，《内典录》称，"今上之嗣位也，信重逾隆，先皇外宫，咸舍为寺"，如兴圣寺、弘福寺、慈恩寺、瑶台寺，玄奘译经处玉华宫也即"舍宫为寺"之一。

在唐朝皇室的推崇和直接参与之下，全国佛寺数量剧增，唐武宗会昌元年（841年）灭佛事件中显示，当时拆毁的小佛寺达40000余所，拆毁朝廷赐号的大佛寺有4600余所，还俗僧尼26万余人，收回民田数千万顷。其时朝廷赐建的佛寺均规模宏大，如长安东门章敬寺（唐代宗为其母章敬太后冥福而建）总48院、4130间，穷壮极丽，费钱亿万；山西五台山金阁寺[唐代宗大历五年（770年）不空和尚所建]铸铜为瓦，涂金瓦上，照耀山谷，费钱巨亿，又造文殊阁，费内府钱3000万。唐朝朝野与佛教界还热衷佛教的造像艺术，石窟寺与摩崖造像之开凿有漫延之势，不仅在河南、河北、山东、山西、陕西、甘肃等老石窟寺基地继续开凿镌刻之外，还流传至边远地区的云南、贵州，特别兴旺的地区是四川。

四川乐山著名的乐山大佛，依崖面水，正襟危坐，通高71m，开凿于唐玄宗开元元年（713年），完工于唐德宗贞元十九年（803年），经历4个皇帝，历时长达90年，要观赏大佛全貌必须隔江遥望。这尊世界第一高的端庄宏伟石佛与秀丽山林、滔滔江水完美结合，构成一幅和谐生动的雕塑园景观。

佛教是外来的宗教，佛教的中国化自佛教传入中国之时就已开始，中国化的要点有三：其一是宗旨的转变；其二是传道方式的改变；其三是修持制度的变革。在这个过程中禅宗起了很大作用。禅宗不等于禅定（一般认为的打坐），而是说求证要通过禅法这个关节。禅宗（南禅）的宗旨明确为"见性成佛"。不同于北地的佛教诸派依赖皇权显达，与民间少沟通，南禅建立人慧能自幼失学，他讲述佛学心要不运用高深学理，而是采取平常说话方式，深入浅出地传授佛理，宣称"一切众生皆

[①] 《大唐内典录》皇朝传译佛经录第十八："立碑表德以光帝业（如破薛举立昭仁寺。破王充立昭觉寺。破武周立弘济寺。破宋刚立慈云寺。破鹤老生立普济寺。破建德立等慈寺。破刘闼立昭福寺。并官给供度佛事弘敞。立碑颂德为万代之大归焉）及天下清平思弘仁教。乃舍旧宅为兴圣寺。为先妣立弘福寺。为东宫立慈恩寺。于昭陵立瑶台寺。躬幸弘福手制疏文。垂泣对于僧徒。优言陈于肃敬。"

有佛性"，讲虔诚信仰只需虔心供养、口宣佛号，用"心"修习，就可"顿悟"成佛。佛教哲理："一切行无常，一切法无我，及涅槃寂静，是三法印"。《莲花经》对三法印的解释为："一切行无常"是说宇宙无限，变化无常；"一切法无我"是说与宇宙相争无意义，人应无我，放弃自己，混同自然；"涅槃寂静"是说放弃自己，这样烦恼和痛苦便消失，所存唯永恒、快乐和安详，此即达到涅槃境界，大彻大悟，得道成佛。佛教又宣扬，人不修佛理，死了要入"轮回"。佛教的"六道轮回""十八层地狱"说宣扬的是宿命论与愚昧的恐怖情绪，慧能宣传"众生是佛""见性成佛"，简化了修习过程，解除了信众入"轮回"的担心，故而很受民间欢迎。哲理的改变使南禅诸派的进展获得坚实基础，并导致后来独盛的局面。

古印度佛教原始传统为释迦传道"不着文字，不执文字"。佛教最经典的佛经《三藏》并非释迦自己所撰，《经藏》由其弟子阿难于佛徒第一次集会时诵出后记录而成，《律经》由优婆诵出，《论藏》由富楼那诵出。《三藏》之后的佛教"经论"是佛门子弟为阐明《三藏》诸经的理论而撰写的著作。经论随佛教的推进而越来越多，最后达到"十二部经"之多，而释迦"原著"所述的比例相应降至微乎之微①。早年达摩宗传道传承此传统，"以不立字文，口口相传为要旨。"口口相传难免有误，一脉单传的形式传到慧能，传衣钵形式便出现变化，由不立文字改变为有赖文字，传承趋于踏实。

中国僧人中真正修道者遵佛陀遗训，立足于栖息山林，过清净道场生活，即便禅僧领袖，如禅宗北宗神秀（606～706年）、禅宗南宗始祖慧能（638～713年），也都往往离寺别居茅岩，使戒律既存，而规制不具。慧能的几传弟子马祖道一（709～788年）与百丈怀海（720～814年）师徒两禅师，于唐宪宗元和九年（814年）"始立天下丛林规式，谓之清规"，推崇劳动自养，回归山林，集体修行，这可以认为是佛教规制的革新。

从宗教和中国封建朝廷的关系来看，始终是宗教依附于朝廷，佛教当然也不例外。各朝皇室笃信的是佛教的教义，但佛教的活动则要遵守朝廷的规章和受官员管辖。早在两晋南北朝时期，诸朝廷已设置僧正、僧篆等官职来管理僧尼的事务。唐朝官制中有祠部，下设僧篆之职，主管僧籍，高僧任命为僧官，主管国内佛寺事务。

长期依赖政府供给与施主供养的印度式传统佛教，若遇到政府的宗教政策有变更，或社会经济情况发生不景气的状况，中国佛教的僧侣们便会面临无谋生之

---

① 佛教真正的第一部佛典，代表着释迦牟尼原意的典籍是由释迦牟尼的三位第一代弟子于佛徒第一次集会时诵出后记录而成的佛经《三藏》，而其他的佛典都是之后历代佛门弟子的创作或体验。特别是释迦牟尼涅槃后约500年时成立的大乘佛教，其创作的"经论"基本出自大乘高僧们之手，"菩萨"说就列为其中非常重要的一章。

策。因此，企求自食其力的山林佛教便应运而兴，禅宗道信（579～651年）、弘忍（600～674年）虽已提倡"四仪（坐、住、行、卧）皆是道场，三业（身、口、意）咸为佛事"，将体力劳动引进禅学内容，但真正倡导丛林制度下的农耕生活的却是马祖道一与百丈怀海师徒两人。着眼中国佛教发展史，根本转变僧侣们这种依赖政府供给与施主供养的状况，和清肃禅宗内部出现有戒不守、有律不循等坏习，是禅宗丛林制度的创立。

丛林制之一，管理制。管理层的最高主管是方丈，也名住持，住持和尚职掌全寺的修持、寺务、戒律和清规、弘法、经济财务等事权。管理层各级人员由推选产生，僧众推选出的方丈名义上要由朝廷同意，其实朝廷只起监督作用。

丛林制之二，平等制。自耕自食，劳动平等。百丈禅师提倡"一日不做，一日不食"的农禅佛教，改变比丘不自生产专靠乞食为生的制度；寺之内外，僧俗平等，所谓"王子出家不以为贵，乞丐出家不以为贱"；依规定交政府粮税，社会平等。言行守律，信仰平等。僧众云游四方，都可挂褡丛林，天下为家，众生性相平等。

丛林制之三，修持制。禅宗提倡人的心性本净，佛性本有，觉悟不借外求，不礼佛，强调"以无念为宗"和"心即是佛""见性成佛"。禅院立禅堂（法堂）为中心，"不立佛殿，唯树法堂"，禅堂作为僧众修持之所，堂内不供佛像，以附合"心即是佛"，不提倡偶像崇拜的禅宗教义，回归到释迦初衷。

丛林制之四，清规戒律。做和尚需要出家受戒，戒律是释迦所订的律条，那是佛教的"法律"。清规是百丈怀海和尚所订，称"百丈清规"，"规"者是规范一些行为，是禅宗要求的品德规定。[①]

总之，实行丛林制度的中国禅宗，是既能摆脱宗教形式的束缚，又能过着精进朴实、自力更生的修道生活。既可不受宗教理论的限制，又可不废弃经典教理的灵活运用。佛理的改变和对佛寺制度与行为的严格规定，使佛教寺院的功能内容无可避免地产生冲击性的变化，实行丛林制度会涉及不少具体问题，如：要劳动自养，就得置田地、菜园、药圃、果园、林竹等，就需要寻觅有足够水源、有开垦之便、具良好风水之地。要供僧众食、住、修习和接待社会人士，就需要配置各种房舍和设施，也就是拓宽了佛寺的功能，除修持、安僧、译经、传道等宗教方面的基本功能之外，还延续和兼备游览、聚会、医疗、园艺、住宿等文化与世俗性功能。

中国禅宗创始人慧能开创"众生是佛"论，是从哲理上回归大乘佛教教旨原意；

---

① 唐朝百丈禅师二十条丛林要则：(1)丛林以无事为兴盛；(2)修行以念佛为稳当；(3)精进以持戒为第一；(4)疾病以减食为汤药；(5)烦恼以忍辱为菩提；(6)是非以不辩为解脱；(7)留众以老成为真情；(8)执事以尽心为有功；(9)语言以减少为直截；(10)长幼以慈和为进德；(11)学问以勤习为入门；(12)因果以明白为无过；(13)老死以无常为警策；(14)佛事以精严为切实；(15)待客以至诚为供养；(16)山门以老旧为庄严；(17)凡事以预立为不劳；(18)处众以谦恭为有礼；(19)遇险以不乱为定力；(20)济物以慈悲为根本。

马祖道一与百丈禅师创建丛林制，则是从修持规制上回归佛祖本意。由此，既改变了佛寺原来的制度，也改进了佛寺的布局结构，并改善了寺院的内外环境，自耕自食的"小世界"还可以适应当时的农业社会经济运行模式，极大地有益于中国佛教的生存与发展，慧能与其再传弟子马祖与百丈对佛教所做实在是无量功德。东晋时期的慧远开启了江西庐山东林寺模式的自然人文复合型佛寺园林，唐朝的百丈怀海则启动了江西洪州（现江西奉新县）百丈山丛林模式的自然人文复合型佛寺园林。前后四百余年，使自然人文复合型佛寺园林如鱼得水，在大江南北蓬勃兴起，南地尤盛，以出现佛门四绝为标志。佛门四绝为台州（浙江天台）的国清寺、齐州（山东长清）的灵岩寺、润州（江苏镇江，现属南京）的栖霞寺、荆州（湖北江陵）的玉泉寺。唐朝佛教虽然经过又一次破佛事件的清理，但复兴之后，全国佛寺仍达到4万余之数，而京都长安只有佛寺130所，约占全国寺院的1/310，对比北魏洛阳当时有佛寺1360余所，约占北魏寺庙总数的1/22，这现象反映出唐朝城镇佛寺建造数量缩减，而郊野佛寺则大量增加，唐朝佛寺向郊野转移，促成唐朝自然人文复合景观型佛寺园林的兴盛之势（表2-3）。

隋朝唐朝时期佛寺园林（含石窟寺、造像）始建时间表 表2-3

（经重建或重修留存至今的）

序号	佛寺园林、石窟寺、造像	所在地	始建年代，均经后世重建、重修
1	宝庆寺与塔◎	陕西省西安市	隋文帝仁寿元年（601年）建寺，唐大和二年（828年）建塔
2	慈恩寺（☆存大雁塔）◎	陕西省西安市	唐高宗永徽元年（650年）建寺，长安年间建大雁塔（702年）
3	华严寺◎	陕西省长安县少陵原	唐贞观十九年（645年）始建
4	兴教寺◎	陕西省长安县	唐始建，葬唐高僧玄奘
5	上下悟真寺（竹林寺）	陕西省蓝田县王顺山	隋始建，唐扩建
6	昭仁寺◎	陕西省长扶县	唐贞观年间（627～649年）
7	灵岩寺◎	陕西省略阳县嘉陵江畔	唐开元年间（713～741年）
8	兴国寺	山东省济南市千佛山	唐贞观年间（627～649年）
9	灵岩寺☆	山东省长清县方山	唐始建，历朝重修
10	云门寺石窟造像☆	山东省益都县	隋开皇十年（590年）
11	证果寺	北京市西山卢师山	隋始建
12	云居寺（☆存辽塔）	北京市房山区	隋建寺，辽天庆七年（1117年）建塔

序号	佛寺园林、石窟寺、造像	所在地	始建年代，均经后世重建、重修
13	戒台寺（☆存古树）	北京市门头沟区	唐武德五年（622年）始建，辽明清修
14	十方普觉寺（卧佛寺）（☆存卧佛）	北京市寿安山	唐贞观年间（627~649年）始建，名兜率寺
15	灵光寺	北京市翠微山	唐大历年间（766~779）始建
16	独乐寺（☆存阁、立佛）◎	天津市蓟县	唐始建，辽统和二年（984年）重建
17	天成寺（背靠翠屏峰）	天津市蓟县盘山	唐始建，明清修，1980年重建
18	福庆寺	河北省井陉县苍岩山	隋始建
19	龙藏寺◎	河北省正定县	隋始建，宋重建，改称隆兴寺
20	白鹿寺	广西桂林市尧山	唐始建
21	菩提寺	河南省镇平县杏花山	唐始建，宋、明、清修
22	佛光寺（☆存唐大殿）	山西省五台山	唐大中十一年（857年）
23	南禅寺（☆存唐大殿）	山西省五台山	唐建中三年（782年）
24	竹林寺	山西省五台山台怀镇	唐始建，历代重修
25	秘密寺	山西省五台山台怀镇	唐木叉和尚茅蓬建寺，历代修
26	尊胜寺	山西省五台县	唐始建，宋重修
27	殊像寺	山西省五台山	唐始建，明重建☆
28	多福寺（☆存宋殿与明配殿）	山西省太原市崛㟭山	唐贞元二年（786年），初名崛㟭教寺
29	十方奉圣禅寺	山西省太原市悬瓮山	唐武德五年（622年）
30	万固寺	山西省永济县中条山	唐始建
31	善化寺☆◎	山西省大同市	唐开元年间（713~741年）称开元寺，金、明重修
32	正觉寺（☆存宋殿）◎	山西省长治市	唐大和年间（827~835年）建，宋、明、清修
33	法云寺（☆存宋殿）	山西省长治市太行山	唐始建，宋、元、明修
34	原起寺	山西省潞城市凤凰山	唐天宝元年（742年）建，北宋建大圣宝塔
35	海会寺（☆存明琉璃双塔）◎	山西省阳城县	唐乾宁元年（894年）建，金重修
36	圣寿寺	山西省沁源县灵空山	唐景福二年（893年）建，明、清重建

序号	佛寺园林、石窟寺、造像	所在地	始建年代，均经后世重建、重修
37	北吉祥寺 （☆存古柏 4 株）◎	山西省陵川县	唐大历五年（770 年）建， 宋 ~ 清重修
38	天宁寺	山西省交城县卦山	唐始建，历代修
39	菩提寺	山西省镇平县杏花山	唐始建
40	雪窦寺	浙江省奉化市雪窦山	唐始建
41	韬光寺	浙江省杭州市北高峰	唐僧韬光结庵建寺
42	净慈寺	浙江省杭州市南屏山	唐始建
43	虎跑寺	浙江省杭州市大慈山	唐始建
44	国清寺	浙江省天台县	隋开皇十八年（598 年）
45	崇福寺（亦名梁皇寺）	浙江省海宁县梁皇山	唐武德年间（618 ~ 626 年）
46	江海寺 （明修，改名丛林寺）	江苏省洞庭东山	隋莫厘将军舍宅为寺
47	紫金庵（亦名金庵寺 ☆存南宋塑罗汉像）	江苏省洞庭东山	唐始建
48	保圣寺 （☆存宋塑罗汉像）◎	江苏省甪直镇	唐开元年间
49	天宁寺◎	江苏省常州市	唐末天复年间（901 ~ 903 年） 始建，宋 ~ 清屡次重建
50	琅琊寺	安徽省琅琊山	唐大历年间（766 ~ 779 年）
51	启秀寺（小姑庙）	安徽省宿松县小孤山	唐始建
52	山谷寺 （☆存明觉寂塔）	安徽省天柱山	唐天宝五年（746 年）
53	佛光寺 （亦名马祖庵）	安徽省天柱山	唐始建， 唐高僧马祖道一居此修持
54	青原山寺	江西省安吉县青原山	唐开元二十九年（741 年）敕建， 禅宗青原系道场
55	崇福寺◎	江西省上高县	唐龙纪元年（889 年）
56	西林寺	江西省庐山	唐开元二十九年（741 年）
57	塔下寺与舍利塔◎	江西省赣州市	唐建寺，北宋天圣元年（1023 年） 建塔，明、清修
58	无为寺塔◎	江西省安远县	唐长庆四年（824 年）建寺， 南宋绍兴四年（1134 年）建塔
59	伏虎寺	四川省峨眉山	唐始建，历代修
60	广德寺	四川省遂宁市卧龙山	唐建中元年（780 年）

序号	佛寺园林、石窟寺、造像	所在地	始建年代，均经后世重建、重修
61	凌云寺（相邻乐山大佛）	四川省乐山市凌云山	唐始建，历代修
62	正觉寺（后改称乌尤寺）	四川省乐山市乐山	唐始建，历代修
63	中崖寺	四川省青神县	唐始建
64	圣水寺（☆存宋观音坐像）◎	四川省内江市	唐咸通年间（860～874年），宋、清增修
65	云峰寺☆◎	四川省纳溪县	唐敕建，清重建
66	大慈寺☆◎	四川省成都市	唐开元年间（713～741年），清重建
67	白云寺	广东省肇庆市鼎湖山	唐慧能弟子建
68	光孝寺◎	广东省广州市	唐神龙年间（705～707年），明、清重建
69	国恩寺及报恩塔◎	广东省新兴县	唐僧慧能故居改寺称禅宗祖庭，唐神龙二年（706年）赐名国恩寺
70	开元寺	广东省潮州市	唐开元二十六年（738年），历代修
71	普照寺（清改南普陀寺）	福建省厦门市五老山	唐始建，历代修
72	万福寺	福建省福清市黄檗山	唐贞观五年（631年）始建，传日本建黄檗宗
73	三会寺◎	福建省仙游县	隋大业年间（605～616年），明修
74	开元寺（存明双塔）◎	福建省泉州市	唐垂拱二年（686年）黄守恭舍桑园建寺，宋明重修
75	定光塔寺（亦名白塔寺、后称万岁寺）	福建省福州市于山（亦名九仙山）	唐天祐二年（905年）
76	西禅寺	福建省福州市乌石山	唐咸通八年（867年）改道观为佛寺，名清禅寺
77	雪峰崇圣禅寺◎	福建省闽侯县	唐咸通十一年（870年），唐乾宁元年（894年）移现址
78	南山寺☆◎	福建省漳州市	唐开元年间（713～741年），清重建
79	承恩寺（原名宝岩寺）◎	湖北省谷城县	隋大业元年（605年）建寺，明重修
80	四祖寺（☆存唐塔）◎	湖北省黄梅县	唐始建道信道场，唐永徽二年（651年）建毗卢塔，历代修

序号	佛寺园林、石窟寺、造像	所在地	始建年代，均经后世重建、重修
81	五祖寺（亦名东山寺）◎	湖北省黄梅县	唐咸亨年间（670～673年）高僧弘忍建，明、清重建
82	崇归寺	湖北省浠水县斗方山	后唐同光元年（923年），清重修
83	上封寺	湖南省衡山	隋大业年间（605～616年）易光天观为寺，历代重修
84	夹山寺☆◎	湖南省石门县	唐咸通十一年（870年），宋修，清重建
85	龙兴寺◎	湖南省沅陵县	唐贞观二年（628年），元、明重修
86	圆通寺◎	云南省昆明市	唐南诏国建补陀罗寺，元重建，明、清修
87	曹溪寺◎	云南省安宁县	唐高僧慧能弟子建寺
石窟寺、造像			
1	白虎山千佛崖造像☆	山东省济南市	唐
2	千佛山（历山）造像☆	山东省济南市	隋、唐
3	库木吐喇千佛洞☆	新疆库车县	唐
4	千佛崖摩崖造像☆	四川省广元县	唐
5	皇泽寺摩崖造像☆	四川省广元县	唐
6	卧龙山千佛岩石窟☆	四川省梓潼县	唐
7	荣县大佛石窟☆	四川省荣县	唐
8	仙佛寺石窟☆	湖北省来凤县	唐
9	石泓寺石窟☆	陕西省富县	唐
10	清凉山石窟寺万佛洞☆	陕西省延安市	唐、宋
11	大佛寺石窟窟檐高50m、窟高30m、佛高24m☆	陕西省彬州市	唐
12	药王山石窟☆	陕西省耀县	隋、唐
13	云门山石窟☆	山东省益都县	隋、唐
14	榆林石窟☆	甘肃省安西县	唐
15	千佛崖大佛高8m☆	山西省霍山	唐
16	乐山弥勒坐佛高71m、宽24m☆	四川省乐山市	唐

序号	佛寺园林、 石窟寺、造像	所在地	始建年代，均经后世重建、 重修
17	北山石窟长500m、 290余窟☆	重庆大足区	唐、宋
18	花置寺与造像☆	四川省邛崃市	唐
19	西峰寺与西山造像☆	广西桂林市	唐

注：加☆号者表示建筑物、古树、造像保持始建时状态，◎表示景园型寺观园林。

第三节　五代北宋南宋辽金时期

（907~1279年）

唐朝末年国家分裂，五代十国之后，北宋与辽，南宋与金，南北对峙，战事频频，长期消耗，国力大不如唐朝。北地，辽金两朝佛教营建萎缩，多半限于京城和河北、山西、辽宁诸省的城镇地区。

中国佛教史上有四次破佛事件，谓之"三武一宗之难"：

第一次，北魏太武帝太平真君七年（446年）；

第二次，北周武帝建德六年（577年）；

第三次，唐武宗会昌元年（841年）；

第四次，后周世宗显德二年（955年），废寺院之无敕额者30136所，存2700寺，使佛教元气大伤。后周虽破佛，但究因世宗在位时间太短（前后不过5年），破佛不可能彻底，致使如浙江杭州的佛寺仍获存达百余所。

北宋初年佛教再度兴起，汴京（现河南开封）中央诸寺均属法相宗与南山宗的寺院。禅宗与天台宗当时只盛行于江南地区。唐朝"百丈清规"丛林制的创建把禅宗纳入符合中国实际的轨道，把佛教引向有利稳健发展的方向。南宋皇帝赵扩（1195~1224年）介入"丛林"的建制活动，赐立"五山十刹"[①]，由南宋朝廷出资建大禅院，住持由官方派任，寺院享有很多特权，朝廷赐给大量田产封赏，其建筑

[①]　南宋偏安南地，除福建雪峰崇圣寺之外，"五山十刹"集中于江浙两省，禅院五山全位处浙江：浙江天目山余脉径山万寿寺、杭州钱塘县灵隐山灵隐寺、杭州钱塘县南屏山净慈寺、浙江鄞县天童山天童寺、浙江鄞县阿育王山阿育王寺；禅院十刹：浙江杭州中天竺寺、浙江湖州道场山护圣万寿禅寺、江苏建康蒋山太平兴国寺、江苏苏州吴县万寿山报恩光孝寺、浙江奉化县雪窦山雪窦资圣寺、浙江温州永嘉县瓯江江心寺、福建福州雪峰山崇圣寺、浙江金华云黄山双林寺、江苏苏州吴县虎丘山云岩寺、浙江台州天台山国清寺。

雄伟，座座金碧辉煌。南宋的大佛寺拥有相当数量的田园、山林，以及豁免赋税和徭役的权利，还举办起长生库、碾房、商店等谋利事业，展现出寺院封建式农业经济的拓展。

两宋时期佛教内部出现融合论，所谓"三学一源"，即禅学（禅宗为主）、律学（律宗为主）和教学（天台宗、华严宗、法相宗与净土宗）三者相融合一致。自唐朝开始佛教出现玄学化倾向，至宋朝则进而推崇释、道、儒"三教一致"论。所谓"三教一致"是指佛教徒注译儒家经籍和老庄学说，儒家之理学则近于佛、老所谈，道教自建立全真教派之后多方面因袭佛教教义、制度和儒家礼仪。其结果是使宗教的特色渐渐淡化，产生诸如崇拜偶像彼此借用（佛寺中立吕纯阳像，道观中立观音像）、管理制度趋于类同（相似的丛林制与戒律）、修习方式归于一致等状况。着眼中华传统文化发展历史，三教之间所表现的相互对抗、相互斗争现象属于表象性，而相互吸收融合则是实质性。

综合南北两地的总体形势，佛教仍然取得进展，天禧五年（1021年）全国寺院近4万所。最具有代表性的，就是近代称之"佛教四大名山"的四处佛教圣地，其中的两处产生于此时期。安徽九华山开发于五代，时有新罗国金乔觉（696～794年）隐修于九华山，并从事禅农生活，圆寂后被民众认为是地藏菩萨化身，形成地藏信仰。宋朝，九华山寺院的全貌得到完备。浙江普陀山开发于北宋，由"不肯去观音"的传说为起始，宋朝皇帝赐名观音寺，把普陀山作为观音道场确定下来。安徽九华山、浙江普陀山与四川峨眉山、山西五台山被近代认定为4处佛教圣地；江西庐山（净土宗发源地）、浙江天台山（法华宗发源地）、浙江天目山（韦陀尊者道场）、云南鸡足山等被认可为佛教名山，自然景观型（包括自然人文复合景观型）佛寺园林在这个时期取得了有效推进。

五代十国之前所保留的佛寺建筑唯存山西省五台山南禅寺与佛光寺两座唐朝木结构大殿，以及河南省嵩山嵩岳寺塔（北魏），陕西省西安市大雁塔、小雁塔、兴教寺塔，云南省大理市圣寿寺三塔与北京市房山区云居寺塔等少量唐朝砖塔。而自两宋辽金时期开始则显著增加，浙江省宁波市灵山保国寺（大殿——北宋）、福建省福州市屏山华林寺（大殿——北宋）、山西省高平县游仙山游仙寺（北宋、金）、山西省长子县紫云山崇圣寺（北宋）、天津市蓟县独乐寺（辽）、山西省应县佛宫寺（释迦塔——辽）、山西省大同市善化寺（辽、金）、山西省大同市华严寺（辽、金）、山西省繁峙县岩山寺（金）、山西省朔县崇福寺（金）、山西省长子县圣佛山崇明寺（北宋）、山西省平遥县慈相寺（宋、金）、山西省应县净土寺（金）、河北省高碑店市开善寺（辽）、河北省涞源县阁院寺（辽）均是极具典型的中国佛寺与园林相融合的珍贵遗存。至若该时期所保存的佛塔更达数十座（表2-4）。

这段时期，佛寺园林保留的古树，其数量和品种相对较多，包括罗汉松、白皮松、黄山松、龙爪松、桧柏、刺柏、银杏树、菩提树、梭椤树、樟树、榕树、枫香树、桢楠树、梅树、桂花树、荔枝树等，为自然景观型寺观园林的园景增添了风采。

五代两宋辽金时期佛寺园林（含石窟寺、造像）始建时间表　　表2-4

（经重建或重修留存至今的）

序号	佛寺园林、石窟寺、造像	所在地	始建年代，均经后世重建、重修
1	云岩寺（☆云岩寺塔）	江苏省苏州市虎丘山	五代重建
2	开福寺◎	湖南省长沙市	五代楚王马殷（907年）时建
3	戴云寺	福建省德化县戴云山	五代后梁开平三年（909年）始建，宋、清重建
4	云门寺（禅宗云门宗）◎	广东省乳源县	五代后唐同光元年（923年）慧能弟子灵树建寺
5	涌泉寺（☆陶塔）	福建省福州市鼓山白云峰	五代后梁开平二年（908年）建寺，北宋元丰五年（1082年）造塔
6	净慈寺	浙江省杭州市南屏山	五代后周显德元年（954年）
7	镇国寺（☆万佛殿）	山西省平遥县	五代北汉天会七年（963年）
8	朝明寺◎	河南省襄城县	五代后唐清泰元年（934年）始建，明、清重建
9	慈胜寺◎	河南省温县	五代后晋天福二年（937年），元重建
10	保国寺（☆大殿）	浙江省宁波市灵山	北宋大中祥符六年（1013年）
11	华林寺（☆大殿）	福建省福州市屏山	北宋乾德二年（964年）吴越王钱氏据福州时建寺
12	☆隆兴寺◎	河北省正定市	北宋始建
13	☆崇圣寺	山西省长子县紫云山	北宋大中祥符九年（1016年）
14	☆慈相寺◎	山西省平遥县	宋庆历年间始建，金重建
15	☆崇明寺	山西省长子县圣佛山	北宋开宝年间（968~976年）始建
16	玉泉寺（☆铁塔）	湖北省当阳县	北宋嘉祐六年（1061年）
17	游仙寺	山西省高平县游仙山	北宋淳化年始建，金～清增建
18	定林寺	山西省高平县大粮山	北宋太平兴国二年（977年）
19	龙泉寺	山西省五台山	北宋始建，明、清修

序号	佛寺园林、石窟寺、造像	所在地	始建年代，均经后世重建、重修
20	法兴寺	山西省长子县慈休山	北宋政和元年（1111年）
21	洪福寺◎	山西省长治县	北宋太平兴国五年（980年）建，元、明、清修
22	青山寺	山东省嘉祥县青山	北宋宣和年间（1119~1125年）
23	灵峰寺	浙江省雁荡山灵峰	北宋天圣元年（1023年）
24	铁佛寺◎	浙江省湖州市	北宋始建，清重建
25	宝陀观音寺（后改称普济寺）	浙江省普陀山	北宋元丰三年（1080年）
26	天宁万寿禅寺◎	浙江省金华市	北宋大中祥符年间（1008~1016年）始建，元重建
27	栖真寺	浙江省兰溪市六洞山	北宋太平兴国八年（983年）
28	白露寺	浙江省兰溪市白露山	北宋皇祐年间（1049~1054年）始建
29	卧龙寺	浙江省临安县玲珑山	北宋始建
30	筇竹寺	云南省昆明市玉案山	北宋始建
31	半山寺（宋神宗赐名报宁寺）◎	江苏省南京市	北宋元丰七年（1084年）王安石故居舍宅为寺
32	清凉寺	江苏省南京市清凉山	北宋太平兴国五年（980年）由南京幕府山移清凉山重建
33	下定林寺与塔☆	江苏省江宁县方山	南宋乾道九年（1173年）因南京钟山定林寺废移方山重建
34	天宁寺◎	江苏省南通市	北宋始建，明宣德年间（1426~1435年）重建
35	广教寺	江苏省南通市狼山	北宋淳化年间（990~994年）
36	迎江寺◎	安徽省安庆市临长江	北宋开宝七年（974年）建，历代修
37	海会寺	安徽省太湖县白云山	北宋始建，清重修
38	崇福寺	福建省福州市北岭	北宋太平兴国二年（977年）始建，清重建
39	圣水寺	福建省罗源县莲花山	北宋绍圣三年（1096年）
40	报恩东岩教寺与塔☆	福建省莆田市东岩山	北宋淳化元年（990年）
41	支提寺	福建省宁德县支提山	北宋开宝四年（971年）吴越王钱氏据福建时建

序号	佛寺园林、石窟寺、造像	所在地	始建年代，均经后世重建、重修
42	景祐禅寺（南山寺）	广西贵港市南山	北宋太宗（976~997 年）始建
43	隆平寺塔◎	上海市青龙镇	北宋天圣年间（1023~1032 年）
44	云门寺◎	湖南省湘乡县	北宋皇祐二年（1050 年），清修
45	惠明寺◎	河南省林州市	北宋政和三年（1113 年），明、清修
46	林泉寺◎	山西省原平县	宋始建，明重修
47	圣寿寺	四川省宝顶山	宋始建，明、清重建
48	☆独乐寺◎	天津市蓟县	辽统和二年（984 年）重建
49	☆华严寺◎	山西省大同市	辽重熙七年（1038 年）
50	佛宫寺（☆释迦塔）◎	山西省应县	辽清宁二年（1056 年）
51	奉国寺（☆大殿）	辽宁省义县	辽始建
52	清水院（后改大觉寺）	北京市西郊	辽咸雍四年（1068 年）
53	云居寺与塔☆◎	河北省涿县	辽大安八年（1092 年）
54	广济寺◎	辽宁省锦州市	辽始建，清重建
55	崇福寺（弥陀殿）◎	山西省朔州市	辽、金
56	☆开善寺◎	河北省高碑店市	辽始建
57	☆阁院寺◎	河北省涞源县	辽始建
58	雪峰寺	福建省南安县杨梅山	南宋淳祐三年（1243 年）
59	掷钵禅院	安徽省黄山	南宋始建（明重建改称云谷寺）
60	宝通禅寺	湖北省武汉市洪山	南宋始建
61	观音寺	四川省新津县九莲山	南宋始建，明成化四年（1468 年）重建
62	东林寺◎	四川省内江市	南宋绍兴十一年（1141 年），清重建
63	黄龙洞（清易为道观）	浙江省杭州市	南宋淳祐年间（1241~1252 年）慧开僧结庵
64	☆净土寺◎	山西省应县	金天会二年（1124 年）
65	香岩寺	山西省清徐县香岩山	金明昌元年（1190 年）
66	☆岩山寺◎	山西省繁峙县	金始建

序号	佛寺园林、石窟寺、造像	所在地	始建年代，均经后世重建、重修
67	☆崇福寺◎	山西省朔州市	金始建
石窟寺、造像			
1	宝顶山摩崖造像☆	重庆大足区大佛湾等	宋
2	万安禅院石窟☆	陕西省黄陵县	宋
3	涞滩二佛寺造像☆	重庆市合川县	宋
4	真寂之寺石窟☆	内蒙古巴林左旗	辽

注：加☆者表示建筑物、古树、造像保持始建时状态，◎表示景园型寺观园林。

第四节　元朝明朝清朝时期

（1206~1911 年）

　　虽然元朝和清朝分别由两个少数民族皇室政权所统治，但两朝的文化趋向汉化，其佛教显示出时代特点，元、清两个朝廷的皇室信奉喇嘛教。佛教的一支喇嘛教形成于公元 8 世纪的西藏，俗称藏传佛教。公元 11 世纪，喇嘛教在元朝扶持下建立"政教合一"的教廷。喇嘛教分黄、红、白、花四个教派，以黄教势力最盛，故俗称喇嘛庙为"黄庙"。相对，汉传佛教的寺院俗称"青庙"。清朝皇帝封黄、红两教派的首席喇嘛为活佛 [①]，并世代相传。喇嘛教的传播范围以西藏、甘肃、青海三个地区为主，但喇嘛教的影响所及则相当宽广，尤其是俗称白塔的喇嘛塔。北京妙应寺白塔和山西五台山显通寺的大白塔是中国最著名的两座喇嘛塔。北京北海琼华岛白塔和江苏扬州瘦西湖莲性寺白塔则是风景区内的重要景观组成。小型喇嘛塔还常出现在"青庙"中，如七佛塔就采取喇嘛塔形式。喇嘛塔保持早期印度佛教塔婆的原始形式，与演化成中国楼阁式塔分属两种风格。喇嘛教寺庙建筑采取汉族与藏族两种建筑风格的混合体形式，高大显赫，组合灵活，建筑装修精美，庭园倾任自然，西藏拉萨布达拉宫和河北承德的外八庙均是最好的例证。

　　喇嘛教不归入本文的论述内容，故不再着笔。

　　元朝皇室特尊喇嘛教，因喇嘛教与佛教实属同一宗教体系，故也不能怠慢汉传佛教高僧，元初佛教的几个著名人士，如耶律楚材、海云印简、刘秉忠等，或受朝

---

① "活佛"只是当时封建皇帝对喇嘛教高僧的一种封号，而不是指他是一名"活着的佛"。

廷器重,或居朝廷要职①。元朝盛建官寺,京师内外有北京香山碧云寺、西山大悲寺、大护国仁王寺、圣寿万安寺、殊祥寺、大龙翔集庆寺、大觉海寺、大寿元忠国寺等。浙江省德清县莫干山天池寺、大慈岩大慈寺,云南省昆明西山太华寺、玉案山筇竹寺,山西省五台山南山寺、洪桐县霍山广胜寺,湖北省十堰回龙寺等,也都是保留至今的元朝名寺。元朝寺院和僧尼的人数,据宣政院至元二十八年(1291年)统计:全国寺院有 2.4 万余所,僧尼合计 21 万余人,平均每个佛寺纳僧 9 人。按此可见,除少量大寺之外,大都为小型佛寺。

明朝时期佛教再度复兴,第一推崇禅宗,其原委关乎明朝开国皇帝朱元璋。朱元璋早年出家禅宗的皇觉寺(安徽省凤阳县,现名龙兴寺),称帝后明显崇信皇觉寺禅宗一派。明洪武十五年(1382年),礼部榜示:"照得佛寺之设,历代分为三等:曰禅,曰讲,曰教。其禅不立文字,必见性者,方是本宗。讲者,务明诸经旨义。教者,演佛利济之法,消一切现造之孽,涤死者宿作之愆,以训世人"等语。其法,以禅宗为第一;以华严、天台诸宗之讲属第二;以仪式作法,专务祈祷礼拜,忏悔灭罪之道者为教,教以密宗(喇嘛教亦属之)属第三。"禅"独占佛教首位,故明朝之佛教大半属于禅宗②。同时,净土宗、律宗、天台宗等也获得逐渐恢复发展之机。明朝始建的佛寺园林的大户地区,除都城北京外,聚集于几处新兴的佛教圣地,诸如安徽省九华山、浙江省普陀山与辽宁省千山;而小而精致者则遍及各州府与边缘地区。

据统计在明成化十七年(1481年)以前,首都北京城内外的官立佛寺多至600余所,后来继续增建,以至西山等处相望不绝,保留至今的有法海寺、长安寺等。陪都南京的三大寺——灵谷寺、大报恩寺、天界寺,四川省峨眉山报国寺、仙峰寺、雷音寺,山西省五台山普化寺、北岳恒山悬空寺,浙江省普陀山慧济寺、法雨寺,江西省庐山海会寺、黄龙寺,安徽省九华山祇园寺、天台寺、百岁宫,以及湖南省南岳衡山铁佛寺等,全都声名卓著。

清朝推崇喇嘛教,并以喇嘛庙为皇室家庙。但入关后,自顺治以降,诸皇帝采

① 耶律楚材(1190~1244年)出身辽朝皇室而仕于金朝,后随成吉思汗出征西域。海云印简(1202~1257年)曾为元世祖忽必烈(1271~1294年)讲说佛法并传戒。光禄大夫太保刘秉忠(1216~1274年,元朝都城大都的规划者)是海云印简的弟子,本为禅僧,居云中南堂寺,后随海云印简和尚应忽必烈之召去京师,受器重。简尚得元世祖所尊,印简原居镇州(河北正定)临济院,因此禅宗的临济宗独得元朝朝廷优厚。

② 南宋皇室赐立的"禅宗十刹"——杭州天竺寺、台州天台山国清寺、温州江心寺、奉化雪窦山雪窦寺、金华云黄山宝林寺、南京蒋山太平兴国寺、苏州万寿山报恩光孝寺、苏州虎丘山云岩寺、福州雪峰山崇圣寺、湖州道场山护圣万年寺——于明朝依然显赫。佛教"伽蓝七堂"的设置各个宗派并不完全相同,后世大都沿用禅宗的七堂之制,即佛寺必备山门、佛殿、法堂、方丈、僧堂、浴室、东司(厕所)七堂,到明清时期演变为山门、天王殿、大雄宝殿、后殿、法堂、罗汉堂、观音殿七堂。如浙江宁波的保国寺,其中轴线上依次排列天王殿、大雄宝殿、观音堂、藏经楼,两侧为僧房、客堂和钟鼓楼等。现存最好的实例就是北京西山的十方普觉寺。

取怀柔策略，清朝皇室也器重汉族佛教高僧，康熙南巡，临扬州天宁寺、平山寺，镇江金山寺，苏州圣恩寺、灵岩寺，杭州灵隐寺、云栖寺，江宁大报恩寺时，均拈香礼佛。雍正自号圆明居士，并参究禅理，出"语录"[①]，并颁上谕有云："尊稽三教之名，始于晋魏；后世拘泥崇儒之虚名，遂有意诋黜二氏；朕思老子与孔子同时，问礼之意，犹龙之褒，载在史册，非与孔子有异教也；佛生西域，先孔子数十年；倘使释迦孔子接迹同方，自必交相敬礼；后世或以日月星比三教，喻三教之异用而同体可也"；主张"三教并行不悖之理"，致佛教获相应的发展空间。

中国封建政权对宗教的管辖一贯严格，元代管理佛教的机构，最初设总制院，后又设功德司，总制院又改称宣政院，管辖僧录、僧正、僧纲等僧官。明初，于南京天界寺设立善世院，又置统领、副统领、赞教、纪化等员，以掌管全国名山大刹住持的任免。清朝仿照明朝僧官制度，设立僧录司，僧官需经礼部考选，吏部委任。所有僧官的职别名称都和明朝无异（康熙《大清会典》）。唐朝始创度牒制，《编年通论》载："（唐）天宝五年五月制。天下度僧尼，并令上祠部给牒（牒者，文书、证件。度牒即给僧人道士办证件，由祠部经办），今谓之祠部者，自是而始。"五代起官府大加推行，官府明令度僧禁止私度，愿当僧人者均须通过考试，明朝初年执行度牒考试制，还须收取费用，不通经典者即遭淘汰。

清初继续明朝的度牒制度，剃度僧尼一律官给度牒，18世纪中叶起通令取消官给度牒制度，致使僧尼数量剧增，全国僧尼由清初的12万人，增至清末的80万人。清朝立国之初对佛寺的建置加以限制。《大清律例·户律》中规定："凡寺观庵院，除现在处所外，不许私自创建增置，违者杖一百……民间有愿创建寺观者，须呈明督抚具奏，奉旨，方许营建"。这对清朝佛寺与佛寺园林建设活动的开展有一定的束缚。清朝后期全国有佛寺（包括官建佛寺与私建佛寺）约15万所（其中大寺约2.3万所，小寺约12.7万所），僧尼80万人，平均一寺7人，说明其时以小寺为多。对比南北朝时期，南北两地佛寺共约4.3万所，僧尼共约210万人，平均一寺50人，可间接说明佛寺规模缩减的历史趋势。

清咸丰年间，洪秀全建立太平天国，历时15载，势力达10余省。太平天国信奉耶稣教，反对偶像崇拜，故凡太平天国所治之地，佛教寺院被大量摧毁。经此损毁，东南诸地之旧时名刹与佛寺园林重兴者为数不多，主要有浙江省天台山国清寺、杭州海潮寺、宁波天童寺、杭州西天目狮子正宗寺，江苏省南京灵谷寺（律宗）、赤山般若寺、镇江金山江天寺、宜兴显亲寺、常州天宁寺（律宗），上海留云禅寺等。清中叶以后，全国除峨眉山、普陀山、九华山等佛教圣地的佛事继续兴旺之外，正

---

① "语录"是禅宗记述的书籍，禅宗教授法内容之一。

统佛教渐衰，而民间居士勃兴。因大清律例之限制与民间居士财力之不足，故而既不能亦无力营建规模较大的佛寺与佛寺园林。于是，小型佛寺与景园型佛寺园林的盛行就突显为清朝晚期佛教园林建置史的一个显著特点。北京市潭柘寺、十方普觉寺、万寿寺、广济寺，天津市蓟县盘山盘谷寺、万松寺，山西省五台山镇海寺、广仁寺，浙江省普陀山慧济寺，江苏省常熟虞山小云栖寺，安徽省九华山甘露寺，贵州省黔灵山宏福寺，四川省合江县龙桂山法王寺，福建省厦门狮山万石岩天界寺等，具有代表性（表2-5）。

元朝明朝清朝时期佛寺园林始建时间表 表2-5

（经重建或重修留存至今的）

序号	佛寺园林	所在地	始建年代，经重建、重修
1	大悲寺◎	北京市西山	元始建，明增建
2	香界寺◎	北京市西山	元始建，明洪熙元年（1425年）重建
3	碧云寺	北京市香山	元至顺二年（1331年），清增建
4	真如寺（存大殿）◎	上海市	元始建
5	南山寺	山西省五台山	元元贞三年（1296年）始建，明嘉靖二十年（1541年）重建
6	广济寺（存大殿）	山西省五台县	元始建
7	广胜下寺	山西省洪洞县霍山	元至大二年（1309年）
8	大慈寺	浙江省建德市大慈岩	元大德元年（1297年）始建
9	阿育王寺	浙江省宁波市	元始建，明、清重建
10	延福寺◎	浙江省武义县	元始建
11	回龙寺◎	湖北省十堰市	元始建，明弘治二年（1489年）重建
12	青龙寺（☆存大殿）	四川省芦山县芦山	元始建
13	筇竹寺	云南省昆明市玉案山	元延祐三年（1316年），清重修
14	太华寺	云南省昆明市西山	元始建，清重建
15	湘山寺（前元朝护国寺）	贵州省遵义市	元大德年间（1297~1307年）建护国寺，清重建改称湘山寺
16	良马寺◎	陕西省洋县	元中统二年（1261年）
17	普照寺◎	陕西省韩城市	元始建
18	兴国寺◎	甘肃省秦安县	元始建
19	觉生寺◎	北京市海淀区	明永乐二年（1404年）

序号	佛寺园林	所在地	始建年代，经重建、重修
20	云泉寺	河北省张家口市赐儿山	明洪武二十六年（1393 年）
21	大慧寺◎	北京市海淀区	明正德八年（1513 年）
22	长安寺◎	北京市西山	明弘治十七年（1504 年），清修
23	法海寺◎	北京市西山	明正统四年（1439 年）
24	金灯寺、石窟	山西省平顺县	明嘉靖年间（1522~1566 年）
25	悬空寺	山西省恒山	明重建
26	双林寺◎	山西省平遥县	明始建
27	龙泉寺	辽宁省千山	明嘉靖三十七年（1558 年）
28	大安寺◎	辽宁省千山	明嘉靖九年（1530 年）
29	祖越寺◎	辽宁省千山	明隆庆二年（1568 年）
30	响水寺	辽宁省大黑山	明洪武元年（1368 年）
31	胜水寺	辽宁省大黑山	明洪武元年（1368 年）
32	秀峰寺（即慈清寺）	辽宁省铁岭市龙首山	明弘治年间（1488~1505 年），清修
33	法雨寺	浙江省普陀山	明万历八年（1580 年），清重建
34	慧济寺	浙江省普陀山	明始建，清乾隆年间（1711~1799 年）扩建
35	祇园寺◎	安徽省九华山	明嘉靖年间（1522~1566 年）
36	百岁宫	安徽省九华山	明万历年间（1573~1620 年）
37	地藏禅林（即天台寺）	安徽省九华山	明始建
38	龙兴寺（前身皇觉寺）◎	安徽省凤阳县凤凰山	明洪武十六年（1383 年）移此重建
39	慧堂禅院（即华阳寺）◎	安徽省含山县褒禅山	明始建
40	天童寺	浙江省宁波市	明、清重建
41	隆昌寺◎	江苏省宝华山	明始建
42	海会寺◎	江西省庐山	明万历四十六年（1618 年）
43	黄龙寺	江西省庐山	明始建
44	报国寺	四川省峨眉山	明万历年间（1573~1620 年）始建，清重修
45	仙峰寺	四川省峨眉山	明万历四十年（1612 年）
46	大佛寺（佛高 23m）	四川省江津县	明始建
47	宝通禅寺◎	湖北省武汉市洪山	明成化二十一年（1485 年）建寺

序号	佛寺园林	所在地	始建年代，经重建、重修
48	莲溪寺◎	湖北省武汉市武昌龙山	明始建，清重建
49	湘山寺◎	湖南省炎陵县湘山	明万历四十五年（1617年）
50	普光寺◎	湖南省张家界市	明永乐十一年（1413年）
51	净土寺（即庄山寺）	广东省电白县庄山	明始建，清重修
52	庆云寺	广东省肇庆市鼎湖山	明崇祯六年（1633年），清扩建
53	昙华寺（施石桥之孙捐宅为寺）◎	云南省昆明市金马山	明崇祯年间（1628~1644年）
54	铜瓦寺（即金殿）	云南省昆明市鸣凤山	明万历三十年（1602年）清重建
55	戴兴寺	陕西省榆林县驼峰山	明成化年间（1465~1487年），清重修
56	飞泉寺◎	陕西省白水县	明始建，清乾隆年间（1736~1795年）修
57	桃溪寺	贵州省遵义市桃溪	明初始建
58	青芝寺	福建省连江县青芝山	明万历年间（1573~1620年）
59	天心庵	福建省武夷山天心岩	明嘉靖七年（1528年）
60	青芝寺	福建省连江县青芝山	明始建
61	伍龙寺	贵州省平坝县天台山	明始建，清重修
62	圣容寺◎	甘肃省民勤县	明成化十三年（1477年）
63	伍龙寺	贵州省平坝县天台山	明始建，清重修
64	兴隆寺◎	黑龙江省宁安市	清康熙元年（1662年）
65	甘露寺	安徽省九华山	清康熙六年（1667年）
66	小云栖寺◎	江苏省常熟市虞山	清康熙年间（1662~1722年）
67	大明寺◎	江苏省扬州市	清始建
68	法王寺◎	四川省合江县龙桂山	清乾隆三年（1738年）
69	归元寺◎	湖北省武汉市	清顺治年间（1644~1661年）
70	天界寺◎	福建省厦门市	清乾隆年间（1736~1795年）
71	金谷寺◎	福建省永定县	清乾隆五年（1740年）
72	宏福寺◎	贵州省贵阳市黔灵山	清康熙十一年（1672年）

注：◎表示景园型寺观园林。

第二篇

中国寺观园林
类型解析与营建程序

第三章

中国寺观园林类型解析

古典的西方奉神于殿堂，视园林为建筑物的附属体，营造建筑的手法被应用于园艺，产生配合建筑形式的人工技巧主义的造园风格。东方华夏大地视天地万物为神圣，视自然规律（天地万物自然循环、生生不息的规律）为唯一，园林浓缩天地之精华，是与建筑物对应的自然造物，产生崇尚自然的造园风格。基于不同的哲理思维，古代世界的造园风格被公认可粗分为两大体系：其一，人工技巧体系，或称人工技巧风格；其二，自然景观体系，或称自然景观（自然风景）风格。

第一节　概括两类造园风格规划型式的要点

世界造园史的发展反馈出纲要性信息，总结两类造园风格的规划型式（或称规划模式），其要点可作如下概括：

1. 人工技巧风格主要包含两项规划型式，一是几何规则景观规划型式；二是人文景观规划型式（近现代尚有"抽象型式""仿生型式"等）。古希腊、古罗马与古伊斯兰园林基本采取几何规则景观规划型式。

2. 自然景观风格也主要包含两项规划型式，一是自然景观规划型式，二是自然景观与人文景观复合规划型式。中国古典园林（包括中国寺观园林）采取的规划型式是以自然景观造园风格为主体，并包含人工技巧造园风格。

概括中国寺观园林的景观规划型式共有四格式：

① 模仿自然景观规划型式（体现于景园型寺观园林）。

② 自然景观规划型式（主要体现于宗教名胜）。

③ 人文景观规划型式（主要体现于造像景观型寺观园林）。

④ 自然景观与人文景观相结合的复合景观规划型式（体现于宗教圣地）。

第二节　景观规划型式体现于中国寺观园林的四格式

一、模仿自然景观规划型式

模仿自然景观规划型式体现于景园型寺观园林。位处城镇的寺观园林，内部通常所见之园（院）有大殿之殿庭、方丈所居之方丈院、宾客所居之客舍院、僧人道士所居之修习院、体现善行的放生池园、调剂身心的后花园等。城镇一般缺乏可利用的自然山水，造园手法通常采取模仿自然景观风格，称之景园型寺观园林。

二、自然景观型寺观园林

自然景观规划型式体现于宗教名胜。位处城郊的寺观园林处于大自然的怀抱之中，获得利用自然、借用自然之便，园林风格倾任自然，称之自然景观（自然风景）型寺观园林[①]。中国道教与佛教两大宗教体系的宗教名胜是采取自然景观型寺观园林[①]。

三、自然景观与人文景观复合型寺观园林

自然景观与人文景观相结合的复合景观规划型式体现于宗教圣地。位处郊野的综合性寺观园林占地广阔，既包含原生态的自然风景地，又包含各种宗教性的人文景观，自然景观与人文景观复合于一体，中国道教与佛教两大宗教体系所开发的宗教圣地是采取复合景观型的寺观园林[②]。复合景观规划型式的寺观园林的另一支由

---

① 　一个自然风景区，或一座山体，被某单个佛寺或道观所据有，一种"独家开发"方式，通常称宗教名胜。

② 　一个自然风景区，或多座山体，或若干岛屿，被许多个佛寺和道观所共同据有，一种"合作开发"方式，为便于与宗教名胜相区别，通常称之宗教圣地。

成群的石窟、石窟寺、摩崖造像与自然山体共同组成，称之石窟造像型宗教圣地。

四、人文景观型寺观园林

人文景观规划型式是以不限定形象的社会历史文化为主题的人造景观（如塑像、石刻、碑碣等），中国佛教的崇拜对象兼容佛塔崇拜和石窟造像崇拜，盆景园、山石园、塔园、石窟、碑碣石刻园等均归入人文景观型寺观园林。

中国寺观园林营建程序

　　风景地与园地待功能定位确定后，建设事项的主要目标有二：其一，营造最宜环境[①]；其二，创造最佳风景。营造环境需由生态功能与服务功能作制约，或者说受用地规模与生态标准制约；而创造风景则受制于人文的文化艺术思想的指导。前者属物质建设范畴，后者属精神建设范畴，两者缺一不可。所以，修建风景地与园地需要确认的基础：一是规模；二是生态环境；三是景观特色；四是风景主题。

（一）规模

　　规模的表示形式是尺度。尺度是人为设置的，不同领域设以不同标准。天文学实即宇宙学，星际距离以光年计之，那是"天"的尺度，是绝对的大尺度。而人间的尺度必须落到地球，地理学规定了地球的尺度。地理学制定的地球空间格局分大、中、小三个尺度：大尺度为 1 万 ~ 100 万 km²（1 万 km² 相当于中国一个直辖市的面积，100 万 km² 相当于中国一个大省的面积）。中尺度为 100 ~ 10000km²（中尺度包括城市、农村与郊区风景区）。小尺度为 1 ~ 100km²，（城市内部各分区及其以下空间则归入小尺度）。景观生态学，另一说亦即风景园林生态学的尺度归入地理学的大尺度范畴，那是从全球而言，如美国最大的国家公园占地面积可达 5 万 km²，非洲几个大的国家公园的占地面积也可达上万平方公里（如南非的克鲁格国家公园占地面积达到 2 万 km²）。但是从现状观察，中国的各类风景区则达不到如

---

① 环境质量分项内容：温度、湿度、光照、空气质量、土质、水质、绿量、植物质量、动物保有率、活动功能保证率、可再生资源利用率等。

此空间规模，通常相当于地理学设定的中尺度范畴，亦即城市学的尺度。据此，设定景观生态学的三个尺度，即大尺度为 100～10000km²，中尺度为 1～100km²，小尺度为 1km² 以下。大体上，大尺度范畴的宗教性风景名胜区正好对应本书所提的"宗教圣地"，中尺度范畴的宗教性风景名胜区正好对应本书所提的"宗教名胜"，小尺度范畴的宗教性风景名胜正好对应本书所提的"景园型寺观园林"。

（二）生态环境

自从生物界进化到人类阶段，不论陆上或海上都陆续被人类所利用。人类利用土地的各种不同用途产生了"城（城镇）""郊（农村与风景名胜区）""野（原生态大自然）"的区别，其生态环境状况也就产生差异，人们依据其差异状况将其分为原生态、次（再生）生态（或称近自然生态）和仿生态（模仿自然）等几个环境等级。中国寺观园林建置史揭示，中国寺观园林以自然景观风格占绝大多数，所以，中国寺观园林归入自然景观造园体系。自然景观风格的中国寺观园林中，以景园型寺观园林盛于先，自然景观型（包含自然人文复合景观型）寺观园林盛于后，而景园型寺观园林通常是构成自然景观型（包含自然人文复合景观型）寺观园林的基本单元。从其生态环境的组合状况解析，极其吻合原生态（原始的自然环境）、次生态（再生的近自然环境）、仿生态三个层次，即宗教圣地基本上以原生态为基质，镶嵌次生态斑块（廊道区域）和仿生态斑块（寺观本部区域）；宗教名胜基本上以次生态为基质，镶嵌仿生态斑块（寺观本部区域）；景园型寺观园林本部则基本上都是模仿自然的。虽然模仿自然的景园型寺观园林在景观形态上可以做到近似或神似自然，但是由于地域上与斑块容量上存在差异，其生态质量必然与原生态或次生态存在级差。

（三）景观特色

保护大自然是全球各国政府必须承担的社会职能之一，而在其运作体制上各国则不尽相同。为维持自然界的生态平衡，保护保存自然界的资源和遗产，我国对自然界设置三个系列的管理机构：（1）国家森林系列；（2）国家自然保护区系列（包括自然面貌保护、野生生物保护）；（3）国家风景名胜区系列（包括国家公园）。国务院分别于 1982 年、1988 年、1994 年、2002 年、2004 年、2005 年、2009 年、2012 年和 2017 年先后公布了 9 批国家级风景名胜区，共 244 处，其中宗教圣地和含宗教性风景名胜区约占一半，若包括石窟造像型宗教名胜，其总数接近 200 处，这还未包含地区性的宗教性风景名胜区。不同地域、不同斑块的中国寺观园林的景观特色呈现明显的异质性。

（四）风景主题

风景是客观存在的实体，评价风景的品质高下优劣则渗入了人们的主观因素。"风景名胜区的资源是以自然资源为主的、独特的、不可替代的景观资源，是通过几亿年大自然鬼斧神工所形成的自然遗产，而且是世代不断增值的遗产。"所以，在风景名胜区与国家公园，景观的自然美是最突出的风景主题。在宗教圣地，除欣赏自然美之外，还有众多带有宗教性含意的天然或人文景观，尤其被认为是最突出的风景主题。对于模仿自然的俗家景园型园林，在中国古代文人雅士的认知里，达到"诗情画意"才是景观艺术的最高境界，符合"诗情画意"之景成为园内的风景主题。而在寺观园林里，最着重的是宣扬宗教意识的景观主题。所以，功能定位不同的风景地与园地，其风景主题也各有所重（表4-1）。

建设基础分析表   表4-1

	以图表显示多项基本依据分析，存在内在关联		
1	**尺度**	大尺度	中尺度	小尺度
2	**区位**	"野"	"郊"	城镇寺观园林
3	**生态级**	原生态	次生态	仿生态
4	**寺观园林级**	宗教圣地	宗教名胜	景园
5	**主题**	宗教性含意的自然景观与宗教性人文景观	自然景观与宗教性人文景观	宣扬宗教意识的景观
从其所具极强的对应性中表达出其内在关联的紧密，故建设中须作全面的规划思考。			

中园古代封建社会是一种中央集权制的社会，不仅政治上，一切重要的建设工程（农、林、水利、营造、交通、环境等）均由政府承担和管理。中国封建社会的中央行政集权体制从"三公九卿制"至"三省六部（二十四司）制"，各个朝代均制定严密的规章制度，使道教、佛教等宗教始终处于封建朝廷管辖之下。由社会奉献，或朝廷奉养，或自身筹措的佛寺与道观，其营建过程也会受到制度的约束，较大程度上避免了无序状态。

第一节　中国景园型寺观园林

一、中国景园型寺观园林组成内容

中国景园型寺观园林包含建筑与庭园（院）两项组成内容、四组不同使用功能区域，见表4-2所示。

中国景园型寺观园林组成内容　　　　　表 4-2

序号	项　目	分　部	
1	建筑项	崇拜部分	包括配套建筑
2		修持部分	包括传经、传戒
3		生活部分	
4	庭园（院）项	游览部分	

建筑在寺观中属主体部分，以下分别按道教建制与佛教建制分解。

（一）道教宫观

按照道教建制，道观建筑有：

1. 崇拜部分分为主体建筑和配套建筑。主体建筑有老君殿、三清殿、天尊殿、玉皇殿、四御殿、三官殿、北帝殿、文昌殿、天后殿、斗姥殿、娲皇殿、灵官殿、关帝殿、药王殿、八仙殿、财神殿、妈祖殿、紫微殿、后土殿、雷祖殿、南斗殿、北斗殿、伏魔殿、五岳圣帝殿、四渎殿、十二真君殿、八卦殿、经楼等。

崇拜部分的配套建筑有山门、玄坛、游仙阁、凝灵阁、乘云阁、飞鸾阁、延灵阁、迎凤阁、九仙楼、舞凤楼、逍遥楼、九真楼、钟阁、师房及二十四院（三华、东隐、仙隐、崇元、太素、十华、郁和、清和、崇福、崇清、繁禧、达观、明达、洞观、栖真、混同、紫中、清富、凤栖、高深、精思、正庆、玉华、迎华）等。

2. 修持部分包括静念楼、天尊讲经堂、说法院、受道院、精思院、寻真台、炼气台、祈真台、吸景台、散华台、望仙台、承露台、九清台、烧香院、焚香楼、升遐院、写经坊、校经堂、演经堂、熏经堂等。

3. 生活部分包括方丈院、十方客坊、斋堂、道舍、净人坊、斋厨、浴堂、合药堂、门楼、门屋、轩廊、骤马坊、车牛坊、碾硙坊等。

4. 游览部分包括药圃、庭园、花园等。

道观的这种建制不是每座道观都必须齐备，可以因时任意选择，唯崇拜部分的主殿老君殿，或三清殿，或玉皇殿，或天尊殿基本上不可缺。

道观中有称宫者（奉祀道教"帝君"称号的道观），并受皇帝敕造的大道观，经朝廷准许，可采取"宫殿制"。宫观增设主殿、寝宫、宫墙、角楼、午门、御座、丛林等，规格极高。

奉祀获得"帝君"称号的神灵与历史人物，并采取宫殿规格的道观包括：

（1）自然神类：奉祀东岳泰山神（亦称"东岳天齐仁圣大帝"）的山东泰安泰山岱庙、北京东岳庙；奉祀南岳衡山神（亦称"司天昭圣帝"）的湖南衡阳南岳庙；奉祀西岳华山神（亦称"金天顺圣帝"）的陕西华阴西岳庙；奉祀北岳恒山神（亦称"安天玄圣帝"）的山西浑源北岳庙；奉祀中岳嵩山神（亦称"中天崇圣帝"）的河南登封中岳庙；奉祀真武大帝的湖北武当山太和宫与金殿等。

（2）历史人物受封为"帝君"类：奉祀道教教祖李耳（老子）的各地太清宫；奉祀关羽的各地关帝庙；奉祀孔丘（孔子）的各地文庙等。

（二）佛教寺院

按照佛教建制，佛寺建筑有：

1. 崇拜部分分为主体建筑和配套建筑。主体建筑有前殿、大雄宝殿、三圣宝殿、舍利殿、法堂殿、药师殿、弥陀殿、毗卢殿、伽蓝殿、玉佛殿、千佛阁、大悲阁、文殊殿、普贤殿、观音殿、地藏殿、三大士殿、韦陀殿、罗汉殿、多宝殿、洗心殿、宝塔等。

崇拜部分的配套建筑有天王殿、钟楼、鼓楼、藏经楼、七佛塔、墓塔、经幢、牌楼、山门、回廊等。

2. 修持部分（包括传经、传戒）包括法堂（亦称禅堂，有大禅堂、二禅堂）、念佛堂、佛学苑、戒坛殿、学戒堂、养心堂、先觉室、静室等。

3. 生活部分包括方丈室、斋堂、客堂、僧舍、斋厨、如意寮（医疗场所）、库房、浴室、焙茶房、橱茶、净房（厕所）、安乐堂（僧人养老）、化身窑（火葬处）等。

4. 游览部分包括放生池、庭园、花园、禅林等。

佛寺的这种建制是以"伽蓝七堂制"规定为模式所制定，不是每座佛寺都必须齐备。"伽蓝七堂制"规定以佛殿（大雄宝殿）为佛寺的中心建筑。采取"十方丛林制"的佛寺曾以不设佛殿、唯尊法堂为其特色，但这种佛寺建制存在的时间不长。

二、中国景园型寺观园林总平面布置

中国古代的五行思想渗透于社会与生活的多个方面，五行的先后主次观念极合乎中国古代建筑群（包括宫殿、祠庙、邸宅）以建筑显示主次尊卑的礼制思想，即中心轴线、多重四合院、两翼对称、突出主体建筑的建筑群布置形式，其标准缩影即北京四合院建筑模式。这种中国古代传统建筑群布置形式成形于 2500 年前，源远流长。

中国寺观园林的原型源自古代的宫殿、衙署、坛（祠）庙、私家邸宅和山居别业。经历史进程的整合，中国景园型寺观园林显现出四种基本形式：

1. 庭院式——中国古代传统建筑群布置形式与园林化的庭院相组合。

2. 殿庭式——中国古代传统宫殿式建筑群布置形式与园林化的庭院相组合。

3. 庭园式——中国古代传统建筑群布置形式与园林化的庭院及模仿自然的附属花园相组合，即整体园林化的寺观园林。

4. 山居别业式——灵活布置的山居式建筑与模仿自然的园林相组合。

（一）庭院式——中国古代传统建筑群布置形式与园林化的庭院相组合

1. 上海市龙华寺

龙华寺相传始建于三国东吴时期，是中国南方最早的佛寺之一，五代时期重建，现保存的龙华塔建于北宋时期，其余均系清朝晚期建筑，庭院内大树成荫，方丈院内保留有百年牡丹。

2. 江苏省常州天宁寺

天宁寺始建于唐朝，屡毁屡建，明朝重建，规模宏大，现存的均系清朝晚期建筑，寺内植物茂盛（图 4-1-1）。

（二）殿庭式——中国古代传统宫殿式建筑群布置形式与园林化的庭院相组合

1. 山东省泰安岱庙

泰安岱庙始建于秦汉时期，唐朝增修，宋大中祥符二年扩建，明朝再次扩建，采取宫城殿式规格，清朝重修，现存规模为宫墙周围 1500m，建筑 150 余间。中轴线上主殿天贶（音况）殿主祭东岳大帝。中轴线两翼，东侧为汉柏院，西侧为唐槐院，浓荫蔽日，中有 5 株古柏，相传为汉武帝时所植。

2. 河南省登封嵩山中岳庙

登封嵩山中岳庙位于嵩山太室山南麓，前身是嵩山太室祠，始建于秦朝，西汉武帝增建太室神祠，南北朝时期迁至现址，改为道教的中岳庙，主祭中岳神。唐开元年间以殿制规格扩建殿宇，后经宋朝、金朝重修，规模宏大，有廊房800余间、碑楼70余所。现存建筑均为清初时期形制，中轴线上门殿11重，殿宇、楼阁、廊庑400余间，观内古柏参天，碑碣林立。

（三）庭园式——中国古代传统建筑群布置形式与园林化的庭院及模仿自然的附属花园相组合

1．江苏省苏州西园寺（戒幢律寺）

苏州西园寺始建于元朝，明朝改为徐氏邸宅，又"舍宅为寺"，毁后重建于清朝末年。寺内古树参天，西花园内放生池面积宽大，池中立湖心亭，以曲桥相通，岸边曲廊花架，呈现出江南水景园景色。

2．北京市潭柘寺

潭柘寺始建于晋朝，现存建筑均为明清两朝遗构，殿堂依山势而建，清泉流经，立流杯亭相配，庭园与后花园绿树浓密，花树点缀，环境清幽（图4-1-2）。

3．四川省成都青羊宫

成都青羊宫始建于唐，相传道教教祖老子曾牵青羊至四川省成都青羊肆，唐朝于此建玄中观，后改称青羊宫。宫内后园多处，广植秀竹翠柏，四季常青（图4-1-3）。

4．山西省永济普救寺

永济普救寺始建于唐，重修于明，佛寺位据名峨眉塬的小山丘，其地不宽，寺院建筑布置于三条轴线上。发生《西厢记》故事的"梨花深院"位处西轴之东侧，寺院西部的后花园里配置听蛙亭、击蛙台等园林小品建筑。

5．福建省泉州开元寺

泉州开元寺始建于唐垂拱二年（686年），初名"莲花寺"，唐玄宗开元二十六年（738年）诏建寺以年号为名，遂改称开元寺。唐乾宁四年（897年）、南宋绍兴二十五年（1155年）与明洪武二十二年（1389年）均重建。开元寺中轴线对称布局，自南而北依次有紫云屏、山门、拜亭、大雄宝殿、甘露戒坛与藏经阁。大殿前拜亭的东、西两侧分置镇国塔、仁寿塔两石塔。大殿是明代崇祯十年（1637年）遗物，建筑面积为1338 m^2。镇国塔始建于唐咸通六年（865年），南宋嘉熙二年（1238年）重建。仁寿塔始建于五代梁贞明二年（916年），南宋绍定元年（1228年）重建，重建的两塔均为仿木构楼阁式石塔。拜亭两旁古榕参天，东西两塔院内古树稠密，呈现乔木园景象（图4-1-4）。

6．云南省昆明昙华寺

昆明昙华寺始建于明朝末年，由崇祯年间光禄大夫施石桥曾孙施泰维舍宅为寺。

清中叶遭地震倒塌后重建，寺内有优昙树一株，相传来自印度。寺历来以花木繁艳著称，以牡丹、兰花、桂花、海棠等花名噪一时。

（四）山居别业式——核心部分屋宇维持对称，并周围房舍灵活布置的山居式建筑群与模仿自然的园林相组合

1．江苏省吴县洞庭东山紫金庵

洞庭东山紫金庵是现存规模最小的佛寺园林，始建于唐朝初年，重建于明朝洪武年间。全庵主要建筑唯一殿一堂，不设山门与配殿。此庵以保留有宋塑十六罗汉而著名。大殿一侧散置听松堂、白云居、晴川轩等房舍，庭院内栽植的古金桂、古玉兰树龄达400岁，还有橘树等花果类植物，整体古朴清静，被赞为"山中幽绝处"。

2．上海市原上海城隍庙后花园

"神祠北际名园辟，寝庙东偏别殿开"，原上海城隍庙后花园现归入上海豫园，称内园。内园面积约1500 m²，小而精致，主厅晴雪堂，面对楼阁，中部土包石大假山相隔，山上亭台石峰，古树名花俱全（图4-1-5）。

这四种基本形式总体反映出，仿生态的中国景园型寺观园林的总平面布置基本上不游离中国古代传统建筑群布置形式，显示出中国寺观园林的一个明显特点。

有代表性的中国景园型寺观园林尚有：北京市白云观、江苏省苏州寒山寺、江苏省用直保圣寺、广东省肇庆庆云寺、福建省福州西禅寺、福建省莆田南山广化寺、河南省洛阳白马寺、河南省开封相国寺、河北省正定隆兴寺、河北省曲阳北岳庙、山西省运城解州关帝庙、陕西省西安城隍庙、陕西省华阴西岳庙等。

三、中国景园型寺观园林的园景特点

四种基本形式的中国景园型寺观园林，其植物配置呈现相似的特点，即按寺观内部的不同使用功能区域，选择相适应的植物品种：

（一）前部——佛寺的前部通常配设放生池，由放生池演化为水景园景色，如荷花池园、莲花池园、鱼乐园、龟鼋池园等

实例：江苏省苏州西园寺（图4-1-6、图4-1-7）、浙江省普陀山普济寺（荷花池）、浙江省杭州韬光寺（金莲池）（图4-1-8）、广东肇庆庆云寺放生池（鱼龟池）（图4-1-9）、浙江省天台国清寺（鱼池）、北京市西山大觉寺（鱼池）（图4-1-10）。

（二）崇拜部分——佛道两教的主殿区域需营造庄严又亲切的氛围，其植物栽植以大乔木为主，形成乔木园景色，普遍种银杏、松、柏，佛寺喜栽松树，道观喜栽柏树，反映地区性特色的有栽植榕树、菩提树等

　　实例： 北京市戒台寺（松树）（图4-1-11）、北京市西山大觉寺（松树、柏树）（图4-1-12）、河南省登封中岳庙（柏树）、山东省泰安岱庙（柏树）（图4-1-13）、广东省广州六榕寺（榕树）（图4-1-14）、福建省泉州开元寺（榕树）、河南省镇平菩提寺（菩提树）等。

（三）修持与生活部分——与崇拜区不同，寺观的修持与生活区域需要清静而雅致的环境，故而于方丈院、客舍院、僧舍院、道舍院等院落内习惯种植反映季节变化的开花植物（草花、花灌木），呈现花卉园景色

　　实例： 上海市龙华寺方丈院（牡丹）、北京市大觉寺（白玉兰）[①]、北京市法源寺（丁香）（图4-1-15）、云南省昆明昙华寺（优昙、海棠、杜鹃）、河南省洛阳白马寺（牡丹）、江苏省扬州大明寺方丈院（琼花）。

（四）后园部分——佛寺道观的后部或侧面，常辟有小型园林，俗称后花园

　　景园型寺观园林的后园，实际可视之为独立的园，如《洛阳伽蓝记》中记载，早在南北朝时期，寺内后园均已穿池筑山，疏建亭阁，青松翠竹，果木繁茂。清新自然的景园风格延续至今，园内栽花种竹，或叠石，或立亭，布局各有千秋，可供香客、游客游赏。

　　实例： 四川省成都青羊宫后园（图4-1-16）、云南省昆明昙华寺后园（图4-1-17）、北京市白云观花园（图4-1-18）、河南省开封大相国寺、江苏省苏州寒山寺花园（图4-1-19）、江苏省扬州大明寺东苑（图4-1-20）、上海市上海城隍庙后园（图4-1-21）、广东省广州六榕寺榕荫园等。

第二节　中国自然景观型（包括自然人文复合景观型）寺观园林的构成要素

　　中国寺观园林类型解析揭示，不同园林类型导致其园林构成要素产生差异。景园型寺观园林中，其山通常是模仿自然的山（通称假山），其水通常是模仿自然的水；

---

① 大觉寺的玉兰、法源寺的丁香与崇效寺的牡丹使这三座寺庙被称为北京三大花卉寺庙。

图 4-1-1 常州天宁寺

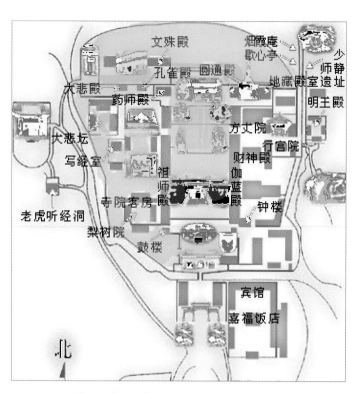

图 4-1-2 北京潭柘寺（绿色块示意庭园与花园部分）

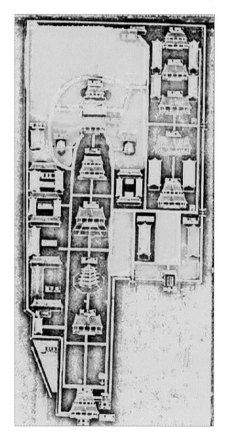

图 4-1-3 成都青羊宫
（绿色块示意花园部分）

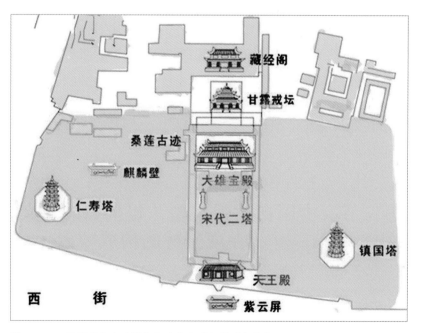

图 4-1-4 泉州开元寺（绿色块示意庭园与花园部分）

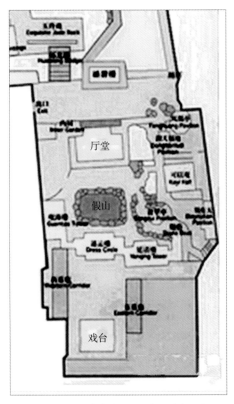

图 4-1-5　原上海城隍庙 后花园（内园）
　　　　（绿色块示意花园部分）

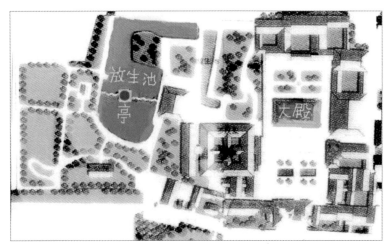

图 4-1-6　苏州西园寺放生池（龟鼋池）平面

图 4-1-7　苏州西园寺放生池湖心亭

图 4-1-8　杭州韬光寺莲池

图 4-1-9　肇庆庆云寺放生池（鱼龟池）

图 4-1-10　北京大觉寺放生池（鱼池）

第四章　中国寺观园林营建程序

图 4-1-11　北京戒台寺（松树）

图 4-1-12　北京大觉寺松树与柏树

图 4-1-13　泰安岱庙古柏树

图 4-1-14　广州六榕寺榕树

图 4-1-15　北京法源寺丁香树

图 4-1-16　成都青羊宫后园

图 4-1-17　昆明昙华寺后园

图 4-1-18　北京白云观花园

图 4-1-19　苏州寒山寺花园

图 4-1-20　扬州大明寺东苑

图 4-1-21　上海城隍庙后园

自然景观型寺观园林中，其山是大自然的山，其水是大自然的水，其植物选用的品种各有所择。

"仁者乐山，智者乐水"。山水是大地的骨骼与血脉，是自然景观的本体与基础。

1．中国寺观园林构成要素之一——山体

自然界的山体包含有岭、峰、峦、崖、壁、岩、洞、谷、坡、岗、台、盆地、浮山等形式。山体因其不同的部位所具不同的特点，产生远近高低各不同的山景。宋朝大文学家苏轼的一首名诗："横看成岭侧成峰，远近高低各不同。不识庐山真面目，只缘身在此山中。"诗的前两句是讲怎样观赏山景。诗的后两句是讲人与山的关系，人为点，山为面；山为整体，人为局部。位于群山之中的佛寺道观与山体之间亦呈现点和面的关系，寺观为点，山体为面；山为整体，寺观为局部。建置寺观园林的要点在于要善于利用自然，运用自然方法，把寺观这个点融入自然山体那个面当中，结成一体。寺观或立于山巅峰顶，或悬于山崖，或附于岩壁，或隐于山谷，或藏于洞穴。寺观位于山体的不同部位可构成不同形式的山景模式寺观园林。

2．中国寺观园林构成要素之二——水体

自然大水体有江、河、湖、海。自然小水体有泉、溪、涧、潭、池、瀑布等。大江、大河、大湖、大海等自然大水体均不可能纳入寺界。而借滔滔江水、茫茫大海之托，则能萌发海阔天空之遐想，产生丰富的想象力，如"江中有神，海中有仙""八仙过海""海中仙洲"等等。东海的普陀山岛潮音洞、梵音洞、洛伽山；黄海之滨的烟台蓬莱阁；台湾海峡的湄州岛妈祖庙；长江之滨的镇江金山寺，南通狼山广教寺；岷江、大渡河之滨的乐山大佛、凌云寺；钱塘江之滨的杭州六和塔；太湖之滨的洞庭东山灵源寺等等，均因借茫茫水体之烘托，使寺观、造像、园景的灵气飙升。寺观与江、河、湖、海等自然大水体相结合，组成滨水式寺观园林之一式。相对较小的水体通常是山体的副产品，泉、溪、池、潭是以寺观为家的出家人所依赖的天然水源，是生存的必需品，将之引入寺观，或为寺观近邻，构成不同形式的水景模式寺观园林。

3．中国寺观园林构成要素之三——植物

山水是大地的骨骼血脉，植物则是大地的衣着被服。树木花草带来旺盛精气和鸟语花香，使大地充满生气，植物创造了生态环境，又护卫着生态环境。中国寺观园林有近两千年的发展历史，分布面广袤，拥有植物品种数千，仅广东罗浮山与浙江天目山均各有植物 3000 种，为最好佐证。中国寺观园林所配栽的植物包括常绿乔灌木、落叶乔灌木、果树、花树、十大名花、水生植物、中草药植物、蔬菜、粮食作物等，常用的有数百种，或具经济性，或具观赏性，或经济性、观赏性、药用性俱备。

4．中国寺观园林构成要素之四——建筑

除陵墓之外，中国古代建筑分为四大类：

① 宫殿（包括官府、衙门）；

② 邸宅（包括山居别业）；

③ 宗教建筑与坛庙建筑（包括佛寺、道观、祭坛、祠庙）；

④ 公共建筑（包括纪念建筑、学府、商铺等）。

保留至今的宫殿、邸宅与公共建筑，只存明清两朝的古迹。唯独寺庙中保存有自南北朝、隋、唐、宋、辽、金、元、明、清历朝的建筑精华，保留下中国古代文明史的系列性实物资料。如山西省五台山佛光寺大殿，从其雄大的斗栱、深远的出檐中，能够领略到唐朝殿式建筑的雄浑气势；又如江苏省苏州玄妙观三清殿和浙江省宁波保国寺大殿，从其精巧的结构中，可看出宋朝殿式建筑的典雅风貌。

中国古代颁布过两部建筑规范，一部是宋朝的《营造法式》，另一部是清朝的《营造则例》。两部规范都对建筑的规格、形式、结构、尺度、细部、施工功料等制定了详细规定。经过对唐朝建筑与宋初几十年建筑实践的总结而编制的《营造法式》，和经过对明朝建筑与清初几十年建筑实践的总结而编制的《营造则例》，这两部由朝廷官方制定的建筑规范左右了自宋朝到清末的一千年间建筑营造业的发展走向。两部官方建筑规范的严格规定束缚了当时建筑类型特点的展开，而集中凸显出来的则是一种强烈的时代风格。不过，不受规范约束的民间地方建筑却创造了建筑形式的丰富性。民众文化的底蕴为隐藏山林中的寺观建筑提供了创作源泉，寺观建筑同园林、同环境之间能够达到完美结合。

中国寺观建筑基本上有殿、堂、馆、楼、阁、房、舍、斋、门、廊等建筑类型，通常其建筑形式的特点不明显，与宫殿、邸宅的同类型建筑具有相似性。但在中国寺观园林中，为符合特定使用需要与环境需要，创造出一些极具特色的寺观建筑新形式，如楼阁式塔、大佛阁、窟檐建筑、悬空殿阁、洞中殿阁等。中国寺观建筑以其特有的建筑新形式从古典的时代风格中突显出可贵的创造性。

5．中国寺观园林构成要素之五——路径（道路、桥梁、建筑小品等）

路径者即风景区内陆上、水上、山上的通道，包括道路、山径、桥梁、船埠等。路径联系着各座佛寺、道观和各种节点，形成网络，负责着人流、物流的输送，承载着意识的脉动。路径随地势"有高有凹，有曲有深，有峻有悬，有平有坦"。路径随地形地势产生不同的交通形式：网络间产生节点，路径的交汇处构成交通节点，另外有风景点、崇拜点、观赏点、休息点、供应点等不同功能的节点。节点内通常配置有亭廊等小品建筑和刻石、石碑等建筑小品，借以引导路径走向，提高游览兴趣，提供旅途服务。

第三节　自然景观型（包括自然人文复合景观型）寺观园林（包含宗教名胜、宗教圣地）的营建序列

中国自然景观风格的寺观园林（包括自然人文复合景观型寺观园林）包含宗教名胜和宗教圣地两大部分，近世归之"天人合一"的景观生态体系。"天人合一"的哲理思维认识论源出典籍《周易》，演进为中国传统的道学思想，传承为道教的宗教观念的核心思想之一。《周易》将太极文化抽象为哲理思维，即阴阳世界观、时空一体思维模式、天人合一认识论，和易物象意推理法。"天人感应"或"天人合一"认识论指出："天垂象，见吉凶"，即依据物象，人们可以了解事物变化的奥妙，告诉未来。《道德经》的经典之语曰："人法地，地法天，天法道，道法自然"。道者，天道、天体。天、地、人，均生于道，天、地、人同根同源，故天人可合一。"立天之道曰阴与阳，立地之道曰柔与刚，立人之道曰仁与义"（《易传·卦传》）。阴阳、柔刚、仁义是一个事物的三种表现，故天人可合一。而"自然"者[①]，即指宇宙（天道、天体）原本就是如此，故应顺从天地间事物本质，不去人为刻意造作，是"自然而然"的本意。中国寺观园林贯彻"融合自然"的原则，遵循寺观、廊道、节点等人文景观与自然环境相结合的模式，处处体现出"天人合一"的哲学思想，所以，中国自然景观风格的寺观园林是中国古典式园林的典范。

研究宗教圣地与宗教名胜的营建程序，便于获得中园古代宗教类风景区的建设经验。将现代景观生态学理论应用于分析中国自然景观型寺观园林（包含自然人文复合景观型寺观园林）的营建程序，与历史现实的吻合度最高，同时结合宗教观念和古代惯用思想方法取得的营建程序可分为 4 个序列：①相地；②策划；③布局；④组合。

一、营建序列之一——相地篇

中国造园学经典古籍《园冶》云："相地合宜，构园得体"，"凡结林园，无分村廓，地偏为胜"，此经验总结意颇深。"地偏为胜"是私家邸宅园林选址要点。出于宗教原因，寺观园林尤其重视"地偏为胜"的原则，远离城镇中心，避开尘寰之地。如何寻觅那些最佳的"地偏"之处？需要通过一个"相地"过程。相地，从现代景观规划角度，即调查自然和调查人文，其目的是寻找理想的人居环境（居住的、生产的、休闲的等），也称生态环境。相地，古时广泛采取"风水"术。在现代观念中，完整的

---

① 此处"自然"一词不作为名词解。

生态观包含自然生态、社会生态与经济生态三大内容。中国古代"风水"针对的实践对象主体是自然生态，大自然环境的山、水与天象乃是自然生态五要素（天象、山、水、植物、生物）中的核心要素，因植物与生物（包括人类）均生存于山水天地之中。

中国风水术，亦称堪舆术[①]，又曰"峦头"，乃中国古代地理探察学的专门称呼。"堪，天道也；舆，地道也"，风水之术即察天看地之术。察天，是探察天象——辨星，以及气象——风雨、气温。看地，是探察地象——地形、地貌，和地脉——地质。所谓"寻龙"，即调查山系，山脉奔驰如龙，需观察山形、山势、植物；所谓"论水"，即调查水系，需观察河川的源头、流向、流势、分合、水质。"峦头者，即依山川形势，以察生气"，借助罗盘这个测定工具，即可寻找到"生气"（含云气、水气、风气、地气）之地。气之阳者，从风而行。气之阴者，从水而行。气乘风则散，界水则止。古人聚之使之不散，故谓之"风水"。而"生气"之地者，即生机勃勃的地理环境所在（适应季节变动的气场，甘甜不绝的水源，愉悦视觉的景物，循环不息的生态构成）。作为风水理论的阴阳五行八卦则是确定区位、指点规划布局和处理人文关系的数理依据，所以，风水术最终落实到了社会生态领域[②]。

（一）"洞天福地"

中国古代的道家，其实是中国最早的地理探察家。道家者，隐士也，寻觅隐栖之地为道家核心事务。道教创始人张道陵走道家之路，游历名山，寻觅修仙之地、适宜隐栖之处，由此建立道教与名山之间的结伴关系。东汉末，道家与道教提出"洞天福地"观念，之后道教又推崇"洞天福地"学说，遂产生积极意义。由于道家与道教认知天地万物都是有感情的生命体，山川草木均具灵性或即自身就是神灵，所以，敬重和善待万物将会受到万物的友好回报，于是道家与道士们交出了一份地理探察的成绩单。

"洞天福地"列"十大洞天、三十六小洞天、七十二福地"，合计118处，其中位于南地的94处，位于北地的24处，覆盖浙江、江西、湖南、江苏、安徽、四川、湖北、广东、广西、河南、山西、陕西、山东等14个省，基本上包括了中国主要的名山大岳和重要的自然风景区，有泰山、黄山、恒山、衡山、嵩山、王屋山、茅山、庐山、龙虎山、青城山、武当山、峨眉山、鹤鸣山、罗浮山、终南山、林屋山（西洞庭山）、北邙山、天台山、武夷山、天目山、中条山等。以《易经》的阴阳学

---

① 堪舆最初为天上神名，其数为十有二，它与地面的十二区相对应，堪舆即天与地对应。

② "中国地学一脉之发展分源有二：一曰峦头，依山川形势以察生气，此乃地学之体；一曰理气，探讨元运方位以应其徵验，此为地学之用。"封建社会时期所著地理书有三种："一种是地仙做者；一种是文儒做者；一种是俗巫做者。"俗巫之书，鄙俚浅陋，内多祸福之句，故而在风水术的"应用"问题上，常掺入迷信、愚昧因素，这是必须识别并排除的。

说（早期的堪舆术）为标准提出来的"洞天福地"具有相类似的基质[1]。观察118处"洞天福地"，绝大多数分布于东部沿海平原（华北平原、长江中下游平原、江南丘陵、潮汕平原）、东部近海山脉带（泰山、崂山、武夷山、南岭），及与平原接壤的山脉边缘带（太行山、秦岭、大巴山脉）。这些区域的山脉，山势不高，海拔都在2200m以下（除四川盆地的峨眉山最高点海拔3099m，和黄土高原的终南山最高点海拔2604m，这二处海拔较高之外）。其地，山峻、谷深、水清、石奇、洞幽、泉脉丰富、植被茂盛、景色优美、气温适中、不存在长期积雪和冰冻地带，生态环境优质，极适宜长期隐居与修炼。经道教之后，佛教也陆续进入"洞天福地"，又开发了不少佛教圣地，有山西五台山、安徽九华山、浙江普陀山、云南鸡足山等。

优越的基质为创造得体的自然景观型寺观园林奠定了坚实的基础。类似的基质又具备异质性的斑块[2]。中国各省各地不尽相同的地域特点为创建各具特色的自然景观型寺观园林提供了最佳条件，使中国寺观园林在世界园林之林中独树一帜。

（二）中国自然景观型（包括自然人文复合景观型）寺观园林选址

古典的阴阳八卦学说与五行学说相结合，结晶出经典的《易经》学说。中国古代五行思想渗透于社会与生活的方方面面：体现于物质，是金、木、水、火、土；体现于方位，是东、南、西、北、中；体现于人体，是心、肺、肝、脾、肾；体现于味觉，是酸、辛、苦、咸、甘；体现于色彩，是红、黄、青、白、黑；……《道德经·四十二章》中"万物负阴而抱阳，冲气以为和。"据经典的阴阳五行理论：物质的"土"、方位的"中"、人体的"脾"、味觉的"甘"、色彩的"黄"显示于阴阳八卦五行图上，其位置均居中央，故均属主位。

《易经·系辞传》中"八卦定吉凶，吉凶生大业。""风水术"的目的是寻找吉地。何谓吉地？"致中和，天地位焉，万物育焉"，中和之地当为吉地。吉地者，风水宝地"明堂"之所在。如何觅得明堂？"立'穴'欲得明堂正"，场地的定点为"穴"[3]。黄帝代表土，故"穴"与"明堂"为土，东、南、西、北、中由四方（青龙、白虎、朱雀、玄武分据四方）而觅中央（黄帝居中）。《三辅黄图》有记："青龙、白虎、朱雀、玄武，天之四灵，以正四方"。四灵均天上之星宿，"玄武，龟蛇也"，其位在北方，玄武即北方七宿的总称，也称北斗星，古人均依它确定方位。天上四星对应地上山川，

---

① 基质者，景观区域的环境特质，包括地貌特征、气候特征、生物特征等等。基质由自然系统的山水和有机体组成总体结构。

② 斑块者，具有完整景观结构的自然空间，即保存有完整的植被与水源（河道、溪流），能维持多样生物栖息的一个自然空间。

③ "穴"的古意为土室，土室是指人类防风避雨的栖身之地；而明堂者，乃穴周边之地块，穴是整个风水格局的重点所在。

所呈现者即八卦所觅"负阴抱阳、四灵兽式地形"。这样的哲理思维引导产生了中国特有的建筑群选址和平面构图模式，称之"四灵模式"。这个模式广泛应用于大至城池、村镇的选址，小至家宅、寺庙的组合，即使亡者之墓地也跳不出这个固有模式。

道士与风水师通常是两者合一的，道观选址，如安徽省休宁县齐云山太素宫，其宫位据山麓中部，背倚翠屏峰（即齐云岩），前临香炉峰，左有钟峰，右有鼓峰（图4-3-1）；湖北省武当山紫霄宫背依展旗峰，面对照壁、三台、香炉诸峰，右为蜡烛峰，左为宝珠峰（图4-3-2）。这是两例典型的四灵模式。佛寺选址明虽不讲究风水，实则并不脱离四灵模式的原则，如浙江省宁波市天童寺，位据太白山下，"群峰抱一寺，一寺镇群峰"，背枕主峰太白峰，左依东峰、中峰、乳峰，右靠钵盂峰、聿旗峰，前向遥对南山。

图4-3-1 安徽齐云山太素宫

图4-3-2 湖北武当山紫霄宫

（三）中国自然景观型（包括自然人文复合景观型）寺观园林的开发

中国自然景观型寺观园林与自然人文复合景观型寺观园林虽然存在宗教名胜与宗教圣地两种组成机制，但都是广义的寺观园林。自然风景区内的佛寺或道观，除了佛寺或道观内部所属的园林与庭园之外，佛寺或道观周围的自然环境和某些宗教活动的区域（如石窟、摩崖造像、佛塔、经幢、石刻等），以及某些与宗教故事（事件、神话、传说）相关联的地点（如修行、布道、得道、舍身飞升）等，都归入寺观园林范畴。

一处宗教名胜或宗教圣地必有一位开创者，按中国宗教传统，这位开创者称为开山祖师。出于"洞天福地"观念或者"菩萨"道场观念，某个高僧或得道道士选择某个山林作为他的隐修地，建立起隐修所用的茅棚，那里便成为一个信仰基地。随着宗教信仰的展开，茅棚改善为庵馆，进而扩充为佛寺或道观，那座山林就成为一个宗教名胜。随着名声的上扬，宗教名胜得到扩充，佛寺道观大量增加，由此就升格为宗教圣地。逐渐地便产生出规律，沉淀为历史（表4-3、表4-4）。

由开山祖师开创的宗教圣地中，最为典型的有：

道教创立人张道陵的隐修地青城山发展成道教圣地；

道教龙虎宗建立人张盛的布地道龙虎山发展成道教圣地；

道教三茅真君的得道地茅山发展成道教圣地；

道教丹鼎派建立人葛洪的修炼地罗浮山发展成道教圣地；

佛教净土宗建立人慧远的隐修地庐山发展成佛教圣地等。

借神话传说的引导而产生并形成的宗教圣地则有：

尊"东岳大帝"的本坛泰山发展成道教圣地；

尊"西岳大帝"的本坛华山发展成道教圣地；

尊"真武大帝"的本坛武当山发展成道教圣地；

尊"文殊菩萨"的道场五台山发展成佛教圣地；

尊"普贤菩萨"的道场峨眉山发展成佛教圣地；

尊"观音菩萨"的道场普陀山发展成佛教圣地；

尊"弥勒菩萨"的道场雪窦山发展成佛教圣地；

尊"地藏菩萨"的道场九华山发展成佛教圣地；

尊"韦陀菩萨"的道场天目山发展成佛教圣地等。

四川省鹤鸣山是中国道教的祖庭。道教特指开创各大宗派的祖师所居住布道的道观为祖庭，中国道教的宗派祖庭有：

楼观派祖庭——陕西省终南山楼观台老子著《道德经》处，中国道教发祥地；

正一派祖庭——四川省青城山天师洞，张道陵隐修布道得道处；

上清派祖庭——江苏省茅山三茅真君得道处；

灵宝派祖庭——江西省阁皂山；

武当派祖庭——湖北省武当山；

天师派祖庭——江西省龙虎山；

全真派祖庭——山东省崂山。

洛阳白马寺是中国佛教的祖庭。佛教执行与道教相同的尊祖方式，中国佛教又分为八大宗派，有相应的八大祖庭，分别是：

净土宗祖庭——庐山东林寺（慧远创立净土宗）；

禅宗祖庭——嵩山少林寺（禅宗前身由达摩创立达摩宗）；

律宗祖庭——终南山丰德寺（道宣创立律宗）；

天台宗祖庭——天台山国清寺（智𫖮创立天台宗）；

慈恩宗祖庭——西安大慈恩寺（玄奘创立慈恩宗，亦称法相唯识宗）；

华严宗祖庭——五台山清凉寺（杜顺创立华严宗）；

三论宗祖庭——南京栖霞寺（僧朗创立三论宗）；

密宗祖庭——西安大兴善寺（善无畏创立中国密宗）。

著名的宗教名胜　　　　　　　　　　　　　　　　表4-3

著名的佛教名胜		浙江杭州黄龙洞 山西太原晋祠 安徽巢湖中庙 湖北通山县九宫山九王庙 云南昆明龙泉山龙泉观	云南昆明鸣凤山太和宫（金殿） 山东蓬莱蓬莱阁 广东清远飞来峡飞霞洞（洞中建道观） 河北涉县凤凰山娲皇宫等
	位处山巅	浙江宁波保国寺 北京西山八大处 四川乐山凌云寺、乌尤寺 江苏苏州虎丘山云岩寺	江苏镇江北固山甘露寺 江苏南通广教寺 山西洪桐广胜上寺等
	位处谷地	浙江杭州灵隐寺 浙江天台国清寺	江苏南京灵谷寺 河南驻马店确山北泉寺等
	位处山麓、山腰	浙江杭州大慈山虎跑寺 浙江杭州北高峰福光寺 浙江宁波天童寺 江苏南京栖霞山栖霞寺 湖北当阳玉泉山玉泉寺 湖北谷城万铟山承恩寺 湖北武汉龙山莲溪寺 湖南长沙岳麓山麓山寺 广西全州湘山湘山寺	广东梅县阴那山灵光寺 山东长清方山灵岩寺 河南镇平菩提寺 福建莆田凤凰山广化寺 山西高平金峰寺 河南辉县太行山白云寺 四川广元乌尤山皇译寺 四川松蟠玉翠山黄龙寺等
	位处滨水或溪流畔	福建湄州岛妈祖庙 江苏镇江金山寺	广西阳朔鉴山寺（漓江、碧莲峰） 贵州遵义桃溪寺（桃溪河）等
	位于洞穴内	福建罗源碧岩寺 福建福州鼓山白云洞	福建安溪蓬莱山清水岩 浙江雁荡山观音洞等

著名的宗教圣地　　　　　　　　　　　　　　　　表4-4

著名的道教圣地	河南王屋山（第一大洞天） 四川青城山（第五大洞天） 浙江天台赤城山（第六大洞天） 江苏茅山（第八大洞天） 山东泰山（第二小洞天） 江西龙虎山（第三十二福地） 江西阁皂山（第三十六福地） 湖北武当山（第六十五福地）	陕西周至县秦岭楼观台 山东崂山 陕西药王山 湖北九宫山 云南巍宝山 安徽齐云山 山西姑射山 湖南武当山等
著名的佛教圣地	四川峨眉山 山西五台山 浙江天台山 浙江普陀山 安徽九华山	浙江天目山 江西庐山 浙江雁荡山 浙江雪窦山 云南鸡足山等

著名的佛道两教共同据有宗教圣地	陕西终南山（第三大洞天） 广东罗浮山（第七大洞天） 湖南衡山（第三小洞天） 河南嵩山（第六小洞天）	安徽黄山 甘肃崆峒山 云南昆明西山 辽宁千山等

（四）中国自然景观型（包括自然人文复合景观型）寺观园林规模与平面布局格式

中国古代的佛道两教持续受到封建朝廷的支持推崇，几度出现鼎盛局面，佛寺与道观的兴建曾达到狂热程度。一座名山，最兴旺之时，所建寺观数量可达到近百座，甚至几百座，如江西省龙虎山曾有 91 宫、81 观、50 道院；湖北省武当山曾有8 宫、2 观、36 庵堂、72 岩庙；福建省武夷山曾有 99 观；四川省青城山曾有宫观100 余座；四川省峨眉山曾有大小佛寺近百座；广东省罗浮山曾有 9 观 18 寺 32 庵；江苏省茅山盛时有大小宫观 257 处，屋宇 5000 多间；山东省崂山明清时曾有 9 宫、8 观、72 庵；安徽省九华山曾有大小佛寺 300 余座等。

宗教圣地的开发、发展、形成过程揭示出其三维空间构成的前因后果。一处宗教圣地实质为一座庞大的"自然园"，当前我国风景园林管理部门正其名为"国家公园"，则"园"的概念已确立无误。宗教名胜规模略小，然实质相同。就组成结构视之，"自然园"本身当为一座"大园"，内部寺观园林相对为多个"小园"，而题"景"之景点则如开放式的"小小园"。大园与小园之间犹若自然风景区与内部各风景点，于水平向构成"园中有园"的多中心平面格局。"园中有园"平面布局格式创始于西汉时期的苑囿。规模庞大的汉朝苑囿"周匝几十里"，内建置十余组宫殿群，有湖有岛有土山，并设兽圈、兽馆养百兽，种植花木异树为猎奇。清朝皇家苑囿传承中国古典苑囿的"园中有园"固有特色。宗教圣地与宗教名胜则体现中国传统的"园中有园"平面布局格式，并有实质性拓展。

实例：

① 宗教圣地四川青城山的"园中有园"多中心平面布局格式——以开山道观园林"天师洞"为起始，以"上清宫"为主体道观园林，以散布周围的建福宫、祖师殿、玉清宫、太清宫、圆明宫等道观园林为"小园"；以天然图画及诸观览亭阁为"小小园"（图 4-3-3）。

② 宗教名胜浙江宁波天童寺"园中有园"平面布局格式——以天童寺本部为中心，以"天童十景"与七塔苑、水月亭、甲寿洞（泉）、观音洞等为"小小园"（图 4-3-4）。

③ 历史上著名的宗教名胜中，有受皇帝敕封褒赏和朝廷恩宠的大寺大庙，其

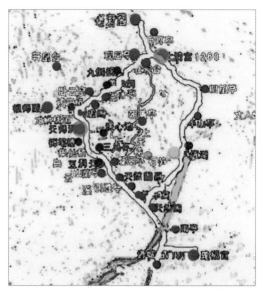
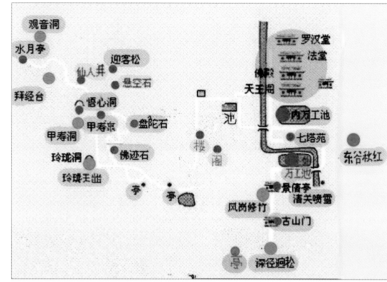

图 4-3-3　水平向布局——四川青城山"园中有园" 格式（以上清宫为主体宫观园林）　　图 4-3-4　水平向布局——浙江天童寺"园中有园"（小小园）格式（以天童寺本部为核心）

规模也十分宏大，殿宇房舍可达数千间，例如：唐朝陕西长安"章敬寺，总 48 院，4130 余间，穷壮极丽"；宋朝浙江绍兴云门寺，"游观者累日乃遍，往往迷不得出"；明朝江苏南京灵谷寺，"占地 500 余亩，山门至大殿总长五里"；清朝北京潭柘寺，"辖有村庄 365 个，方圆百余里为其势力范围"，展现出中国古代宗教地主庄园面貌。

二、营建序列之二——策划篇

中国造园以中国传统的"天人合一"哲学思想为基本，以贯彻"融合自然"为原则。而规划所循者乃策划思想，策划是决定自然景观型寺观园林品质高下的关键。策划之思，源于哲理，基于观念。有异于皇家园林的皇权至上观念，也有别于私家园林的文人山水观念，中国自然景观型寺观园林的策划思想强化三个观念：一曰仙境观；二曰生态观；三曰经济观。

（一）"仙境观"——宗教圣地仙境观

道教重今世，佛教重来世。道教求肉身成仙飞升，佛教求死后赴西方极乐。不论成仙入天庭，还是跳出轮回赴极乐世界，道教与佛教其实都有一个相同的追求目标，就是摆脱现实世界，力求进入天堂世界。遵循《周易》"易物象意"的推理方法，宗教圣地里就要模拟一个天堂世界，此人为的"天堂世界"之象可以生成一个实在的"天堂世界"之意，这就是"易物象意"推理方法与"天人合一"认识论相结合的务实方案。

佛教和道教把纳入两教范围的自然风景区，按照佛道两教的教义加以利用与改造，使这个宗教圣地体现出佛道两教的宗教思想与观念。

道教神仙世界里，神仙们所居之处，海中有幻想式的"十洲、三岛上神山"，陆上有现实的"洞天福地"，天上有神话式的"天庭"。佛教神灵世界里，著名山岳有传说的"菩萨"道场，天上有神话式的"佛国"。"天庭与佛国"被视为佛道两教理想的最高天界，也即两教信徒最崇敬之所。宗教圣地的仙境观决定了宗教圣地以实施佛道两教的"仙境"为核心目标。

佛教教义设定，天人之间的界限有"三界""六十重天"。所谓"三界"，是指"三千大千世界"。佛教的宇宙观认为，宇宙有三十亿个世界，即无限个世界。道教的时空观认为，宇宙无限大，呈现层叠的套圈式结构，"天庭"分"六界"，天有"三十六重"（表4-5）。

道家三十六重天，分为六界 表4-5

1	第一界共六重天	太皇黄曾天、太明玉完天、清明何童天、玄胎平育天、元明文举天、七曜摩夷天
2	第二界共十八重天	无越衡天、太极蒙翳天、赤明和阳天、玄明恭华天、耀明宗飘天、竺落皇笳天、虚明堂曜天、观明端靖天、玄明恭庆天、太焕极瑶天、元载孔升天、太安皇崖天、显定极风天、始黄孝芒天、太黄翁重天、无思江由天、上揲阮乐天、无极昙誓天
3	第三界共四重天	皓庭霄度天、渊通元洞天、翰宠妙成天、秀乐禁上天
4	第四界共四梵天	无上常融天、玉隆腾胜天、龙变梵度天、平育贾奕天
5	第五界是三清天	玉清天、上清天、太清天
6	最高境界是第六界	大罗天

仙凡之间有"三界"，宗教圣地将之竖向具体化为"三阶"。"三阶"观念示意如下：

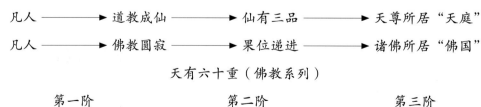

天有三十六重（道教系列）

凡人 ——→ 道教成仙 ——→ 仙有三品 ——→ 天尊所居"天庭"

凡人 ——→ 佛教圆寂 ——→ 果位递进 ——→ 诸佛所居"佛国"

天有六十重（佛教系列）

第一阶　　　　　　第二阶　　　　　　第三阶

与"三阶"观念相对应，形成宗教圣地竖向的"三阶式"布局。依地势由下而上分段设置：

第一阶为山门（或牌坊，或入山寺院）之内；

第二阶为天门（或标志性景点）之内；

第三阶以"天庭"或"佛国"为终点。

山门之外是"凡界"，山门之内为"仙界"，顶端当作"天庭、佛国"（图4-3-5、图4-3-6）。

图4-3-5 宗教圣地竖向组合结构模式示意

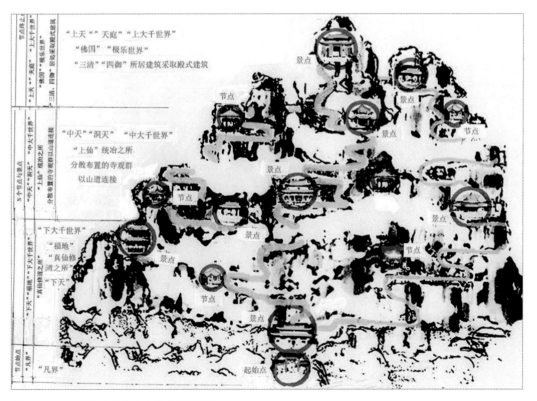

图4-3-6 宗教圣地竖向组合结构模式解析

"仙界"区域，按不同地形营造各式佛寺、道观，供奉"佛菩萨"与"神仙"们。作为"天界"的主体佛寺、道观，采取张扬式设计手法，居高居险，高高在上，如接天际，突显不凡气势。又采取借景手法，借取日、月、星辰、云雾与"佛光""天灯"等天象、气象，为"天庭、佛国"制造梦幻般的意境。结合惊险的、连续攀登的、步步登高的路径（石阶、天梯），使敬仰者产生"似入仙境"的感受。以"天人合一"思想指导宗教圣地环境配置，按"融合自然"原则实施寺观建筑和寺观园林融入自然山水，使之成为自然风景的组成体，以构建与天地和谐的清凉世界来提高亲切感，使游者加深胜境游即圣迹游、仙境游的体验，强化精神上的满足感。

（二）"生态观"——隐居环境生态观

佛教徒要修正果，道教徒要修成仙，修持是其最根本的功课。修持，佛教称求证，道教称修炼，通俗点儿就叫修道、修行。怎样进行修道？道教教祖老子和佛教教祖释迦牟尼都有示范。老子之言曰，"致虚极，守静笃"。老子之行，不知所终，隐之不见，孔子称老子是"龙"，极合乎老子性格。释迦之言曰"禅那"，即"静虑之意"。释迦之行，隐入深山，菩提树下涅槃。两位教祖之言、之行，殊途同归：修炼环境应当回归自然，修行秘诀为静中悟道，这是佛道两教的一项没有立文的最高规范。

中国宗教史上，不少知名高僧高道从事过有背佛道两教原始教条的行动，如推行偶像崇拜、分立教派、修改修持制度、变换修炼方法、修改教义等等，唯独对于修道之途这个最高规范，没有一个"祖师"敢去随便更改。道家，老子之后，庄子（前369～前286年）隐于抱犊山。老子之徒，丈子隐于浙江吴兴禹山；尹熹，随老子西去，不知所终。茅盈隐于江苏句容山。道教创立前后，各地各教派栖真养神修道于山林之间的道士道学者呈趋增之势，他们的隐修地包括青城山、鹤鸣山、茅山、恒山、阁皂山、罗浮山、武当山、嵩山、衡山、华山、终南山、泰山等等（表4-6）

道家与道士的隐居地 表4-6

序号	道家与道士的隐居地	栖真养神修道于山林之间的道士与道家
1	武当山	春秋末尹熹
2	武当山	汉朝马明生、阴长生师徒
3	武当山	晋朝谢允
4	武当山	唐朝吕纯阳
5	武当山	五代陈抟

序号	道家与道士的隐居地	栖真养神修道于山林之间的道士与道家
6	武当山	宋朝寂然子
7	武当山	元朝张守清
8	武当山	元明间张三丰
9	青城山	东汉张道陵结茅设坛
10	青城山	晋朝范长生
11	青城山	隋朝赵昱
12	青城山	唐朝杜光庭
13	恒山	西汉茅盈
14	恒山	唐朝张果老
15	茅山	西汉茅盈、茅固、茅衷三兄弟
16	茅山	三国至南北朝的葛玄、葛洪、杨羲、许谧、陆修静、陶弘景
17	鹤鸣山	东汉张道陵创立道教（五斗米道）
18	嵩山	晋朝鲍靓
19	嵩山	北魏寇谦之
20	嵩山	唐朝潘师正、李奎
21	罗浮山	秦朝安期生
22	罗浮山	东晋葛洪
23	华山	北魏寇谦之
24	华山	北周焦旷、王延
25	华山	唐朝金仙公主
26	华山	五代陈抟
27	阁皂山	三国（东吴）葛玄
28	衡山	南北朝魏华存
29	衡山	唐朝司马承祯
30	衡山	五代聂师道
31	终南山	唐朝钟离汉、吕洞宾、刘海蟾
32	终南山	金朝王重阳
33	泰山	晋朝张忠（其居依崇岩幽谷，凿地为窟室）
34	泰山	金朝訾守慎（女）

早期来中原的印度僧人持古印度传统，力行"苦修"，以菩提达摩于嵩山少室山面壁九年最为著名。自慧远进江西庐山，隐居环境的选择出现新意，"苦修"改成

"清修"。随道教、佛教隐修群体的扩大，隐居环境的生态观念也不断加强。修道一定要"回归自然，静中悟道"。"静"至关重要。欲与天地合为一体，只有在静中才能求得。修道环境的静，是身心入静的重要环节与前提。静要若空谷。修道之地不同于崇拜佛祖、崇拜道祖之所。崇拜场所以居高临下、张扬之势为上。修道之地则以隐蔽为要，要求生态环境既可利于隐，也可不忧食，还能与自然精灵（野生动物）同乐。

现代社会提倡生态环境，推崇回归自然。自然的生态环境主要是指在亿万年内自然形成的天地里，在适者生存的自然法则下，地球物种之间生存交替，生物界各物种之间互相依存、自然循环、生生不息的和谐的生存环境。

习近平主席多次指出"中国明确把生态环境保护摆在更加突出的位置。我们既要绿水青山，也要金山银山。宁要绿水青山，不要金山银山，而且绿水青山就是金山银山。我们绝不能以牺牲生态环境为代价换取经济的一时发展。"这是对生态环境重要性的最经典概括。习近平主席于 2018 年 5 月 18 日深一步指出，生态文明建设"秉承了天人合一、顺应自然的中华优秀传统文化理念"。"我们应该遵循天人合一、道法自然的理念，寻求永续发展之路。"

古代没有生态的说法，佛道两教奉行的却是维护生态运转的法则。两教从"贵生护生"的观念出发，都反对杀生。《周易·系辞下传》明示："天地之大德（最伟大的德行）曰生（生生不息）"。《老子道德经·五十一章》宣示：世间万物"道生之，德畜之，长之育之，亭（结果实）之毒（成熟）之，养之覆之（任其繁育，好好保养），"对之应持"生而不有（不占有），为而不恃（为它做了些事不求回报），长而不宰（不主宰），是谓元德（上善之德）。"道教推崇"万物不伤，群生不夭"，认为"有万不同之谓富"（《南华经·天地篇》），其意为自然界所拥有的物种越具多样性，就表示越富有，所以，人类应平等地对待万物。还有，就是佛教推行的"素食主义"。佛教也主张"众生平等"，相传，"断肉食素"是南北朝时期梁武帝萧衍（502～549年）因笃信佛教而定下的规定，并下诏僧尼必须永断酒肉，此规定又同佛家典籍要求相符，所谓"饮酒食肉，断大慈种"，从此食素成为佛教界的永久性戒律。要素食就不能杀害动物，必须培养植物和保护植物，故而历史上宗教圣地内保护、保留的动植物物种相对更为丰富，此当得益于佛道两教所执的现代名之为"生态"的观念。宗教圣地的深山老林、幽谷奥洞为隐居修炼最理想之地。清流、甜水、竹林（有笋）、果林（有果）、芳草（有野菜之类）为隐居提供生活保障，飞禽走兽为隐居增添精神支柱。

明朝万历年间，僧人海玉，号无瑕禅师，由山西省五台山至安徽省九华山摩空岭摘星亭结茅而居，长年以野果为生，寿百岁。明末，道士郭守真隐居辽宁省九顶铁刹山八宝云光洞，艺秫种蔬，静修十多年。这是佛道两教后期僧人道士仍维系传统修持规范有代表性的两例。

（三）"经济观"——寺观生活农耕观

重视农业经济是中国宗教圣地建置的一大特点。道教产生于民间，自南北朝道士寇谦之改造五斗米道、建立北天师道时起，北地民间道教变成官方道教，受朝廷供养。南地道教则遵守原始道教教义，以济世精神活跃于民间。道教以追求长生为教义之一，道教把"兼修医术、行医施药视为'立仙之基'，'修仙积德之上功'"，故治病救人成为道教济世的重要行为，将合药堂、药圃列入道教营造体制范畴，开创医学研究、药物研究。著名道士葛洪、陶弘景、孙思邈都是一流的医学家、药学家。

佛教自传入中原之始，即靠社会供应，重要佛寺依赖朝廷供养，成为官办佛教，是北地佛教的普遍现象。东晋以后，佛教重心南移，社会供应性的佛寺大量出现。但是，那是一种与中国古代农业经济不相适应的状况，迫使佛教内部发生变革，马祖道一与百丈禅师师徒两人开创了"十方丛林制"。佛教把做善事称为做功德，放生、植树都属做功德之内容，故称"禅林"为"功德林"。"百丈清规"中有茶仪条目，佛寺中设茶堂。

佛道两教不约而同地渐渐改变了对劳动的看法，认为劳动即做功课，即修行。这种观念促成实施寺观生活农耕化，引入农业经济模式，开发禅林、竹林、果园、茶园、菜圃、中（草）药圃等农、林、蔬、果、药经济，并将此经济模式作为丛林制度规范下来，设置经营部门和安排经管人员。

自宋朝开始，佛道两教几乎又都变回官办宗教，使大的寺庙宫观所属农业产业改变性质，变为宗教性庄园经济，封建性的农业经济思想得到延续，并显示于宗教圣地中。如陕西耀县盘玉山（药王山）的中草药；广东罗浮山的中草药；河南王屋山的中草药；浙江杭州云栖山的毛竹林；浙江天目山（禅源寺）的柳杉林；安徽九华山的竹林、佛茶；福建武夷山的岩茶；山西稷山（青龙寺）的枣林；福建福州怡山（西禅寺）的荔枝林；广东罗浮山冲虚古观外的龙眼林；江苏洞庭东山紫金庵外的果林（枇杷、杨梅、橘、银杏）；江苏连云港花果山的桃林；四川宜宾翠屏山的橘林，……这些风景地区经济作物的开发与经管方面，都展现出中国寺观与农业经济不可分割的关系。中国寺观生产农果产品可视为中国古代农业经济的特有现象。中国寺观的农林景观演化成中国名胜地的特色景观，为中国寺观园林植物景观的丰富性添上了重重一笔色彩。

现代新园林建设，在特色社会主义价值观、道德观和以人为本思想的指导下，除更多关注入园人群的多种活动需要，还注意到动物的生存环境需要，并且提高经济技术层面的科学应用（诸如利用可再生能源等），以及与传统文化相交融的精神层面的衔接等，正向全覆盖型生态体系（包括自然生态、社会生态与经济生态），即"大生态体系"推进。而综合以上体现中国寺观园林策划思想内涵的分析，其中也包含精神层面的推动和不限于自然生态层面的需求，并且包括对经济生态层面的投入，说明中国传统的造园思想对营造环境的理念已萌现多层面的思考，虽然这种认识停留于萌发阶段，但毕竟可从中读到有益的思维内核。

三、营建序列之三——布局篇

自然景观型寺观园林与自然人文复合景观型寺观园林（包括宗教名胜、宗教圣地）的功能区域共 3 项：

（1）佛寺道观本部（一座或多座）；

（2）佛寺道观周围的自然环境；

（3）廊道、路径。

（一）佛寺道观本部

佛寺道观本部是自然风景型寺观园林（包括宗教名胜、宗教圣地）的组成核心。宗教名胜与宗教圣地内的佛寺道观本部包含四个使用功能区域：崇拜部分、修持部分、生活部分与游览部分。对照景园（院）型寺观园林，属建筑项的崇拜部分、修持部分与生活部分，其内容基本相同，而因宗教圣地常处于特殊的地理环境中，促成其创造某些特殊形式的寺观建筑，诸如窟檐建筑、悬空建筑、洞府殿阁等。

（1）**藏经阁**：阁，搁也，存放、搁置图籍与重要对象之所。两汉宫内有石渠阁（藏秘籍）、天禄阁（藏典籍）、麒麟阁（藏功臣图像）、白虎阁等。楼，重屋也。楼阁并用，指两层及两层以上建筑物，诸如中国四大名阁——江西省南昌市滕王阁（57.5m）、湖北省武汉市黄鹤楼（51.4m）、湖南省岳阳市岳阳楼（20m）、山东省蓬莱市蓬莱阁（15m）。

佛寺道观袭用阁的建筑形式，但建筑内部多数为布置大型佛像或神像而创造筒形结构形式，以留存至今的天津市蓟县独乐寺观音阁（唐～辽）（图 4-3-7）、河北省正定市隆兴寺大悲阁（北宋，高 35.5m，三檐四层，筒形结构，内立高 22m 的千手观音）等为典型。佛寺道观用以藏经的楼阁，名之藏经阁、藏经楼，诸如山西大同华严寺藏经楼（图 4-3-8）。

（2）**崖阁式窟檐建筑**：窟檐建筑原是为遮掩石窟洞口而设。随重叠式石窟的竖向叠加，单层式窟檐发展成楼阁式建筑，称之崖阁式窟檐，最高的可达 13 层。为保护开敞式石窟中体量特别高大的佛像或神像，崖阁式窟檐建筑创造筒形结构式的中部竖向空间尺度可令人瞠目，历史上建成过最高、最为著名的崖阁式窟檐建筑是四川省乐山市乐山弥勒大佛阁。甘肃省敦煌莫高窟（图4-3-9）、山西省大同云冈石窟、山西省太原天龙山石窟和四川省广元皇泽寺石窟等崖阁式窟檐建筑都很壮观。四川省乐山市乐山弥勒大佛始建于唐，弥勒坐佛高达71m（阁的高度大于71m，已圮）。

（3）**悬空建筑**：寺观殿堂营建于悬崖峭壁，创造出斜撑体系的栈道式结构的新形式建筑，称之"空中楼阁"。山西省浑源县恒山悬空寺的佛殿建于崖壁凹陷处，是悬空建筑的经典作品。

（4）**塔与塔院**：中国的塔由印度传入。塔，古印度称塔婆，是印度佛教徒最初的崇拜对象。原始的塔婆实即掩埋佛祖释迦牟尼遗骨与舍利子（人体焚烧后的结晶物）的"坟"（坟者，地上堆土为坟，地下葬处为墓）。佛教传入中国，印度式的塔婆演变为中国式的塔。中国的塔将印度塔婆的功能分解，形象改变。有纯属于坟墓性质的塔，称墓塔，集中成群的墓塔可组合成塔院。塔院是最典型的宗教性园林，属于非游览性质。中国楼阁式塔（包括密檐塔）则是作为崇拜对象的塔，它以中国固有的楼阁形式为塔身，以缩小比例的印度式塔婆为塔刹，组合成极具中国特色的塔的新形式，如67m高的山西省应县佛宫寺释迦塔（辽）是国内保存的最高木构楼阁式塔（图4-3-10）。

至若佛寺道观本部的生活部分，则添加了若干世俗和有趣的成分。道教的"十方常住制"规范有"十方客坊"，以留居参访道众，又设受道院，作为传戒之所。佛教的"十方丛林制"宣扬众生平等，游方僧可在丛林挂褡安居。俗人求宿寺院，也可收留，故设有客舍。位于自然风景区的佛寺道观既是宗教圣地，也是游览胜地，朝山进香与游览名胜有明显的一致性。中国佛寺道观又以开放性面向善男信女，逢社会节日（春节、元宵节、七巧节、中秋节等）和宗教性节日（太上老君、释迦牟尼、关圣帝君、天妃妈祖、观世音等的生日）更面向社会，信徒、游人、商贩云集，呈现出庙会般的热闹景象，从而凝聚为寺观文化的重要一支（图4-3-11、图4-3-12）。

中国古代佛寺道观，历来可游，并可借宿。晋《洛阳伽蓝记》："四月八日（释迦牟尼生日），京师士女多至河间寺，观其殿庑绮丽，无不叹息，以为蓬莱仙室亦不足过。入其后园，见沟渎潆洄。"宋朝陆游所撰绍兴云门山《云门寺寿圣院记》："云门寺自唐晋以来名满天下。父老言，昔盛时，缭山并溪，楼塔重复，依岩跨壑，金碧飞涌。居之者忘老。寓之者忘归。游观者累日乃遍，往往迷不得出，虽寺中人或旬月不相觌也。"以上仅为寺观可游具有代表性的两例。

寺观可宿，有更多记录：唐朝长安每年会试，有数千名考生赴京赶考，很大部分求宿于寺庙，其中以法门寺最为著名。唐朝白居易的《游大林寺》："登香炉峰，宿大林寺"（江西庐山）。唐朝白居易的《宿西林寺》："薄暮萧条投寺宿，凌晨清净与僧期"（江西庐山）。唐朝王维的《投道—师兰若宿》："昼涉松路尽，暮投兰若边。洞房隐深竹，清夜闻遥泉"（浙江绍兴云门寺）。唐朝韦应物的《寄恒璨》："心绝去来缘，迹顺人间事。独寻秋草径，夜宿寒山寺"（江苏苏州寒山寺）。唐朝张继的《宿白马寺》："白马驮经事已空，断碑残刹见遗踪。萧萧茅屋秋风起，一夜雨声羁思浓"（河南洛阳白马寺）。宋朝范成大的《峨眉山行记》："黑水（寺）前对月峰，栋宇清洁，宿寺中东阁。"宋朝陆游的《宿上清宫》："九万天衢浩浩风，此身真是一枯蓬。盘蔬采掇多灵药，阁道攀隮出半空。累尽神僊端可致，心虚造化欲无功。金丹定解幽人意，散作山椒百炬红"（四川青城山）。宋朝范成大的《吴船录》："三十里至青城，……夜宿丈人观"（四川青城山）。唐朝武则天时始建的山西永济县普救寺内，设有西厢书斋和西厢花园。留宿寺中的书生张生与崔莺莺发生了《西厢记》传奇故事，留传极广。清朝北京潭柘寺内，设有行宫院、万岁宫、太后宫，是专门接待皇帝与皇室之所。中国佛寺道观可以留宿的传统延续至今。笔者于20世纪70年代曾投宿四川峨眉山万年寺、浙江天台山国清寺、浙江宁波天童寺等寺院，该时寺观正值修整期间，客舍环境清幽。

1. 自然景观型（包括自然人文复合景观型）寺观园林的布局形式

中国寺观园林总体规划中，建筑布点是极其重要的一环。建筑物或单幢，或成组成群，或整座佛寺道观，一般常兼有游览观赏点与观赏对象的双重作用。自然景观型（包含自然人文复合景观型）的宗教圣地与宗教名胜，其佛寺或道观各处于不同自然地理环境，构成不同布局形式的寺观园林，从园林构成要素分析，大致可以列出如下几种：山巅式、山麓式、谷地式、悬崖式、峭壁式、寺裹山式、洞府式与滨水式。而包含多座佛寺道观的宗教圣地通常是多种布局形式的寺观园林的组群，

图 4-3-7　天津蓟县独乐寺观音阁

图 4-3-8　山西大同华严寺藏经楼

图 4-3-9　甘肃敦煌莫高窟"九层楼"崖阁式窟檐建筑

图 4-3-10　山西应县佛宫寺木塔

图 4-3-11　正月初三苏州寒山寺弥集香客

图 4-3-12　宗教节日礼佛进香

其总体布局呈现灵活变化、丰富多彩的景象。有关宗教名胜与宗教圣地内寺观的位置选择，起核心作用的寺观所处位置主要有三种选择：

其一，布点于山峰绝顶，即山巅式；

其二，布点于环境最优的山麓或谷地，即山麓谷地式；

其三，布点于宗教性地区入口区域，多半位于山麓谷口，如见四川峨眉山报国寺、湖北武当山玉虚宫、山东泰山岱庙、湖南衡山南岳庙等。

1）山巅式 [或称绝顶式（含山冈式）] 寺观园林

在自然风景区内，若山体上的地形地势条件许可，于主峰绝顶营建寺观最有助于宗教圣地仙境观的显现，此种布点形式称为山巅式寺观园林。"欲穷千里目，更上一层楼"，期望获得全方位的视野，山巅、山峰绝顶绝对是最佳位置。出于仰慕"天府、天国"的宗教意识，寺观目标使之醒目，建筑形象使之突出，山巅式寺观园林取高高在上之利，视野开阔之便。故这种寺观园林布点形式通行于宗教名胜与宗教圣地，更是多数宗教圣地内主体寺观重点选取之地。寺观牢牢地屹立于山巅，与岩石、山体、林木结为一体，与云雾混合。那种与地融合，与天融合，飘缈、神圣、亲和、安宁的境界，极吻合佛道两教共同追求的"天界"意境。

具代表性的山巅式寺观园林有：

（1）山巅式寺观园林——宗教圣地

① 云南省鸡足山天柱峰金顶寺

鸡足山上的金顶寺，始建于唐，盛于明清，重建于 20 世纪。清康熙年间有大小佛寺 42 座，庵院 65 所。鸡足山地处高海拔的云南省，金顶寺又位于鸡足山最高的主峰——海拔 3240m 的天柱峰顶，所以金顶寺是中国汉传佛教中海拔最高的佛寺园林（图 4-3-13）。

② 四川省峨眉山金顶华藏寺

四川峨眉山原是道教名山，三国时期道教进入峨眉山，是道教"洞天福地"中的"第七小洞天"。东晋时期佛教传入峨眉山，其兴旺超过道教，元朝以降，道教逐渐退出，峨眉山成为佛教名山。近代，峨眉山被称作中国佛教的四大名山之一。峨眉山绝顶名金顶，海拔 3077m，金顶上建有铜殿与佛寺，铜殿名普光殿，佛寺名光相寺，雷火毁后重建改称华藏寺，华藏寺是中国汉传佛教中海拔第二高的佛寺园林（20 世纪已重建）（图 4-3-14）。

③ 陕西省华山西峰峰顶翠云宫

华山，又名西岳，是道教"洞天福地"中的"第四小洞天"，也是道教独占的名山。华山有 5 座高峰，以东、南、西三峰相鼎峙为主体：东峰名朝阳峰，海拔 2096m；南峰是主峰，名落雁峰，海拔 2155m，峰上建白帝祠，又名金天宫，主祭华山神金天少昊；西峰名莲花峰，海拔 1997m，峰顶建翠云宫。华山以险著称，最险的是西峰，欲入翠云宫，必须由险道苍龙岭攀登，翠云宫面临斧劈般深崖，不负最险的宫观园林之称（图 4-3-15）。

④ 湖北省武当山天柱峰紫金城与金殿

武当山由于同道教神话中的真武神相联系而成为道教名山之一，是"洞天福地"中的"第六十五福地"。因明成祖朱棣册封武当山真武神为真武大帝，并抬升武当山为"太岳""玄岳"，使其在该时的地位超越"五岳"。"五里一庵十里宫，丹墙翠瓦望玲珑"，在规模庞大的武当山宫观建筑群中，建于武当山最高峰海拔 1612m 的天柱峰绝顶的紫金城与金殿是国内海拔最高的殿庭式宫观园林（图 4-3-16）。

⑤ 四川省青城山上清宫老君阁

青城山是中国道教的发祥地，张陵创道教，尊老子为教祖，供奉老子的上清宫位处青城山绝顶高台山之阳。宫区背面耸立一高阁，雄踞青城第一峰之巅，此即老君阁，海拔1600m。

⑥ 山东省泰山玉皇顶玉皇庙

山东泰山，又名东岳，是中国封建时代历朝帝王封禅祭天的名山，被称为"五岳之首"，是道教"洞天福地"中的"第二小洞天"。主峰玉皇顶，旧称太平顶，又名天柱峰，海拔1524m，是泰山主峰之巅，因峰顶有玉皇庙而得名。玉皇庙于明成化年间（1465~1487年）重修，主要建筑有玉皇殿、迎旭亭、望河亭、东西配殿等，殿内祀玉皇大帝铜像，殿前有"极顶石"，标志着泰山的最高点，与摩崖石刻群组合呈现出纪念性碑碣般意境（图4-3-17）。

⑦ 安徽省九华山摩空岭百岁宫

九华山是当地僧俗神化新罗僧金乔觉为佛经所说的地藏菩萨应世而形成的地藏道场，近代被称作佛教四大名山之一。九华山盛行"肉身殿"供奉仪式，胜地内有三座肉身殿：神光岭地藏塔殿安置金地藏（即金乔觉）肉身，摩空岭百岁宫肉身殿安置无瑕和尚肉身，另一肉身殿在双溪寺。摩空岭百岁宫肉身殿位处摩空岭绝顶，海拔1342m（图4-3-18）。

⑧ 湖南省衡山祝融峰祝融殿

南岳衡山七十二峰中的最高峰祝融峰以传说中的火神祝融命名，"寿比南山"即指南岳衡山，意谓"寿岳衡山"。祝融峰峰顶海拔1300m处建有祝融殿，原名老圣帝殿，明万历年间（1573~1620年）改建为祠，用花岗岩筑墙，铁瓦盖顶，可抗风傲雪。南岳衡山是道教佛教和谐共盛的名山，祝融峰附近寺观园林林立（图4-3-19）。

⑨ 甘肃省崆峒山山巅的寺观群

中国典籍记载，华夏始祖轩辕黄帝曾亲登崆峒山问道于隐者广成子（见《庄子·在宥》），于是崆峒山有中国道教最早发源地之称，被道教尊为"天下道教第一山"。崆峒山是宗教圣地中佛道两教和睦相处、佛寺道观互不相争的范例之一。崆峒山峰峦雄峙多危崖，主峰海拔2123m，寺观多半位据山巅向阳面，呈现多景点园林景观图景（图4-3-20）。

⑩ 浙江省普陀山佛顶山巅的慧济寺

近代被称作四大佛教圣地之一的普陀山是浙江省舟山群岛中的一座小岛，素以山水兼备的"海天佛国"旖旎风光著称，自北宋开始被指定为专供观音的道场。普陀山以三大禅寺（普济寺、法雨寺、慧济寺）为主体，其中慧济寺位据佛顶山山巅，海拔288m，是普陀山的最高点。

（2）山巅式寺观园林——宗教名胜

① 四川省凌云山凌云寺

明朝《嘉定州志》："凌云寺在凌云山，一名大佛寺"。四川乐山凌云寺位于岷江东岸，踞凌云山山巅，世界最高坐佛像乐山大弥勒佛凿造于寺前临江峭壁处。寺始建于唐高祖李渊武德年间（618~626年），元朝顺帝时损毁，明朝与清初多次修复修缮，后遭地震均成危房，21世纪初经大修呈现状。凌云寺"山露佛头，古寺苍凉"，景色幽静，空灵清冷，以自然之奇美与人类杰作之神奇相组合，致其独傲九州岛（图4-3-21）。

② 浙江省雪窦山雪窦寺

雪窦寺位于浙江奉化溪口镇雪窦山山巅，寺始建于唐会昌元年（841年），北宋时雪窦山被尊奉为弥勒道场，雪窦寺又称雪窦资圣禅寺，南宋时为禅宗"五山十刹"之一。全寺近年重建，寺四周青山九峰环抱，两侧有涧水汇合于寺前，曲折流至千丈岩，喷泻而下，组成古寺飞瀑奇观（图4-3-22）。

③ 四川省乌尤山乌尤寺

乌尤寺位于四川乐山之东的大渡河、青衣江和岷江汇合处的乌尤山山巅，乌尤山原与凌云山相连，因李冰治水切割山体，使乌尤山成江中孤岛。乌尤寺始建于唐朝，原名正觉寺，宋朝改现名，现存建筑大多为清末所建。乌尤山林木茂密，乌尤寺隐于竹木之中，山上亭阁错落，环境清幽（图4-3-23）。

④ 江苏省灵岩山灵岩寺

灵岩寺位于江苏苏州木渎镇灵岩山山顶，东晋陆玩舍宅为寺。寺之东院为塔院，灵岩塔始建于南北朝梁天监年间（502~519年），重建于南宋。寺之西院有春秋时期吴王馆娃宫遗迹，山顶花园中保存大井两口。灵岩寺塔于20世纪70年代修缮后重现出宋时旧貌，成为灵岩山标志（图4-3-24）。

⑤ 江苏省狼山广教禅寺

江苏南通南郊长江之滨五座小山之一的狼山，海拔107m，全山建有寺观5座，主体广教禅寺占两座，其支云塔院（含主要建筑圆通宝殿与支云塔）位于山巅，紫琅禅院位于山下。广教禅寺始建于唐总章二年（669年），北宋增建支云塔，现存建筑大部分建于清朝。广教禅寺亭台楼阁穿插布置，风景秀丽，狼山与长江山水相依，支云塔是长江江面的地标之一（图4-3-25）。

⑥ 山东省蓬莱市丹崖山蓬莱阁

山东蓬莱市西北丹崖山上分布有6座道观，其中蓬莱阁位据丹崖山山巅。蓬莱阁始建于宋嘉祐六年（1061年），明清两朝均加以增建和修缮。盛传有两个传说故事发生在蓬莱阁：其一，秦朝徐福受秦始皇之遣去东海求仙丹即从蓬莱乘船出海；

其二，著名的神话故事"八仙过海"的八位神仙也是从蓬莱施法飘过大海。蓬莱依山傍海，山光水色堪称一绝，殿阁建筑又若凌空而立于海雾飘渺之中，蓬莱阁遂获得"仙境"之称（图 4-3-26）。

山巅式宗教名胜还有：江西省三清山（德兴县少华山）三清宫；浙江省兰溪县白露山白露寺；浙江省莫干山天池山天池寺；江苏省扬州市蜀岗中峰大明寺；江苏省苏

图 4-3-13　云南鸡足山

图 4-3-14　四川峨眉山金顶华藏寺

图 4-3-15　陕西华山西峰峰顶翠云宫

图 4-3-16　湖北武当山天柱峰金殿

图 4-3-17 山东泰山玉皇顶玉皇庙

图 4-3-18 安徽九华山摩空岭百岁宫

图 4-3-19 湖南衡山祝融峰祝融殿

图 4-3-20 甘肃崆峒山山巅寺观

图 4-3-21　四川凌云山凌云寺与大佛　　　　　　　　　　　图 4-3-22　浙江雪窦山雪窦寺千丈岩

图 4-3-23　四川乌尤山乌尤寺　　　　　　　　图 4-3-24　江苏灵岩山灵岩寺

图 4-3-25　江苏狼山广教禅寺　　　　　　　　图 4-3-26　山东丹崖山蓬莱阁

州市虎丘山云岩寺；山西省洪洞县霍山广胜上寺等。

2）山麓式与谷地式（合称山麓谷地式）（含山腰）寺观园林

选择山巅布点寺观，利于突出仙境观念，但寺观位处山巅，供水困难，供食不便，故多半寺观园林须另觅吉地，寻求之法唯依风水术。典型的吉地乃指背山面水、负阴抱阳、明堂宽敞、山水兼备的山麓山谷，这样的吉地亦吻合生态观和经济观。山麓式寺观园林取宁静清雅之利，层叠曲折之巧。两山之谷为山谷，山谷地平而宽阔，泉溪汇集，水源丰足，林木繁茂，野花飘香，谷地式寺观园林幽深而秀雅。自然景观型寺观园林中，以山麓谷地式寺观园林的分布面最广，所占比例最大。

具代表性的山麓谷地式寺观园林有：

① 陕西省终南山老子说经台（楼观台）

位于陕西省西安市周至县终南山的老子说经台（楼观台）是中国历史最久远的山麓式宫观园林。终南山为道教发祥地之一。据传，东周楚康王时，天文星象学家尹喜为函谷关关令，于终南山中结草为楼，每日登草楼观星望气。一日忽见紫气东来，吉星西行，他预感必有圣人经过此关，于是守候关中。《周至县志》如此记载："相传春秋末道家尹喜，曾为函谷关尹，在此结草楼而居，观星望气，……见有紫气从东而来，……果然老子退隐入秦，……驾青牛薄板车到关，尹喜迎入官舍，北面而师事之，……尹喜遂请入故居楼观，……老子并在楼南高岗筑台授经，……着《道德经》五千言，传于尹喜，传道授法，尹喜行其旨。"老子在楼观高岗筑台授经，楼观位于终南山北麓，海拔580m。因楼观犹如竹海松林中浮起的方舟，又称楼观台。秦皇嬴政、西汉武帝刘彻均至楼观修建祠庙祭祀老子，之后楼观逐渐形成规模，故史称楼观为中国道教最早的宫观。楼观即是老子讲学之地，于是楼观成了"天下道林张本之地"，被尊称为道教祖庭和发祥地。魏晋南北朝时期北方名道云集楼观，增修殿宇，开创了楼观道派，楼观道派不受后来出现的"三清"说影响，一贯尊奉老子为道教唯一教祖，老子殿始终是中心殿宇，老子《道德经》是当然的根本经典，保持了道教具备根基的信仰与原始宗旨，这种维护精神十分可贵（图4-3-27、图4-3-28）。楼观台的名胜古迹，现存上善池、百竹林、说经台、炼丹炉、吕祖洞、仰天池、栖真亭、化女泉、古塔、老子墓及宗圣宫、会灵观、玉真观、玉华观等遗址。

② 山西省五台山佛光寺

山西省五台山佛光寺是中国保存最好的、最古的山麓式佛寺园林。佛寺基地东、南、北三面环山，唯西向开阔，故置正殿坐东朝西，创造东西向中轴线，是实施"因地制宜"规划思想的最早案例之一。佛光寺始建于北魏孝文帝元宏时期（471～499年），毁后于唐大中十一年（857年）重建东大殿（正殿），寺区苍松翠柏作对称配植，清幽静谧（图4-3-29、图4-3-30）。

③ 山东省方山灵岩寺

位于山东济南长清区万德镇的方山又名灵岩山，是泰山十二支脉之一，景色壮美，主峰海拔668m。灵岩寺位于灵岩山山麓幽谷内，始建于东晋，重建于北魏孝明帝正光元年（520年）。全寺以天王殿、大雄宝殿[始建于北宋崇宁、大观年间（1102～1110年）]，至五花殿的对称轴线空间为中心，四周分布韦陀院、千佛殿、御书阁、方丈院、观音堂、辟支塔、十王殿、墓塔院等建筑组群。因寺史久远，保存古物特别多，有北魏的石窟造像、宋朝的辟支塔和泥塑罗汉像（被誉为"海内第一名塑"）、明朝重建的千佛殿、北魏以降历朝的摩崖石刻和墓塔塔林等。灵岩山石中含窍多甘泉，冒出于灵岩寺内外的名泉有卓锡泉、万盛泉、白鹤泉、双鹤泉、甘露泉、袈裟泉、檀抱泉与飞泉。灵岩山拥有丰富的动植物资源，特别是中药材资源，保留在灵岩寺内的有汉柏、唐槐、宋银杏、摩顶松、鸳鸯檀、龙凤檀等古树名木。灵岩寺是中国北地自然人文复合景观型佛寺园林的著名实例之一（图4-3-31～图4-3-33）。

④ 河南省嵩山少林寺

南北朝时期天竺僧人跋陀至中原，受北魏孝文帝敬重，跋陀"性爱幽栖，林谷是托"，自北魏迁都洛阳，便常栖于河南登封嵩山少室山的密林之中，孝文帝特地为跋陀于少室山营建少林寺。之后南天竺僧人菩提达摩至魏地，在少林寺一石洞中面壁苦修9年，创立达摩宗。少林寺位处嵩山西麓竹林茂密的少室山五乳峰下，周围山峦环抱，形成天然屏障。唐朝最盛时的少林寺拥有土地多达14000多亩，寺基500多亩，寺庙建筑5400多间，僧人2000多名。少林寺包含佛寺本部、初祖庵、达摩洞、墓塔塔林等多个景点，开启北地自然人文复合型佛寺园林之门，影响深远（图4-3-34）。

⑤ 湖北省玉泉山玉泉寺

湖北当阳玉泉寺位于玉泉山山麓，创建于隋开皇年间（581～600年）。玉泉山又名覆船山，海拔400m，山上植被丰满，遍地奇花异草，玉泉寺的自然景观也以奇洞怪石、曲溪名泉，以及培育罕见的并蒂莲花而盛得赞誉。唐朝时，玉泉寺获"天下丛林四绝"之一的称号。明朝全寺规模扩大，全寺殿宇有9楼、18殿，以北宋嘉祐六年（1061年）所建棱金铁塔和由72根楠木大柱所支撑的明朝大雄宝殿最为珍贵。

⑥ 浙江省天台山国清寺

浙江台州天台山国清寺位于五峰山麓。相传，南朝陈宣帝太建七年（575年），高僧智顗结茅天台山，宣帝为之敕建修禅寺。寺废后，于隋开皇十八年（598年）重建，隋炀帝杨广赐国清寺寺额。之后多次损毁又重建重修，清雍正十二年（1734年）再奉敕修建，并保留下较多部分。作为中国天台宗祖庭的国清寺，深藏密谷，规模宏大，环境清幽，山水秀丽，层林染翠，植被丰茂，"五峰层叠郁苕绕，双涧回环锁佛寮"。全寺殿宇房舍600余间，置四条中轴线，寺内寺外的建筑与园林景观深蕴古意，有隋塔、隋梅、古樟、古柏、古泉（锡杖泉）、元雕楠木罗汉、塔院、鱼乐园、扑树林、摩崖石刻（王羲之、柳公权、黄庭坚、米芾、朱熹的摩崖手迹）、碑刻、古桥（丰干桥），是一座经典的历史文化古刹古园。

⑦ 江苏省栖霞山栖霞寺

江苏省南京栖霞山分中峰、东峰、西峰三支，栖霞寺位于海拔 313m 的中峰西麓。栖霞寺始建于南北朝南齐永明元年（483 年），由隐士明僧绍舍宅为寺。历史上几易其名，最初南朝时称栖霞精舍，唐朝改名功德寺，增建殿宇，有楼阁 40 余所，宋朝起始名栖霞寺。清朝后期毁于火，现存建筑大部分为清末重建。栖霞寺保存有隋朝舍利塔和唐朝碑刻，寺后山崖上千佛岩的摩崖造像始凿于南朝齐梁时期，现保留有佛龛 294 个、佛像 515 尊，金碧辉煌的千佛岩当时与山西大同云冈石窟齐名。栖霞山上枫树成林，栖霞寺的"栖霞红叶"是南京著名胜景之一（图 4-3-35 ～图 4-3-39）。

⑧ 浙江省灵山保国寺

浙江宁波洪塘镇保国寺似始建于南北朝时期，初名灵山寺，唐广明元年（880 年）重建，改现名，保留有唐朝经幢。现存大雄宝殿重建于北宋大中祥符六年（1013 年），属江南保存最完整、最古老的木结构建筑。保国寺位于灵山山腰，山上植被茂盛，寺内山泉清冽，寺侧溪水积池，山际亭台相望，是保持旧时状态较好的著名宗教名胜之一。

⑨ 江西省庐山东林寺

东晋僧人慧远（334 ～ 416 年）于东晋太元六年（381 年）入庐山，创立净土宗，慧远所居屋舍名为"龙泉精舍"，状如私家的山居别墅，之后得江州刺史桓伊之助改建为东林寺。东林寺位处庐山幽谷中，周围群山密林，犹若绿屏。佛寺面对香炉峰，寺前溪水回流，有虎溪、东泉与莲池，殿侧曲径通幽处有一眼聪明泉，四季不涸。寺内古树参天，保留有慧远亲栽罗汉松（树龄 1600 岁），另有千年古樟、佛手樟、宋朝柳树、元朝檀树，因置禅林，故森树烟凝。东林寺开创了中国自然人文复合景观型佛寺园林的先例（图 4-3-40）。

⑩ 江西省百丈山百丈寺

唐朝天宝至元和年间（742 ～ 820 年），高僧马祖道一与百丈怀海师徒两禅师创立禅门规式，又称"百丈清规"，并选择江西洪州新吴境内（现宜春市奉新县）大雄山百丈岩（亦称百丈山）山麓创建百丈寺，实施佛教的"十方丛林制"。百丈寺背靠海拔 1200m 的百丈山，面对大田，满山翠竹掩映，清流淙淙，还耕植茶园等农林经济，以便执行"一日不做，一日不食"的农禅佛教规制，开创百丈山丛林模式的自然人文复合型佛寺园林。百丈寺曾经多次损毁和重建，保留的殿堂简朴无华（图 4-3-41 ～ 图 4-3-43）。

山麓谷地式寺观园林尚有：浙江杭州灵隐寺，宁波天童寺；浙江省天目山禅源寺；江西贵溪龙虎山龙虎观，新建县西山万寿宫；山东崂山太清宫；湖南衡山福严寺；天津盘山盘谷寺；北京寿安山十方普觉寺、香山碧云寺、马鞍山戒台寺、潭柘山潭柘寺；浙江省天目山禅源寺；山西交城县玄中寺，高平县游仙寺；江苏南京灵谷寺；福建莆田凤凰山广化寺；河南登封永泰寺，镇平县菩提寺；湖南长沙岳麓山麓山寺；广东梅县阴那山灵光寺；广西全州湘山湘山寺等。

图 4-3-27　陕西终南山老子手植银杏

图 4-3-28　陕西终南山老君上善池亭

图 4-3-29　山西五台山佛光寺唐东大殿

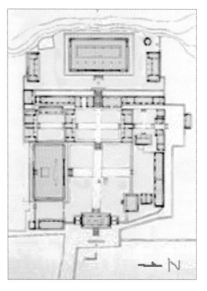

图 4-3-30　山西五台山佛光寺唐东大殿平面

图 4-3-31　山东方山灵岩寺鸟瞰

图 4-3-32　山东方山灵岩寺

图 4-3-33　山东方山灵岩寺汉柏

图 4-3-34　河南嵩山少林寺鸟瞰

图 4-3-35　江苏栖霞山栖霞寺鸟瞰

图 4-3-36　江苏栖霞山栖霞寺山门与放生池

图 4-3-37　江苏栖霞山栖霞寺大殿

图 4-3-38　江苏栖霞山栖霞寺舍利塔

图 4-3-39　江苏栖霞山栖霞寺石窟

图 4-3-40　重建后的江西庐山东林寺

图 4-3-41　重建后的江西百丈山百丈寺

图 4-3-42　"一日不做，一日不食"的农禅佛教规制

图 4-3-43　江西百丈山百丈寺环境

3）悬崖峭壁式寺观园林

大量非主体寺观的布点位置，其选择面更宽阔。宗教圣地表达"仙境观"的另一理想物叫做"空中楼阁"。建于悬崖峭壁，一边峭壁耸峙百仞，一边悬崖面临深壑，加之基地狭窄，形势特别险要。建殿堂于半悬崖深壑、半嵌岩壁者称之悬崖式，建楼阁于紧贴百仞峭壁者称之峭壁式。殿堂楼阁同与之融为一体的山体与植被共同组成悬崖峭壁式寺观园林，从而展现"空中楼阁"的现实形态。

具代表性的悬崖峭壁式寺观园林有：

① 山西省恒山悬空寺

恒山悬空寺始建于南北朝北魏太和十五年（491 年），历朝重修，此寺以兼容佛、道、儒为特色。殿宇建于崖壁凹陷处，高悬于水面之上 50m～59 m，在有限的空间内，巧妙地安置了山门、钟鼓楼、大殿、配殿、朵殿、经阁等 18 座建筑，借助栈道、石窟有机地联系起来，使之浑然一体。"半天高，三根马尾空中吊"，并以栈道式结构斜撑加固，展现"空中楼阁"意境，达到似真似幻境界，为悬崖式寺观园林的经典作品（图 4-3-44）。

② 浙江省大慈岩悬空寺

浙江建德境内的大慈岩海拔 586m，主峰挺拔峻峭，外观若一天然石佛，高约 150m。元大德年间（1297～1307 年）因佛建寺，寺殿僧舍傍岩而建，半嵌岩壁，半架悬崖，呈悬空寺形式，被称为"江南悬空寺"（图 4-3-45）。

③ 云南省西山三清阁悬空观

昆明滇池一侧的西山由群山组成，其太华山山南的罗汉山，因外廓形似大肚弥勒，故以罗汉取名，山麓建有罗汉寺。明正德、嘉靖年间（1506～1566 年）在罗汉寺旧址上，倚悬崖峭壁构筑 9 层 11 阁道的道观建筑群，名三清阁。三清阁层叠镶嵌于绝壁之间，形似悬空寺状，应名之"悬空观"。

④ 四川省乐山大佛楼阁

乐山大佛楼阁背依高山，面临大江，据《嘉州凌云寺大弥勒石像记》碑所载，乐山大佛石刻雕像真实名称是"嘉州凌云寺大弥勒石像"。弥勒佛即未来佛，能带来光明和幸福，修大佛是用来镇水。大佛通高 71 米，佛像雕刻成后，曾建有楼阁覆盖，唐朝名"大佛阁"，宋朝重建名"天宁阁"，元朝重建名"宝鸿阁"，明清两朝均再建，最终均废。楼阁原高 7 层 13 檐，高度超过 71m，是峭壁式雕塑型寺观园林的代表作品（图 4-3-46）。

⑤ 河北省苍岩山福庆寺

河北井陉县苍岩山福庆寺原名兴善寺，始建于隋朝，因隋炀帝长女出家于此而建。苍岩山有"太行群峰唯苍山"之盛名，山区危崖耸立，峡谷幽深，飞瀑高悬。福庆寺隐藏于断崖峭壁间，架桥楼飞渡，寺内古柏苍劲，地区名贵树种白檀树形态奇特，山门前白鹤泉涌出，并流向寺内沟渠，是自然与人文景观和谐组合的峭壁式寺观园林（图 4-3-47、图 4-3-48）。

⑥ 湖北省武当山南岩宫

武当山南岩宫始建于元朝，名天乙真庆万寿宫，明初重建，清末大部分又毁，保存下元朝石殿与明朝南天门、两仪殿，其嵌入山体的殿阁建筑犹如岩石的连体物，与岩顶林木共同组成一幅经典的峭壁式寺观园林胜境图。

⑦ 河北省凤凰山娲皇宫

河北涉县凤凰山山顶上的娲皇宫始建于南北朝北齐，供奉中国神话女神女娲皇圣母像，现保留有北齐的石窟与摩崖石刻，余均为清式建筑。娲皇宫主体建筑为三层楼阁，配殿置钟鼓楼、梳妆楼与迎爽楼，建筑群背依悬崖，立于石拱券结构的高台上。三层楼阁以 8 根铁链拴于深埋山壁的 8 个"拴马鼻"上，故得"吊庙"之称。深嵌于山壁的娲皇宫在满山绿树包裹下如一幅壁画（图 4-3-49）。

图 4-3-44　山西恒山悬空寺

图 4-3-45　浙江大慈岩悬空寺

图 4-3-46　四川乐山大佛（阁已毁）

图 4-3-47　河北苍岩山福庆寺

图 4-3-48　河北苍岩山福庆寺

⑧ 福建省蓬莱山清水岩岩寺

位于福建泉州安溪县蓬莱山的清水岩岩寺始建于北宋元丰六年（1083年），经历20多次重建、扩建与重修，现保存清乾隆二十六年（1761年）修建时的原貌。蓬莱山清水岩海拔767m，佛寺于海拔500m处依山而建，背靠山崖，面临深壑，危楼曲阁，是又一形式的"空中楼阁"式寺观园林。

⑨ 云南省石宝山宝相寺

位于云南大理剑川县的宝相寺始建于元朝，重建于清康熙二十九年（1690年），位处剑川县石宝山上，故又名石宝寺，此座寺庙兼容佛道两教。石宝山为丹霞地貌，多奇峰异石与险峻悬崖，寺建造在石宝山的佛顶山山顶，背靠峭壁，立于一内凹若窟的大石崖上，遂有"云南的悬空寺"之称。其地盘岩层叠，层层建楼，上层为玉皇阁与弥勒殿，下层为大殿，上下以天梯栈道相通，百步九折，须攀岩扶壁而登，是一座惊险又惊奇的寺观园林（图4-3-50）。

4）寺裹山式寺观园林

位处小山丘的寺观，山为小山，寺为大寺，房舍布满山头，及至山寺合一，殿宇层叠，林木相映，组成一寺或一观独据的寺裹山式寺观园林。寺裹山式寺观园林取一寺独占之利，得风格统一之便。

具代表性的寺裹山式寺观园林有：

① 江苏省南京市古鸡鸣寺

南京市古鸡鸣寺位于玄武湖旁，北极阁山东麓，始建于南朝梁普通八年（527年），原名同泰寺，殿阁塔楼20余座，规模宏大，盛极一时。毁后重建，规模日益缩小，明初再建，呈复兴之势，更名鸡鸣寺，清朝降为香火道场，一度更名观音楼。北极阁山高62m，山体浑圆，佛寺殿堂依山而建，建筑古朴，古树浓荫，环境幽雅（图4-3-51）。

② 江苏省镇江市金山寺

金山寺始建于东晋，原名泽心寺，清康熙赐字"江天禅寺"，但自唐以来通称金山寺。金山寺位据金山，因山得名。金山海拔44m，原是长江江边一孤岛，有"江心一朵芙蓉"的美誉，至清道光年间（1821~1850年）才开始与陆岸相连。金山寺各式楼堂殿阁依山而建，包裹全山，形成"只见寺院不见山"的景象。金山山巅耸立楼阁式木塔一座，名慈寿塔，始建于南朝齐梁年间，多次损毁，于清光绪二十年（1894年）重建，为金山标志。山水间蕴藏的"天下第一泉"、古法海洞、白龙洞等，都各自拥有一篇生动故事。

③ 山西永济县普救寺

永济普救寺始建于唐，重修于明，佛寺位据名为峨眉塬的小山丘，其地不宽，寺院建筑布置于三条轴线上：中轴线自天王殿（依次为菩萨洞、弥陀殿、罗汉堂与十王堂）至藏经阁；西轴线为山门（依次为大钟楼、塔院回廊、莺莺塔）至大佛殿；东轴线为前门（依次为僧舍、枯木堂、正法堂）至斋堂。发生《西厢记》故事的"梨花深院"位处西轴之东侧，寺院西部的后花园里配置听蛙亭、击蛙台等园林小品建筑（图 4-3-52）。

5）洞府式寺观园林

中国山岳的山体多洞窟，僧人道士中有出奇想者将寺观殿舍修造于洞窟中，寺观与山体组成洞府式寺观园林。洞府式寺观园林借地形之利，呈现若隐若现之妙。

具代表性的洞府式寺观园林有：

① 山西绵山抱腹岩抱腹寺

洞府式寺观园林的岩洞以山西绵山抱腹岩容积最大。山西介休市的绵山为纪念春秋时晋国介子推，又称介山。西汉时已尊奉介子推为道家神灵，建有介子推祠。山内藏有彭祖、汉钟离、吕洞宾、陈抟等道教先贤的修行洞 10 余处，是国内最古老的道家养生地之一。绵山又尊空王佛，有传说唐太宗李世民之妹长昭公主曾于介山礼佛并修行多年，故介山是最早的佛道融合的宗教圣地之一。绵山最高海拔2560m，自唐至清，佛道共盛，遍山寺观，惜抗日战争期间被日寇大批焚毁，现存建筑大半为近年修复。抱腹岩洞内建抱腹寺，又名云峰寺，是绵山保存较完整的古寺。抱腹岩洞长 180m，高 60m，深 50m，内部建殿宇禅房 200 余间，高二层，以凌空廊道相接，寺内供奉道教所尊的介子推、佛教所尊的空王佛。抱腹岩下一泓清泉，终日不息（图 4-3-53）。

② 江西庐山仙人洞

庐山锦绣谷南侧一峭壁形如手掌，名"佛手岩"，峭壁下幽幽一天然岩洞，传说是"八仙"之一的吕纯阳修道成仙处，遂名"仙人洞"。昔日毛泽东主席有诗曰："暮色苍茫看劲松，乱云飞渡仍从容。天生一个仙人洞，无限风光在险峰"，即指此洞。洞高 7m，深约 14m，洞深处石壁上有泉水下滴，终年不竭，名"一滴泉"。洞中置一石构小殿，内立吕纯阳石像，洞壁有摩崖石刻，洞外劲松苍茫，风光无限（图 4-3-54）。

③ 甘肃省仙人崖西庵与东庵

天水市仙人崖清幽绝俗，山腰藤萝掩藏天然洞穴，形状怪异。西庵洞穴长90m，深 10 余米，洞穴内起平台，建殿宇楼阁 14 座，共 36 间。东庵长 70m，深8m，洞穴内建莲花寺，旁侧有僧舍，山崖上古柏森郁，野花飘香。

④ 广东省飞来寺飞霞洞

广东省清远县飞来寺飞霞洞洞中建飞霞观、福寿居、康宁所、圣真殿、弥勒佛殿、无极金母殿等殿宇，体现三教合一的理念。

图 4-3-49　河北凤凰山娲皇宫

图 4-3-50　云南石宝山宝相寺

图 4-3-51　江苏南京鸡鸣寺

图 4-3-52　山西永济普救寺

图 4-3-53　山西绵山抱腹岩抱腹寺

图 4-3-54　江西庐山仙人洞

6）滨水式（包括溪流式、岛屿式）寺观园林

中国东、南沿海各省，内陆大地多江河，山地丘陵多溪流，江湖中则时有浮山孤岛散布。寺观建于溪河之间、江海之滨、浮山之上，形成滨水式寺观园林。古时江南地区河网发育成熟，水路便于陆路，使寺观常临近河道而设，见之上海龙华寺、上海静安寺、苏州虎丘灵岩寺、苏州寒山寺、镇江金山寺、甪直保圣寺、温州江心寺等。滨水式寺观园林得水陆两际交互之便、山光水色相映之妙。

具代表性的滨水式寺观园林有：

① 江苏省苏州市寒山寺

寒山寺始建于南北朝梁天监年间（502～519年），重建于清光绪年间，位于苏州城西古运河畔枫桥古镇。临河而建的寒山寺因一首脍炙人口的唐诗《枫桥夜泊》而名满中外（图4-3-55、图4-3-56）。

② 福建省武夷山武夷宫（冲佑万年宫）

武夷宫始建于唐天宝年间（742～755年），南唐保大二年（944年）移建于九曲溪（图4-3-57）第一曲溪之畔大王峰南麓，兼备山水之美，是滨水式寺观园林的经典实例之一（图4-3-58）。

③ 广东省罗浮山冲虚观

冲虚观始建于东晋咸和五年（330年），东晋名道葛洪也是当时著名的药物学家，隐修于广东惠州罗浮山冲虚观修道炼丹。罗浮山为道教十大洞天之第七洞天，七十二福地之第三十四福地，属亚热带季风气候区，雨量充沛，多飞瀑名泉，植物茂密，盛产药用植物与各种水果。冲虚观背靠海拔1296m的罗浮山，前临白莲湖，是山水组合秀丽风光之最佳一实例（图4-3-59）。

④ 安徽省巢湖市巢湖中庙

巢湖中庙立于巢湖北岸延伸至湖面的巨大石矶上，石矶形似飞凤，称之凤凰台。据传中庙始建于东汉，屡废屡修，元大德初年（1297年）重建，明正德年间（1506～1521年）重修，清末再修。中庙整体形似一大船，庙舍共70余间，有杰阁、拜殿、亭、栏榭，前低后高，以三层藏经阁压尾，阁四角飞檐，四面开窗。巢湖中庙是滨水式寺观园林最具代表性的一例（图4-3-60）。

⑤ 江苏省甪直镇保圣寺

保圣寺始建于南北朝梁天监二年（503年），以保留下唐朝所塑十八罗汉像而得盛名。保圣寺所在的甪直镇是一座典型的江南水乡古镇，全镇河道纵横若网，桥梁密度之高为全国之最，房屋皆沿河而建。保圣寺面向河道，内部庭院清幽，千年银杏成荫，百年枸杞成景。

⑥ 福建省湄州岛妈祖庙

湄州岛妈祖庙被尊为妈祖祖庙，始建于北宋雍熙四年（987年），经多次重建扩建，规模庞大，依山势而立，纵深300余米，建筑群全宽99m，前后高差40余米，台阶320级。全庙面向大海，山水相接，水天一色（图4-3-61）。

⑦ 浙江省温州市江心寺

温州市瓯江中心江心屿江心寺内有殿、塔、亭、榭、假山，寺周云水环绕，古木参天，是一处盆景式的寺观园林（图4-3-62）。

2．自然景观型寺观园林的空间布局结构分解

1）层次、轴线与轴线空间

属于自然景观型寺观园林体系的宗教圣地与宗教名胜，其佛寺道观园林的布局结构分两个层次：寺观本部为第一层次；周围自然环境为第二层次。

（1）第一层次

宗教圣地与宗教名胜的主体寺观本部为第一层次，其选址与布局不游离于中国

图4-3-55　江苏苏州寒山寺

图4-3-56　江苏苏州寒山寺前临运河

图4-3-57　福建武夷山九曲溪

图 4-3-58 福建武夷山武夷宫

图 4-3-59 广东罗浮山冲虚观临白莲湖

图 4-3-60 安徽巢湖市巢湖中庙

图 4-3-61 福建湄州岛妈祖庙面向大海

图 4-3-62 浙江温州江心寺在瓯江中心

古代建筑的传统模式，以一条中轴线制衡建筑与庭园（院）的方位与组合。所以，这条线性轴线是一条可感知的实在的轴线，称之"实轴"。按中国古代建筑设计传统，轴线空间惯常采取均衡对称的布局形式。

具代表性的按中轴线布局的寺观园林有：

① 山西省运城市解州关帝庙

解州关帝庙始建于隋开皇九年（589 年），宋大中祥符七年（1014 年）重建，毁后于清康熙四十一年（1702 年）再建，以街道为界，街南为结义园，园内桃林繁盛；街北为宫殿式正庙。正庙轴线三道，中轴线的轴线空间布局严谨，门三重，接木牌坊三座，再内宫墙围绕，前宫主殿崇宁殿，两侧钟鼓楼；后宫中心春秋楼。东西两轴各有宫室与花园。殿庭内古柏森然，花树穿插，整座宫观既气势磅礴，又氛围悠然（图 4-3-63）。

② 河南省洛阳市白马寺

洛阳白马寺是中国最早创建的佛教寺院，以东汉时期官署为原型，典型的四合院模式，严格的中轴线对称布局，规整的院落与优质浓密的庭院绿化相组合，是一座经典的庭院式景园型佛寺园林（图 4-3-64）。

③ 江苏省苏州市寒山寺（图 4-3-65）。

④ 河南嵩山中岳庙（图 4-3-66）。

（2）第二层次

主体寺观园林与分散在周围自然环境之中的各座寺观园林，犹若自然风景区内的各单个风景点，其布局结构整体上所显现的是相似于中国古典的"园中有园"格式。定位主体寺观园林和制衡各座园林单体的方位与组合，其要点是虚设一条自入口至主体寺观园林间遥相呼应，而视觉上并不直接贯通的轴线，称之"虚轴"。虚轴之设，在强化自然景观型寺观园林的整体感、方向感与序列感的同时，不受限定性束缚的按游览路线展开的轴线空间，保证了游览过程自始至终的舒畅性。

实例：

① 四川青城山虚轴（入山门坊—上清宫）（图 4-3-67），详见第五章第二节"青城山"。

② 湖北武当山虚轴（入山门坊—金殿）（图 4-3-68），详见第五章第三节"武当山"。

③ 四川峨眉山虚轴（报国寺—万年寺—金顶）（图 4-3-69），详见第六章第二节"峨眉山"。

2）适应地形高差的应变之法

山区地形有坡地，有台地，有险地，坡地又有缓坡、陡坡之别。故于山区建园

图 4-3-63 山西运城解州关帝庙中轴线

图 4-3-64 河南洛阳白马寺中轴线

图 4-3-65 江苏苏州寒山寺中轴线

图 4-3-66 河南嵩山中岳庙中轴线

图 4-3-67　四川青城山虚轴
（入山门坊—上清宫）

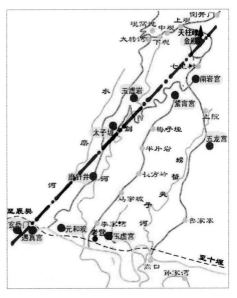

图 4-3-68　湖北武当山虚轴
（入山门坊—金殿）

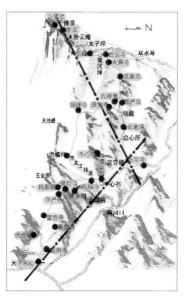

图 4-3-69　四川峨眉山虚轴
（报国寺—万年寺—金顶）

必遇高差问题。至若滨水地带，更有水际陆间的高差问题。如必须在以上地点建园，则不能呆板固守中国古代建筑的传统模式，需要随机应变，中国寺观园林创造了不少应变之法，应变的空间布局方案可概括为 8 种格式：

（1）分层筑台，灵活布置踏级。

中国传统的、规整的、中轴对称的轴线空间布局极符合宗教所要求的庄严神圣气氛，而在坡地建屋，必须分层筑台，各层台地间踏级的安排则须视台地相对高差而定，常见的处理方式有：

① 主要踏级设于中央轴线部位，两侧配殿前另设踏级作为辅助交通，实例见浙江天台山国清寺、杭州灵隐寺。

② 轴线部位平台重叠，不设踏级，以两侧配殿前的踏级作为主要通道，实例见宁波天童寺（图 4-3-70、图 4-3-71）。

③ 踏级设于轴线部位，通过斜廊形成穿殿式，实例见宁波保国寺、嵩山老君洞（图 4-3-72、图 4-3-73）。

④ 遇陡坡，于轴线与两侧各设置不同坡角的踏级，实例见四川青城山，图4-3-74 中所示中央为直通式踏级（坡角大），两侧改为迭落廊式踏级（坡角稍小）。

（2）主体部分的轴线空间循中国传统的对称布置形式，其他部分随地形地势采取非对称的，或自由式布置形式，并且主体对称部分的中轴线不拘于南北朝向。

实例：

① 山西省太原市晋祠

晋祠原为纪念周武王次子叔虞所建的祠庙。南北朝北齐天保年间（550～559 年）与唐贞观二十年（646 年）两次扩建，北宋太平兴国九年（984 年）建正殿（供奉唐叔虞），天圣年间（1023～1032年）建圣母殿（供奉叔虞之母邑姜）。之后，又经金、明、清诸朝的扩修，形成集建筑、园林、雕塑艺术为一体的著名宗教名胜之一。晋祠位于悬瓮山麓、晋水源头，"际山枕水"，难老、善利二泉流经全祠。以圣母殿（旁有周柏）与鱼沼飞梁组合的轴线空间，同金人台、对越坊、献殿、钟鼓楼一起组成轴心，两条溪流两侧结合地形自由和谐地布置文昌宫、东岳祠、关帝庙、三清祠、唐叔虞祠、奉圣寺（旁有隋槐）、待风轩、三台阁、读书台、吕祖阁、胜瀛楼、三圣祠、真趣亭、难老泉亭、水母楼和公输子祠等殿阁楼台，组合成环境幽雅、风景秀美、经典的溪流式寺观园林（图4-3-75～图4-3-78）。

② 江苏省苏州市寒山寺

苏州寒山寺始建于南朝萧梁天监年间（502～519年），初为庵院，唐贞观年间创建伽蓝，题额寒山寺。北宋时建佛塔。千余年间多次遭火毁，最后于清末重建。寒山寺以天王殿、寒拾殿、大雄宝殿、普明宝塔组成轴线，两翼庭园式布置法堂、藏经楼、罗汉堂、钟楼、枫江楼、寒拾亭、碑廊等殿堂亭阁；寒拾泉、和合泉、鱼池穿插其间，全寺花木茂盛，多次重建形成灵活的布局，具鲜明特色（图4-3-79～图4-3-83）。

③ 江苏省苏州市虎丘山

虎丘山原名海涌山，春秋时期吴王阖闾葬地，改名虎丘山。东晋司徒王询、王珉两兄弟于咸和二年（327年）舍宅为寺，始建虎丘山寺。唐会昌五年（845年）毁，五代后周显德六年（959年）重建，名云岩寺。据记载，南宋时云岩寺规模宏大，殿阁塔楼整体呈"寺裹山"格局。后多次遭毁，仅存五代的云岩寺塔与元朝的二山门。虎丘山先墓后寺，寺与塔位据山巅，成虎丘山核心。虎丘塔与二山门组成中轴线，山上周围尚有剑池、第三泉、憨憨泉、试剑石、白莲池、千人石等自然胜迹，以及晚清的拥翠山庄和精致的园林建筑（通幽轩、冷香阁、致爽阁、放鹤亭、涌泉亭等）（图4-3-84～图4-3-87）。

④ 四川省广元市乌尤山皇泽寺

皇泽寺位处嘉陵江畔，乌尤山东麓，与皇泽寺摩崖造像组成窟庙式石窟寺。窟初凿于北魏，佛寺创建于唐朝，是武则天祀庙，沿中轴线建二圣殿、则天殿与大佛楼窟檐等主体建筑，两翼随地形不规则地错落配置亭阁等配套建筑。

（3）变动轴线方位，路径随地形转折。

实例：

① 浙江省杭州市韬光寺

韬光寺寺基狭窄陡峭，因地制宜分层筑台，五座殿堂立地错落，轴线方位相异，蹬道走向曲折（图4-3-88、图4-3-89）。

② 四川省乐山市乌尤寺

乌尤山山顶地形不规则，殿堂随机而建，轴线随势而变更方位（图4-3-90、图4-3-91）。

③ 江苏省连云港市花果山三元宫

"天、地、水"为三元，三元宫祀奉三官（天官、地官、水官）大帝。东晋时期已有三元信仰，三元宫始建于唐，重建于宋，敕赐三元宫门额并扩建于明，宫前两株千年古银杏可证其久远历史（图4-3-92、图4-3-93）。

（4）寺观园林或规模庞大，或多次扩建，形成多轴线组合格局。

实例：

① 江苏省金山江天寺

金山寺又名江天寺，位于江苏镇江金山。金山寺的各式楼堂殿阁依山而建，由天王殿、大雄宝殿与藏经阁组成全寺中轴线的轴线空间，方丈室、禅堂、观音阁、夕照阁、慈寿塔、楞伽台、妙高台等其他主要殿阁台塔错落布置于两侧与背面，多道轴线或平行，或交叉，还有散布于山麓的法海洞、白龙洞、古仙人洞、朝阳洞等天然洞穴，形成金山寺复杂的交通路线（图4-3-94、图4-3-95）。

② 江苏省南京市鸡鸣寺

复建后的鸡鸣寺规模与明朝初年相当，包括山门、观音殿、大雄宝殿、豁蒙楼、景阳楼、韦陀殿、弥勒殿、志公台、念佛堂、药师佛塔、藏经楼、法堂、客堂等殿堂楼塔，随地形组成纵横交错的轴线与轴线空间（图4-3-96、图4-3-97）。

③ 山西永济县普救寺

普救寺全寺置三条轴线：中轴线自天王殿（依次为菩萨洞、弥陀殿、罗汉堂与十王堂）至藏经阁；西轴线为山门（依次为大钟楼、塔院回廊、莺莺塔）至大佛殿；东轴线为前门（依次为僧舍、枯木堂、正法堂）至斋堂。大佛殿东侧的梨花深院内曾发生《西厢记》的故事。

（5）正殿居中，其他主体殿宇横向排列。

实例：

浙江省普陀山慧济寺：慧济寺所在地的山顶基地狭窄，只容主殿中轴线呈南北朝向，次要殿宇的轴线空间则变位，呈东西朝向对称展开。

（6）走道位置随势应变。

悬崖峭壁式寺观园林的殿堂多半紧贴山崖构筑，呈横向联排式布置，殿宇前廊或挑廊顺势变成寺内主要信道，信道位置随主次殿堂进深变动而变化，随主次殿堂高低错落而上下变位。实例见湖北武当山南岩宫、北岳恒山悬空寺。

（7）遇坡地，划分院落，调节院落间与各院落内部高差。

实例：

① 山东省泰山王母池

王母池古称"瑶池"，位于坡地，依山临水，长方形总平面构筑三层台基，划分院落二进，院落内再以踏级调节高差。

② 湖北省武当山复真观（太子坡）

复真观位处高岗上部，基地划分为多个院落，院落内建筑物之间再以踏级调节高差。

③ 湖北省武当山金殿

武当山山巅依地势高差分层作台，强势突出主体建筑金殿（图 4-3-102）。

（8）遇高陡地，变动坡角，延长路径长度。

实例：

湖北省武当山复真观（太子坡）：复真观前临山冈陡坡，坡角达 60 度，为便于人们登临，山门内特设廊道，其名"九曲黄河墙"，长 71m，呈蛇形曲折，借以延长坡道长度，降低坡道角度（图 4-3-98~ 图 4-3-101）。

3）塔的视觉导向

在现代建筑界、园林界，从西方开始，盛行空间理论。而这个理论的创始人则是中国古代哲圣老子，老子在《道德经·第十一章》里以辩证论思想指出："埏埴以为器，当其无，有器之用。凿户牖以为室，当其无，有室之用。故有之以为利，无之以为用。"这是老子著名的"茶壶理论"，已成共识，无须解释。"茶壶理论"当然也适用于中国古典园林（包括私家邸宅园林、景园型寺观园林和皇家园林），因就其空间结构特点分析是属于内向型空间结构体系，其观赏的视线均是内向的，其主体建筑或山体的重点突出，也局限在内向空间的内部。超越内向型空间的禁锢，而具备外向型空间功能特征的建筑物，是不断创新的中国古代的楼、阁与塔。黄鹤楼、岳阳楼和滕王阁，这三大楼阁可称是中国风景区内最著名的大型古典楼阁。

中国寺观里的大型楼阁，其主要功能被局限于容纳大型佛像，如四川省乐山大佛天宁阁、陕西省郴县大佛寺大佛窟的崖阁式楼阁、甘肃省敦煌市莫高窟的九层楼崖阁式楼阁、甘肃省天水市麦积山石窟的七佛阁、天津市蓟县独乐寺观音阁和河北省正定市隆兴寺观音阁等。至若在中国寺观园林里确实能担当外向型空间功能特征的建筑物则唯塔莫属。作为崇拜对象的楼阁式塔（包括密檐塔）最初是布置在佛寺的中心位置，如同古印度一样，当作佛来崇拜。而随佛像的出现，佛像成为佛教的主体崇拜对象，塔的地位逐渐降低，塔在佛寺中的位置也慢慢转移，由大殿前面移到大殿后面，再移出中轴线方位。

中国楼阁式塔的原型是中国古典的楼阁，中国古典楼阁的优美造型是创造中国楼阁式塔的基本因子。中国楼阁式塔具有高耸的形体、壮观的形态，故而，既有利于聚集视线，也便于登高远眺，开阔视野，其实用功能得到延伸。为展现塔的这种双重优越性，在中国寺观园林里安排塔的位置，或据于制高点，或位于透视终点，或置于最佳观察点，从而提升成为一种标志性建筑。中国楼阁式塔由某佛寺的标志，进而突显为某风景点的标志，甚至某地域的标志。塔起着视觉导向作用，著名实例有：浙江省杭州市雷峰塔、六和塔；江苏省苏州市虎丘塔、木渎灵岩寺塔，镇江市金山寺塔；河南省嵩山嵩岳寺塔；云南省大理市苍山崇圣寺三塔；山西永济县普救寺莺莺塔；山西省洪洞县广胜上寺琉璃飞虹塔、太原市双塔寺双塔；河北省定州市开元寺料敌塔；福建省泉州市开元寺双塔等。这些构成一组组极具中国特色的园林建筑景观。

实例：

① 河南省嵩山嵩岳寺塔（密檐式砖塔）

嵩山嵩岳寺塔原名闲居寺塔，隋文帝仁寿元年（601年）寺改名嵩岳寺，塔也称嵩岳寺塔。嵩岳寺塔是中国现存最早的密檐式砖塔，总高41m，周长33.7m，底层塔壁厚2.4m，外观轻快秀丽，高矗于山巅，成为嵩山的地域标志（图4-3-103）。

② 云南省大理市崇圣寺三塔（密檐式砖塔）

云南大理南诏国其时相当中原唐初至两宋时期，南诏保和十年（833年）始建崇圣寺，立三塔于苍山应乐峰下、洱海之滨。原崇圣寺规模宏大壮丽，但世事沧桑，寺毁，仅存大小三塔。居中的大塔名千寻塔，为方形密檐式砖塔，高69m，左右两侧小塔为八角形楼阁式砖塔，高42m，三塔鼎峙，成大理地域标志（图4-3-104）。

③ 河北省定州市开元寺料敌塔（楼阁式砖塔）

开元寺料敌塔是中国现存最高楼阁式古塔，八角形平面，塔心与外围砖壁为双筒式结构，外部挑檐，内高11层，总高84m。开元寺塔始建于北宋真宗咸平四年（1001年），建成于仁宗至和二年（1055年），历时55年整。定州位于宋与辽的边界地区，宋朝常借用此高矗入云的塔瞭望敌情，故亦名"瞭敌塔"。清光绪十年（1884年）部分塔身塌落，于1986年全面修复（图4-3-105）。

④ 浙江省杭州市六和塔（楼阁式木塔，砖塔心）

六和塔位于钱塘江畔月轮山山顶，始建于五代吴越国时期（907～975年），南宋绍兴年间（1131～1162年）重建，清光绪二十五年（1899年）修建塔心外围楼阁式木结构外檐。建塔初意为镇压钱塘江江潮，宋朝改名六和塔，取"天地四方"之意。六和塔是钱塘江上航行的标志（图4-3-106）。

⑤ 山西省洪洞县广胜寺琉璃飞虹塔（楼阁式琉璃砖塔）

琉璃飞虹塔位于洪洞县城外霍山山顶的广胜寺，该寺以拥有此塔而得盛名。琉璃飞虹塔始建于明朝嘉靖六年（1527年），明天启二年（1622年）底层增建围廊。此塔为楼阁式琉璃塔，八角形平面，筒形砖结构，外壁嵌砌五彩琉璃配件与琉璃挑檐，内部 13 层，总高 47m。琉璃装饰件与镶嵌件造型精致，色彩斑斓，有佛像、菩萨、力士、盘龙、螭首、卧虎、飞凤、花卉、珍禽奇兽、莲花倚柱与勾栏等，阳光下熠熠生辉。广胜寺琉璃飞虹塔外观富丽优美，高矗于山巅，是国内琉璃塔的代表作品，也是广胜寺的标志（图 4-3-107）。

⑥ 山西省应县佛宫寺释迦塔（木塔）

应县城内释迦塔建于辽朝清宁二年（1056 年），是国内现存唯一全木结构塔。塔位于佛宫寺中轴线中心，南侧山门，北侧大殿，平面布局呈"前塔后殿"状，展现早期佛寺平面形式。塔平面八角形，底径 30m，高 67.3m，外视 5 层，内高 9 层，其中 4 层为夹层，内置斜向支撑，增强塔体刚性，塔经多次地震而无恙，长期处于应县县城的标志地位（图 4-3-10）。

⑦ 福建省泉州市开元寺双塔（楼阁式石塔）

泉州开元寺始建于唐垂拱二年（686 年），初名莲花道场，开元二十六年（738 年）更现名。经南宋绍兴二十五年（1155 年）与明洪武二十二年（1389 年）重建，保留的大殿建于明崇祯十年（1637 年）。大殿东西两侧建有东西两塔，东为镇国塔，西为仁寿塔。镇国塔始建于唐咸通六年（865 年），南宋嘉熙二年（1238 年）重建，高 48.24 m。仁寿塔始建于五代梁贞明二年（916 年），南宋绍定元年（1228 年）重建，高 44 m。重建后的双塔均为仿木结构形式的八角形五层石塔，作为泉州市地域标志的开元寺双塔是国内最高的一对石塔（图 4-3-108）。

⑧ 山西省永济县普救寺莺莺塔（楼阁式砖塔）

普救寺寺内原有始建于唐朝、重建于明朝的楼阁式舍利塔一座，13 层，高 40m，突显于峨眉塬之上。自发生《西厢记》中的故事，并广泛流传之后，为记忆此事，女主角崔莺莺的名字转落于塔，更名莺莺塔。

（二）自然环境

宗教圣地与宗教名胜的宗教活动区域不限于佛寺道观内部，而是扩大至周围宽广的自然环境中。石窟、造像、石刻、经幢、塔，以及某些与宗教典故、神话、传说事件相关联的地点，如真人修炼处、神仙飞仙处等，都视作宗教的崇拜部分。洞穴、洞府、幽谷常被僧人道士选为隐栖修炼之地。茶园、果园、禅林、菜圃、药圃等从属寺观的生产部分。而山水花木等一切自然要素则归入宗教圣地的游览部分。事实证实，宗教圣地与宗教名胜的自然环境内部，与佛寺道观本部一样，同样包含崇拜部分、修持部分、生活生产部分和游览部分，两者显现出全息式般的内涵一致性和神妙之极的对应性，表达出包含宗教圣地与宗教名胜的自然景观型寺观园林是广义的寺观园林的本质。

图 4-3-70　浙江宁波天童寺斜廊

图 4-3-71　浙江宁波天童寺斜廊

图 4-3-72　浙江宁波保国寺穿堂式踏级

图 4-3-73　河南嵩山老君洞穿堂式踏级

图 4-3-74　四川青城山不同坡角的踏级

图 4-3-75　山西太原晋祠鸟瞰

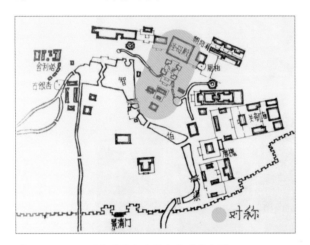

图 4-3-76　山西太原晋祠主体部分对称布置

图 4-3-77　山西太原晋祠主体部分对称布置

图 4-3-78　山西太原晋祠非主体部分园林化自由布置

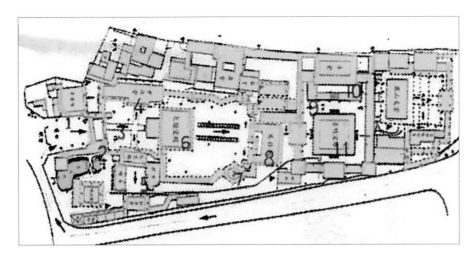

（1.山门夕照；2.天王殿；3.寒拾遗迹；4.罗汉堂；5.大悲殿；6.大雄宝殿；7.钟楼；8.寒拾殿、藏经楼；9.古碑长廊；10.法堂；11.普明宝塔；12.和合福道；13.塔影伴楼）

图4-3-79　江苏苏州寒山寺平面

图4-3-80　江苏苏州寒山寺中轴普明宝塔

图4-3-81　江苏苏州寒山寺听钟石

图4-3-82　江苏苏州寒山寺香花桥

图4-3-83　江苏苏州寒山寺寒拾泉

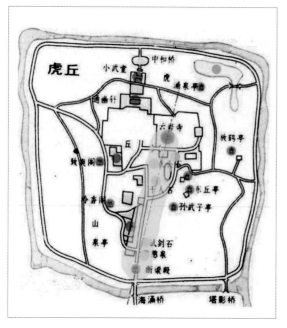

图 4-3-84　江苏苏州虎丘山平面

图 4-3-85　江苏苏州虎丘山中轴线山门与塔

图 4-3-86　江苏苏州虎丘山非主体部分自由布置

图 4-3-87　江苏苏州虎丘山憨憨泉

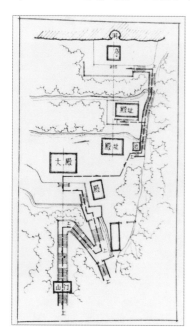

图 4-3-88
浙江杭州韬光寺平面

图 4-3-89　浙江
杭州韬光寺踏级
（轴变位式之一）
（近代部分踏级改
为斜坡）

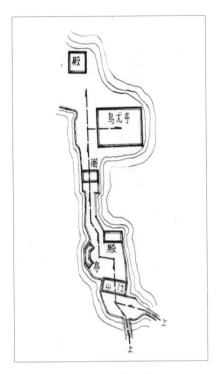

图 4-3-90　四川乐山乌尤寺平面

图 4-3-91　四川乐山乌尤寺通道（轴线变位式之二）

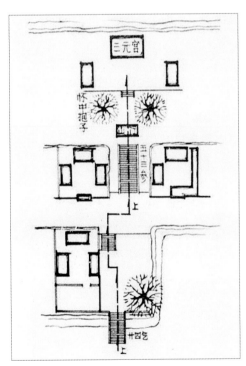

图 4-3-92　江苏花果山三元宫平面

图 4-3-93　江苏花果山三元宫踏级（轴线变位式之三）

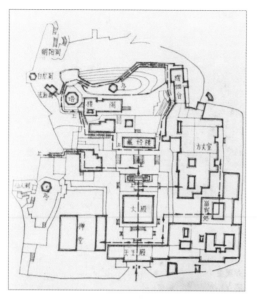

图 4-3-94　江苏金山江天寺总平面（寺裹山式）

图 4-3-95　江苏金山江天寺正立面（寺裹山式）

图 4-3-96　江苏南京鸡鸣寺总平面(寺裹山式)

图 4-3-97　江苏南京鸡鸣寺（寺裹山式）

图 4-3-98　湖北武当山复真观登高台阶

图 4-3-99　湖北武当山复真观"九曲黄河墙"

图 4-3-100　湖北武当山复真观"九曲黄河墙"　　　图 4-3-101　湖北武当山复真观太子读书处庭院

图 4-3-102　湖北武当山金殿

图 4-3-103　河南嵩山嵩岳寺塔　　　　图 4-3-104　云南大理崇圣寺三塔

图 4-3-105　河北定州开元寺料敌塔

图 4-3-106　浙江杭州六和塔

图 4-3-107　山西洪洞广胜寺琉璃飞虹塔　图 4-3-108　福建泉州开元寺双塔

1. 山体、山景、崇拜地

　　中国山岳的岩层结构有火成岩、沉积岩、石灰岩、变质岩等地质构造，又随地壳变动、风化程度、岩石色彩、岩层断裂状况、植被茂盛程度等，而使山形、山势、山貌呈现出千姿万态。诸如雄浑高伟的崇山峻岭（泰山、华山、峨眉山）、耸拔陡峭的奇峰异岭（黄山、雁荡山、武夷山）、灵秀幽深的层峦复崖（庐山、天目山、少华山）、平远清秀的绵延冈丘（洞庭山、崂山）、漂如浮玉的水上孤绝（普陀山、云台山），皆"自成天然之趣，不烦人事之工"。保护保留自然山体是中国自然景观型寺观园林的主要事务之一，是中国寺观园林"生态观"的直接体现。以自然山体的岭、峰、峦、崖、壁、岩、洞、坡、台、冈、谷等不同部位为基础，以直接利用自然山体与寺观本部相结合，则可构成山巅式、山麓式、谷地式、悬崖式、峭壁式、裹山式、洞府式等多种布局格式的寺观园林。但并非每座山峰都能直接利用为寺观的基地，古代创造"借景"法，统筹寺观园林与自然山水的共享性，构组游山与游寺游观的一体性。

1) 游山

中国之山，千姿百态，"洞天福地"，最具典型。特别著名者有中国"五大名山"之称的东岳泰山、西岳华山、南岳衡山、北岳恒山和中岳嵩山；有蜀中"四绝"之称的"剑门天下险，夔门天下雄，峨眉天下秀，青城天下幽"；还有"（安徽）黄山归来不看岳"；"（广西）桂林山水甲天下"；"奇秀甲于东南"的福建武夷山；以及佛教名山山西五台山、安徽九华山、浙江普陀山；佛道兼有的浙江雁荡山等等。

去大自然旅游，另一说法叫做"游山玩水"。游山之吸引力最大处要数登山。宗教圣地主要寺观常高踞山巅绝顶，去寺观进香或参观必须攀登山峰，两个目标高度一致。凡去泰山、青城山、峨眉山、华山、武当山、五台山、嵩山、九华山等宗教圣地一游的信徒与游客，怀"不登绝顶非好汉"的气概者众。

中国名山大岳多奇峰秀岭，衡山有 72 峰，武当山和嵩山也各有 72 峰，青城山和武夷山各有 36 峰，南雁荡山有 67 峰，华山有 5 大峰 36 小峰，九华山有 99 峰。超过 100 个山峰的有：北雁荡山 102 峰、罗浮山 432 峰，以及辽宁省千山号称有999 峰，等等。其山势，或环耸如屏，或群峰叠翠，或壁立如峭，或孤峰插云，或怪石罗列，或如出水芙蓉，各具奇姿异态。中国诸名山的千姿百态还充分展现在从两汉开始各朝代诸国画名家的山水画优秀作品中（图 4-3-109～图 4-3-112）。

图 4-3-109　泰山（许石丹作品）

图 4-3-110　匡庐图（五代·荆浩作品）

图 4-3-111 山居图（北宋·巨然作品）　　　图 4-3-112 洞天问道图（明·戴进作品）

　　并非每座山体都能直接利用为寺观的基地，不是每个山峦都可使之成为寺观园林景观的组成内容。"巧于因借"是明朝造园家计成所著《园冶》一书所总结的一项造园经验。"因"者"因地制宜"，"因地制宜"思想其实早在东晋时期已经产生，江西省庐山东林寺提出"仍石叠基"概念、浙江省临安府（现杭州市）南宋的集芳园运用"各随地势以构筑"方法，都可说明"因地制宜"思想产生的渊源所在。"巧于因借"造园经验的又一重要思想是"借取景物"，简称"借景"。自然山水与位处自然山水之间的佛寺道观呈现面和点的关系。从佛寺道观这个"点"，观赏佛寺道观四周那个"面"的景物，既体现自然景观型寺观园林对自然山水具有的共享性，也意味着寺观本部是借取了寺观之外的自然风景，给予此种情况一个专用名词即为"借景"。借景可扩大观览景物的视野，可提高景观的艺术境界，所以，计成在《园冶》中强调指出"夫借景，林园之最要者也"，从寺观园林角度，寺观四周的天然山水景色是借用不尽的宝库。

　　"借景"按视觉方向，或距离的远近，可分为"仰借""俯借""近借""远借"和"邻借"。寺观园林开创"借景"方法，风行两千年，流风所至，古代文人学者都熟知，古代诗词游记中也有频频记录。

　　公元386年，东晋时期，以"洞尽山美，却负香炉之峰"赞美江西省庐山东林寺，所指者为"近借"香炉峰之景。公元405年，"（浙江省绍兴）云门寺本面东主秦望，而对陶宴等山如列屏障"，这是"邻借"。东晋《天台山赋》："不知华顶高多少，只觉群峰贴地眠"，此为俯借。唐朝李白《天台晓望》："凭高登远览，直下见溟渤"，此为远借。宋朝苏轼《峨眉山》："峨眉山西雪千里，北望成都如井底"，为远借和俯借。明朝张煌言《登（普陀山）菩萨顶》："苍茫远水横空碧，历乱群峰倒蔚蓝"，为远借大海。

借景对象，除地上的山、水、植物、村寨，还包括日、月、星辰、云雾等天象、气象，以及鸟兽行踪（鸟飞、兽奔、鱼跃、虫鸣），故还有"因时而借"和"因物而借"之说。

中国古代文人雅士们在诗情画意上善于思维概括，对自然风景区内的名胜、古迹、游览点等具有明显特征的，题名曰"景"，亦称题景，如杭州市"西湖十景"、福州市"闽江七景"等。在宗教名胜、宗教圣地，更是随处可见，如山东省"泰山八大景"和"崂山十二景"；山西省"恒山十八景"；四川省"峨眉山十景"；安徽省"九华山十景"；甘肃省"崆峒山十二景"；云南省"鸡足山八景"；浙江省"普陀山十二景""天台山八景"和"天童寺十景"；江苏省"云台山三十六景"和镇江市"焦山十六景"；北京市西山"潭柘寺十景"；福建省福州市"鼓山十八景"等，均为大众所熟知。

题"景"之景和"借景"之景，既包含实物的景象与可触及之物，也包含抽象的景象与不可触及之物。"景"是对景观特点的提炼，是由景观的表象美，通过思维和联想，提炼为景象与内心相结合后所呈现的意境美。立"景"的妙处在于，此种实中带虚、虚中含实、虚实结合的景象开拓了人们的想象力。

以峨眉山、普陀山、鸡足山等宗教圣地为例：

普陀山的"朝阳涌日""盘陀夕照"、鸡足山的"悬岩夕照"、九华山的"天台晓日"所指的景物都是由太阳而生之景。

峨眉山的"象池月夜"、普陀山的"莲池夜月"、鸡足山的"塔院秋月"所指的景物都是由月亮而生之景。

峨眉山的"萝峰晴云"、普陀山的"华顶云涛"、鸡足山的"飞瀑穿云"所指的景物都是由云而生之景。

峨眉山的"大坪霁雪"、普陀山的"光熙雪霁"、鸡足山的"华首晴雷"与"苍山积雪"所指的景物都是由雪而生之景。

鸡足山的"洱海回岚"所指的是由蒸气而生之景。

天童寺的"太白生云"所指的是由雾而生之景。

峨眉山的"白水秋风"所指的是由风而生之景。

峨眉山的"双桥清音"与"圣迹晚钟"、普陀山的"宝塔闻钟"与"两洞潮音"所指的都是由声音而生之景。

峨眉山的"金顶祥光"、普陀山的"短姑圣迹"、鸡足山的"天柱佛光"所指的都是由宗教信物而生之景。

以上诸例都是借景天象、气象和凭借想象而产生的景象，表达出丰富的想象力和很高的意境美。

历史的经验给予后人可贵的启迪。自然风景区的精华经提炼而成为"景"。借助文学的概括、诗词的优美词藻，在借景与题景的内涵上添加了意识上的升华，使游览观赏的品位提高为一种文化、一种诗情画意的享受，而成为精神食粮。

峰、峦、岩、壁诸山景，经精巧组合，借取为佛寺道观的"对景"，或"背景"，或"远景"，或"环景"，或"侧景"，各具妙趣。按中国风水术选择村落，或阳宅基地（包括寺观），或阴宅基地，其四周山峦形势以"四灵式"为最佳模式。群峰环列即"四灵"模式，是环绕之景。南、北、东、西四方分别称为"朱雀""玄武""青龙""白虎"。"朱雀"者，即"对景"；"玄武"者，即"背景"；左"青龙"、右"白虎"者，即"侧景"，选取最佳山景景观的要点渊源于此。

四川省青城山建福宫"五峰环列"；河南省嵩山少林寺背依太室山五乳峰，周围山峦环绕；湖北省武当山"七十二峰朝天顶（金殿）"；安徽省九华山"地藏道场"（图4-3-115）；浙江省天台山"桐柏九峰"，桐柏宫当其心；浙江省宁波保国寺与天童寺均三面环山，保国寺面对钵盂山（图4-3-113），天童寺正对南山；辽宁省千山香岩寺"建于双崖夹护之间，背依仙人台，前有将军峰，左为锦绣坡，右为仙人台"（图4-3-114）。以上诸景象均为著名的"四灵式景"之佳例。

四川省峨眉山仙峰寺，迎面为华严顶孤峰屹立，背后长寿岩高插入云；浙江省杭州市灵隐寺面对飞来峰，北靠北高峰（图4-3-116）；北京市潭柘寺背倚潭柘山宝珠峰，面对锦屏山，山峰宛若画屏，丹崖翠壁（图4-3-117）；福建省福州市鼓山涌泉寺前临香炉峰，北枕白云峰等诸景象；湖北当阳玉泉寺背枕玉泉山（图4-3-118）；均为著名的"对景"和"背景"之佳例。

2）山洞、游洞

游山还有一个重要组成就是游洞。中国山岳的山体内部多洞穴：四川省青城山有8大洞72小洞，峨眉山有12大洞28小洞；陕西省华山有72洞；浙江省北雁荡山有46洞，南雁荡山有24洞；广东省罗浮山有18大洞，数百个小洞；江苏省茅山有26洞；湖南省衡山有10洞；湖北省武当山有11洞；安徽省天柱山有25洞，齐云山有16洞等。

宗教圣地中的山洞有多项功用，可隐居，可修炼，可构筑房舍，可供人礼拜，可观赏，可游览。山洞有溶洞、岩洞之别。溶洞洞体结构复杂，内部常含泉眼，有暗河，景观丰富，如浙江省桐庐瑶琳洞钟乳石笋林立；江苏省茅山溶洞成群，宜兴张公洞（传说是八仙之一的张果老隐居处）的洞内有大小洞穴72个，深邃幽奥。岩洞洞体宽敞，可容建造殿阁屋宇，洞内别有天地，如广东省罗浮山、福建省武夷山、浙江省雁荡山等的岩洞，各呈奇景。修持是僧人道士的主要功课。修持有初级、

图 4-3-113　浙江宁波保国寺（四灵式景）

图 4-3-114　辽宁千山香岩寺（四灵式景）

图 4-3-115　安徽九华山地藏道场

图 4-3-116　浙江杭州灵隐寺飞来峰对景

图 4-3-117　北京潭柘山潭柘寺（背景）

图 4-3-118　湖北当阳玉泉山（玉泉寺背景）

高级之分。初级修持以寺观为基地；高级修持则常遁入深山老林，寻觅"至静"之地，谓之隐修。大凡开山寺观，前身必是开山"祖师"的隐修之地。开山"祖师"都是勇敢者，他们进入人烟稀少或无人迹之地隐居下来，开发出一片宗教天地（表4-7）。

早期印度式隐修所行的是苦修，如菩提达摩的面壁修行。中国慧远式隐修则改变为清修，就是江西省庐山东林寺式的隐修。中国古时道士选择的"洞天福地"当然都是极佳的隐修地区，所重视的是隐修的生态环境。山洞具有良好的隐秘性，成为道士僧人喜欢选择的、很适宜的隐栖修炼之所。"山居修道者皆居山洞"成为道教一常规，而"结茅为庵"者是在洞外搭建简易屋舍。

宗教圣地内的著名山洞 表4-7

序号	山洞名	所在地	修道、得道、隐居人
1	落雁峰顶老君洞	陕西省华山	相传曾是老子隐居处
2	广成子洞	甘肃省崆峒山	传说是仙人广成子下凡处
3	天师洞	四川省青城山	东汉张道陵修道降魔处
4	华阳洞	江苏省茅山	西汉茅氏三兄弟修炼得道处，及东晋陶弘景隐修处
5	朱明洞	广东省罗浮山	东晋葛洪修炼得道处
6	少林寺达摩洞	河南省嵩山	北魏菩提达摩面壁处
7	仙人洞	江西省庐山	唐朝吕纯阳修道得道处
8	马祖洞	安徽省天柱山	唐朝马祖道一隐栖处
9	仙水洞	浙江省缙云山	唐朝道士周复修炼处
10	希夷洞	陕西省华山	五代陈抟隐栖处
11	八宝云光洞	辽宁省铁刹山	明朝道士郭守真隐修处
12	王屋洞、王母洞、灵仙洞	河南省王屋山	历代道士隐修处

以上山洞，如青城山天师洞、茅山华阳洞、罗浮山朱明洞、庐山仙人洞、嵩山达摩洞等，被传为佛道两教著名宗师的得道处、隐修处，由原先的得道处、隐修处转化为宗教圣地内的宗教崇拜地，披上传说故事色彩，成为由传说故事积聚而产生的崇拜点，既具神圣神秘的宗教信仰意义，也是闻名遐迩的风景游览点。传说故事营造想象空间，有助于提高游兴。

栖居山林，结茅为庵，也是不少僧人道士所采取的隐修方式。印度僧人跋陀"性爱幽栖，林谷是托"，常栖于嵩山少室密林中，北魏孝文帝为之兴造少林寺，跋陀遂被尊为嵩山佛教的开山祖师。唐朝著名道士孙思邈有"药王"之称，晚年隐居陕西省耀县盘玉山，结草南庵，栖于龙穿洞，盘玉山由此改称药王山。后人建真人祠，立碑塑像，敬奉孙思邈，又刻碑记录孙思邈所著药书，称"药王山石刻"，药王山也因此成为道教圣地。中国山水画"紫雅川移居图"（元朝王蒙作品）描写葛洪携子侄徙家于罗浮山炼丹的故事，是能说明由宗教崇拜地产生魅力而创作为艺术作品的一件趣事（图4-3-119）。

天然岩洞的洞体若广阔宽敞，洞内便可容建房舍，按洞体容积的大小、形状构筑单层或多层殿阁，称之"洞府"。如河北省秦皇岛市黄牛山悬阳洞，洞中建三层楼阁，名阳明祠；甘肃省天水市仙人崖，崖体有洞，洞内建莲花寺与僧舍；辽宁省本溪市铁刹山古天冠洞等。

"洞府"实例：

① 浙江省雁荡山合掌峰下有雁荡山第一大洞——观音洞，洞口建天王殿。洞内倚岩建有楼房10层，顶层为观音殿，故名之观音洞。自洞口至顶层置石阶377级（图4-3-120、图4-3-121）。

② 浙江省雁荡山"仙姑洞"洞高18m，建三层楼阁。

③ 福建省武夷山洞府，洞内建殿堂，岩顶流泉悬挂洞口，洞壁有摩崖石刻（图4-3-122）。

④ 福建省福州市鼓山白云洞，洞广16m，深5m，内建佛堂、僧舍，洞口俯视危岩深涧（图4-3-123）。

⑤ 福建省罗源县岭头山碧岩，唐咸通年间（860～874年）岩洞中曾建碧岩寺。

图4-3-119 紫雅川移居图（元·王蒙）

⑥ 辽宁省本溪县铁刹山古天冠洞，洞内能容百余人，设神台、神床、神灯柱和黑老太太塑像，民间传说是铁刹山狐仙黑老太太修道成仙处。

将洞府设计成特别形式的寺庙，构思可谓奇妙，洞府与山体相结合所组成的洞府式寺观园林增添了游山的一个重要景观。

3）赏石

山体岩石因地质构造而变，又呈结构、色彩、纹理、体块大小等差异。大自然岩石的形态，巨大者为山崖，奇姿者为怪石，施以人工雕凿者为刻石。刻石分圆雕、浮雕、镂空雕与线刻。山体刻石的圆雕与镂空雕又称摩崖造像，浮雕与线刻亦称摩崖石刻。

（1）摩崖石刻

中国古代历朝文人雅士与学者们，于游历名山与著名宗教圣地之余，常赋诗作词，抒发感想，盛赞大好山河，见证历史，并喜题字题咏且刻石于岩体山壁，留下墨宝，构成中国独特的摩崖石刻艺术的主要一章。中国的摩崖石刻使赏石升格为艺术欣赏、书法欣赏，提升了宗教圣地的文化地位，并因具有文学、艺术、书法、历史价值而流传千古。现今游山之时，若能观摩到历史悠久的珍贵摩崖石刻，确为旅游途中附得的一桢礼品。绝大多数宗教圣地均保留具有文化历史价值的摩崖石刻。

（2）奇石怪石

某些因受风、雨、冰、雪等自然侵蚀而改变成雕塑形象的山体、岩石、峰峦，有似人物者，有似飞禽走兽者，有似建筑物者，中国习惯称之奇石、怪石，并赋予各种有趣的名称，如老道拜月、和尚打钟、唐僧取经、观音慈航、书童诵读、仙人绣花、美女梳妆、武松打虎、猴子探海、巨鳖背金龟、斗鸡、金蟾戏龟、白蛇遭难、巨蟒出山、母子情深、韩湘子赶牛，还有巨象石、猪首石、鳄鱼石、青蛙石、犀牛石等，使那些天然雕塑成为山岳景观极有趣味的组成部分（图4-3-124～图4-3-127）。

奇石景观中具典型性的最佳两例，其一是广西桂林市漓江；其二是江西贵溪市龙虎山。贵溪龙虎山仙水岩遍布奇石，有景点称为"十不得"："老婆背老公走不得"指男女相依的夫妻峰；"仙桃吃不得"指逼真的仙桃石；"莲花戴不得"指岩石像莲瓣绽开；"丹勺用不得"指张天师炼丹勺岩；"云锦披不得"指色彩斑斓的云锦山；"道堂坐不得"指阶梯状的道堂岩；"石鼓敲不得"指鼓状的钟鼓石；"剑石试不得"指张天师试剑石；"玉梳梳不得"指玉梳石；"仙女配不得"指仙女石。这些名称活灵活现地展示了奇石景观的妙趣。

昔日陈毅元帅游广西桂林时创作《游阳朔》诗一首，赞桂林漓江风光，诗云："桂林阳朔一水通，快轮看尽千万峰，有山如象鼻，有山似飞龙，有山如军舰，有山似芙蓉，有山如卧佛，有山似书童，有山如万马奔驰，有山似牛女相逢，有山如玉女梳妆，有山如耕作老农，有山似将军升帐，有山似左右侍从，千仪万态看不足，但

图4-3-120　浙江雁荡山洞府　　　　　图4-3-121　浙江雁荡山观音洞

图 4-3-122　福建武夷山洞府　　　　图 4-3-123　福建鼓山白云洞

图 4-3-124　安徽九华山奇石——观音慈航　　图 4-3-125　江西三清山奇石——老道拜月

图 4-3-126　江西龙虎山奇石——巨象　　　　　图 4-3-127　江西清山奇石——巨蟒出山

凭摹拟每每同，竹林茅舍时出现，后有飞瀑透帘栊。"此诗神笔般的描述把人们引入童话世界。

（3）石窟造像型宗教圣地（表4-8）

佛教信仰促成创造以山体为基的大型人像雕塑品。于山体峭壁内部人工开凿洞穴，洞穴内圆雕佛像，或彩塑佛像，或竖立塔柱，或彩绘壁画，统谓之石窟；于山体峭壁表面圆雕或浮雕佛像或神像，谓之摩崖造像；进深很浅并体量较小的洞窟，窟内表面圆雕或浮雕佛像或神像者称为佛龛或神龛，三者合称石窟造像。石窟造像雕塑艺术突显为山岳景观中最生动的一个组成部分。

石窟造像崇拜始于古代印度，盛于古代中国。道教因袭佛教，自南北朝起亦出现道教的石窟造像崇拜。印度的佛教石窟有塔庙窟和僧院窟两种形式，传入中国的塔庙窟发展成中国式的石窟、石窟寺和石窟造像雕塑艺术。石窟所附山体的岩石结构有砂砾岩、红砂岩、石灰岩、变质岩（砂岩、石英砂岩）等区别，直接影响到石窟造像构造的应变，如甘肃和新疆沙漠带多砂砾岩和红砂岩，其石质脆弱，开发出彩塑佛像和彩绘壁画的石窟造像雕塑艺术系列；河北省、河南省、陕西省和山东省多石灰岩，山西省和四川省多变质岩，其石质相对坚硬，圆雕（与浮雕）佛像成为石窟造像雕塑艺术的主流。

中国宗教性造像艺术、艺术风格由印度化转向中国化，至宋朝完成宗教性造像艺术的中国风格。宋式造像既注重神像的神圣性，又注入尘世的人情性，故而富有生活气息，易产生亲切感，神像崇拜渗入更丰富的艺术观赏性，增加了感染力。据统计，留存至今的，包括佛教和道教的石窟和摩崖造像组，共达百余处，遍布大江南北。

为避风雨侵袭，保护石窟造像，于石窟外口、造像外侧，紧贴峭壁营造单檐式建筑或楼阁式建筑，称为窟檐或崖阁式窟檐。石窟、窟檐，加上窟外配套建筑（殿、廊、房舍），组成石窟寺。中国石窟寺创始于两晋南北朝时期，为早期的佛寺形式之一。石窟寺若经历朝历代继续扩建所形成的石窟寺组群，可达到十分庞大的规模。河南省洛阳龙门石窟的窟龛总数超过2000个，造像总数近10万尊；山西省大同云冈石窟的造像有51000余尊，依山绵延1000m；甘肃省敦煌莫高窟有上下5层，绵延1600m，洞窟492个，彩塑雕像2410余尊，壁画45000m²；四川省大足宝顶山石窟有石窟造像13处，1万余尊；等等。

石窟组群中通常突出一个主要洞窟（若经多个朝代相继开凿，则会保留下几个主要洞窟），所供奉的佛像以释迦牟尼为常见，如云冈石窟的释迦坐佛有露天窟一尊高13.7m（窟檐损毁所致）和昙曜窟一尊高17m，又如龙门石窟宾阳洞的释迦和弟子雕像，都表达出北魏造像的艺术特色；龙门石窟奉先寺的卢舍那大佛高17.14m，是唐朝雕塑艺术的代表作品。

石窟之间，或以石阶，或以挑廊，或以栈道相联系、相沟通，使石窟与所附岩石山体成为一个整体，如巨大无比的群雕丰碑，它与山间林木、山前流水组成壮观的石窟造像型宗教圣地，换成现代概念，可称之中国古典雕塑公园，而主要洞窟与主体佛像突出为雕塑群的构图中心。游历石窟造像型宗教圣地，石的艺术当是不二选的体验主题：雕像、壁画、石刻，及至石窟布局、石窟构造与特色环境，或许还有精神启示。

［1］石窟群所处山体，若其山势略低而平缓，石窟群宜向横向展开，组成水平向列队并层叠若戏院楼座者，可称之楼座式石窟组群。甘肃省敦煌莫高窟、甘肃省安西榆林石窟、山西省大同云冈石窟、河南省洛阳龙门石窟均归入这种模式。

实例：

① 甘肃省敦煌莫高窟

莫高窟位于甘肃敦煌鸣沙山东麓，前临岩泉河，山体岩石结构属砂砾岩。莫高窟始凿于前秦建元二年（366年），历经十六国至元朝达千年的兴建，石窟群总长1600m，高50m，上下5层，开创彩塑佛像和彩绘壁画的石窟造像雕塑艺术系列，现存洞窟492个，壁画4.5万m^2，彩塑2410余尊。最大佛像弥勒坐佛高35.6m，外罩崖阁式窟檐"九层楼"（图4-3-128～图4-3-130）。

② 山西省大同云冈石窟

云冈石窟位处大同武周山南麓，山体岩石结构属石灰岩。石窟始凿于南北朝北魏兴安二年（453年），历经南北朝至辽金两代，至今保存主要洞窟53个，造像51000余尊。《水经注·㶟水》载："（云冈石窟）凿石开山，因岩结构，真容巨状，世法所希。山堂水殿，烟寺相望，林渊绵镜，缀目新眺。"展现楼座式石窟群群雕丰碑的典型景象（图4-3-131）。

③ 河南省洛阳龙门石窟

龙门石窟位于河南洛阳伊河两岸，山体岩石结构属石灰岩。龙门石窟始凿于南北朝北魏孝文帝时（493年），是石质圆雕与浮雕造像雕塑艺术的代表性石窟，经南北朝至唐朝计400余年的营造，至今保存下窟龛共2100余个，造像97300余尊，佛塔39座，全景呈大型雕塑园景观（图4-3-132、图4-3-133）。

［2］石窟群所处山体，若其山势高耸而陡峭，石窟群宜向竖向展开，组成垂直向堆叠若塔楼者，可称之塔楼式石窟组群。甘肃天水麦积山石窟、山西太原天龙山石窟、河北井陉县响堂山石窟等均归入这种模式。

实例：

甘肃天水麦积山石窟：麦积山为典型的丹霞地貌，山石结构属砂砾岩，海拔1742m，属秦岭山脉小陇山中一孤峰，拔地而起，实高140m。麦积山石窟始凿于后秦（384～417 年），历经北魏至明清的不断开凿和修缮，现存窟龛 194 个，大小佛像 7200 余身，壁画 1300 余平方米（图 4-3-134）。

［3］石窟造像与佛寺组合一体者，称组合式窟庙，属自然与人文复合景观型寺观园林之又一式，如四川乐山弥勒大佛与凌云寺（唐）；浙江杭州灵隐寺与飞来峰摩崖造像（东晋）；江苏南京栖霞山栖霞寺与千佛岩造像（南北朝）；山西太原天龙山石窟与圣寿寺（东魏至唐）；四川广元皇泽寺石窟与皇泽寺（南北朝 ～ 宋）；广西桂林西峰寺与西山造像（唐）；四川荣县大佛寺与荣县大佛（佛像高 36.67m）（北宋）；山西平顺县林虑山金灯寺与金灯寺石窟等。

实例：

① 四川省乐山弥勒大佛（图 4-3-46）。

② 山西省太原天龙山石窟与圣寿寺

天龙山石窟四周山峦起伏，遍山葱郁松柏，山洞淙淙泉水，山前潺潺溪流，圣寿寺盘龙古松绿荫如盖，组合式窟庙的园林景色优美（图 4-3-135）。

③ 浙江省杭州灵隐寺与飞来峰摩崖造像

灵隐寺又名云林寺，位于杭州西湖西北面，背依灵隐山，面对飞来峰，峰侧有冷泉溪流。灵隐寺始建于东晋咸和元年（326 年），五代吴越时规模最为庞大，据传有 9 楼、18 阁、72 殿堂、3000 余僧众，此后曾毁建 10 余次，现存殿宇大部为清末所建。飞来峰石质与周围山体相异，故被认为是"天外飞来"，峰内有玉乳洞等天然洞窟，其摩崖造像始凿于五代，经宋、元两朝增凿，共留存造像 330 余尊，以宋雕弥勒像最大，形象生动。寺区林密泉清，被印度僧人认为是"仙灵所隐"，灵隐寺确实深得"隐"的意趣，组合式窟庙园林景观的丰富与优美展现无遗（图 4-3-136）。

④ 四川省自贡大佛寺与荣县大佛

自贡市荣县大佛寺始建于唐朝，初名开化寺，北宋元丰八年（1085 年）开凿摩崖造像，大佛倚荣县东山山崖凿成，高 36.67m，肩宽 12.67m，属四川省第二大佛，佛寺扩建后改名大佛寺。现存殿宇为清嘉庆、道光年间（1796~1850 年）所建，寺区林木茂密，亭阁散置。

［4］道教造像

因袭佛教崇拜形式，南北朝开始出现道教造像，发展至宋朝，宋式道教造像既注重神圣性，又显露人情性，福建省泉州清源山老君岩老君造像充分显示出时代特点。雕成于宋朝的老君岩老君石像，由整块天然岩石雕琢而成，高 5.6m，厚 7m，宽 8m，是国内最大的道教造像。老君石像坐于山麓绿丛中，左手扶膝，右手凭几，银须飘然，目射智慧，神态浩然，和蔼可亲，当属中国古代造像艺术中的精品。老君岩原有真君殿、北斗殿等道教建筑群，明朝时遭毁，仅存石像（图 4-3-137）。

图 4-3-128　甘肃敦煌莫高崖阁式窟檐与园林景观

图 4-3-129　甘肃敦煌莫高窟全景

图 4-3-130　甘肃敦煌莫高窟内景

图 4-3-131　山西大同云冈石窟昙曜窟坐佛高 17m

图 4-3-132　河南洛阳龙门石窟全景

图 4-3-133　河南洛阳龙门石窟奉先寺卢舍那大佛

图 4-3-134　甘肃天水麦积山石窟

图 4-3-135　山西太原天龙山石窟

图 4-3-136　浙江杭州灵隐寺造像

图 4-3-137　福建清源山老君石像

石窟造像型宗教圣地　　　　　　　　　　　　　　　　　表 4-8

序号	石窟、造像	所在地	建造年代与保存状况
1	云冈石窟	山西大同市	北魏，窟总长 1000m，存 53 窟、51000 余像，大佛高 17m、16.7m
2	天龙山石窟	山西太原市天龙山	东魏～唐，存东魏 9 窟、唐 15 窟、弥勒大佛
3	响堂寺石窟	山西榆林县庙岑山	北魏～唐，存 1 座大像、1000 余小像
4	羊头山石窟	山西高平县	北魏～唐，存百余龛
5	千佛崖	山西霍县	唐～元，存大佛高 8m
6	龙山石窟	山西太原市	元，道教造像，存 8 龛、40 像
7	炳灵寺石窟	甘肃永靖县积石山	西秦、北魏、北周～清，存 34 窟、149 龛、694 像

序号	石窟、造像	所在地	建造年代与保存状况
8	王母宫石窟	甘肃泾川县	北魏，石窟3层，楼阁3层，存100像
9	北石窟寺	甘肃庆阳县	北魏 ~ 唐，总长120m，存295窟龛、2100像
10	麦积山石窟	甘肃天水市	后秦 ~ 清，存194窟、7000余像
11	莫高窟	甘肃敦煌市	前秦 ~ 唐，存492窟、彩塑2415像，崖阁式窟檐"九层楼"内纳弥勒坐佛高35.6m
12	木梯寺石窟	甘肃武山县	北魏，总长500m，存18窟、80像
13	水帘洞石窟	甘肃武山县	北魏，存7窟
14	文殊山石窟	甘肃肃南县	北魏，存10余支提窟龛
15	马蹄寺石窟	甘肃肃南县	北魏，存7窟，窟前有佛寺
16	马蹄寺北寺石窟	甘肃肃南县	西魏，存22窟，高5层
17	金塔寺石窟	甘肃肃南县	北魏，存峭壁上2窟，窟离地60m
18	昌马石窟	甘肃玉门市	五代 ~ 北宋，存11窟
19	榆林石窟	甘肃安西县	隋朝之前 ~ 唐，存41窟，彩塑100余像、壁画1000余平方米
20	大像山石窟	甘肃甘谷县	宋，存20窟、塑像295个、11座殿，石胎泥塑佛高30m
21	南石窟寺	甘肃泾川县	北魏，存1窟、10余龛
22	拉梢寺石窟	甘肃武山县	北周，浮雕大佛高60m
23	龙门石窟	河南洛阳市	南北朝 ~ 唐，存5窟、256龛、7743像、39座七贤，奉先寺卢舍那佛高17.14m
24	水泉石窟	河南偃师县万安山	北魏~唐，存1窟、400龛
25	洞沟小庄石窟	河南鹤壁市巫山	东魏，存40窟龛、153像
26	灵泉石窟	河南安阳县宝山	东魏 ~ 宋，存170窟
27	千佛洞造像	河南林县林虑山	北齐，存3大像、百余小像
28	千佛寺造像	河南浚县浮丘山	唐 ~ 明，存960像
29	悬谷山造像	河南沁阳县	宋，存2窟、6龛
30	响堂寺石窟	河北邯郸市	北齐 ~ 明，存16窟、4300像，殿阁层叠
31	南响堂寺石窟	河北邯郸市	北齐，存7窟、1028像
32	莲花洞造像	山东长清县五峰山	东魏 ~ 隋，存240余小佛像
33	驼山石窟	山东益都县	北周，存5窟、638像
34	云门山石窟	山东益都县	隋~唐，存10余窟龛、274像

序号	石窟、造像	所在地	建造年代与保存状况
35	千佛山造像	山东济南市历山	隋、唐
36	佛慧山佛首造像	山东历城县	北宋，佛首高 7.8m
37	千佛岩造像	山东历城县白虎山	唐，存 100 余窟龛、210 像
38	万佛堂石窟	辽宁义县	北魏，上下两层存 9 窟
39	药王山石窟	陕西耀县	隋、唐，存 7 窟龛与石刻、碑
40	千佛院造像	陕西麟游县百丈岩	唐
41	慈善寺石窟	陕西麟游县	唐，存 5 窟龛
42	大佛寺石窟	陕西彬县	唐，窟高 30m，大佛高 24m，窟檐楼阁高 50m
43	清凉山石窟寺	陕西延安市	唐、宋，万佛洞浮雕万余像
44	皇泽寺与石窟	四川广元市	南北朝 ~ 宋，存 34 窟、1000 余像
45	千佛崖石窟	四川广元市	南北朝 ~ 明，总长 200m，13 层，存 400 窟、7000 像
46	卧佛院与石窟	四川安岳县	唐，存 15 窟、1611 像
47	圆觉洞石窟	四川安岳县	唐、宋，存 1 窟、40 龛、1000 余像
48	北山石窟	四川大足县	唐 ~ 宋，总长 500m，存 290 余窟
49	石篆山石窟	四川大足县	北宋，存 9 窟，"三教合一" 形式
50	石门山石窟	四川大足县	宋，存 10 余窟、1000 余像
51	乐山弥勒坐佛	四川乐山市	唐，弥勒像高 71m、宽 24m
52	祷尼山大佛	四川资阳县	唐，弥勒像高 10.5m
53	龙鹄山造像	四川丹棱县	唐，存道教造像数十龛、数百像
54	鹤鸣山造像	四川剑阁县	唐，存道教造像数十个
55	玉女泉造像	四川绵阳县	唐，存道教造像 20 龛
56	南山造像	四川大足县	南宋，存道教造像 6 窟
57	石笋山造像	四川邛崃县	唐，总长 120m，存 1000 余像
58	药师崖造像	四川大邑县	唐，总长 150 m，存 1000 余像
59	山崖造像	四川资中县重龙山	唐、宋，存 90 余龛、1000 余像
60	东岸中崖造像	四川青神县岷江	唐 ~ 明，存 2000 余像
61	化成山南龛造像	四川巴中县	唐，存 140 余龛、2000 余像
62	千佛崖造像	四川梓潼县卧龙山	唐，存 3 窟、40 余龛、368 像
63	福昌院阆中坐佛	四川阆中县	宋，弥勒像高 9.88m
64	宝顶山造像	四川大足县	宋，总长 500m，存 13 处、1 万余像
65	毗卢洞造像	四川安岳县	宋，存 4 窟

序号	石窟、造像	所在地	建造年代与保存状况
66	大佛寺与大佛	四川荣县	北宋，像高 36.67m
67	大佛寺与坐佛	四川潼南县	宋，坐佛高 27m
68	水宁寺与造像	四川巴中县龙骨山	北宋，存 11 龛、126 像
69	牛角寨造像	四川仁寿县	宋，存 20 余龛、1000 余像
70	大佛寺石门大佛	四川江津县	明，像高 23m
71	金像寺与造像	四川夹江县千佛山	明，存 5 龛、60 像
72	栖霞寺与千佛岩造像	江苏南京市栖霞山	南北朝
73	仙佛寺石窟	湖北来凤县	东晋
74	西峰寺西山造像	广西桂林市	唐
75	千佛岩还珠洞造像	广西桂林市伏波山	唐
76	灵隐寺飞来峰造像	浙江杭州市	北宋
77	老君岩老君造像	福建泉州市清源山	宋，道教造像
78	南禅寺与石佛岩造像	福建晋江县	南宋
79	大石佛寺与西资岩造像	福建晋江县	南宋
80	法华寺石窟	云南安宁县	大理国
81	金华山造像	云南剑川县	南诏国
82	剑川石窟	云南剑川市石钟山	南诏国

2. 水系·水景·"玩水"

自然景观型寺观园林包含域内水系与域外水系两类。域外水系为寺观园林所濒临的大海（东海、黄海）、大河（黄河、大渡河）、大江（长江、岷江、珠江、钱塘江）、大湖（太湖、巢湖、西湖）等水域。中国寺观园林属于开放性园林体系，虽不可能收纳海河江湖为已有，却也可得获取其水、借取其景之便。域内水系则包纳泉、溪、涧、池、潭、瀑布，以及人工水体（水库、水渠、水塘、水井）等各种水体形式。

俗话说"水不在深，有龙则灵"。此龙者，水之质也，景之品也。自然景观型寺观园林多动态之水，景象千姿百态，或海阔天空，旷淼浩瀚；或潮涌滚滚，江水滔滔；或清秀明净，水波荡漾；或曲折深幽，逶迤潆洄；或万练倒悬，急湍飞溅；或细流淙淙，清音绵绵。其水景景象之丰，百十倍于邸宅园林和皇家园林。寺观园林动态之水，若溪若涧，源出山体，溪涧随山体地势地形而流转，引出后世造园手法之一，曰"水随山转"，大自然的天成之境实是山水园林造景之母。

1) 观清泉，用清泉

《管子·水地篇》云："水者，万物之本源，诸生之宗宝。"中国寺观园林选址必择有水源之地，以供寺观所居僧道生活所需，也为增添"玩水"之兴所要。清水之源，地下为山泉，地上为雨雪，故凡出泉眼之处为山地寺观园林的首选之地。清净甘冽之山泉，谓之清泉，有别于含硫黄质之温泉。著名的清泉有许多在宗教圣地内涌出（表4-9）。

宗教圣地内涌出的著名清泉　　　　表4-9

序号	清泉名	清泉数	序号	清泉名	清泉数
1	衡山虎跑泉等	38 泉	10	黄山流杯泉	—
2	王屋山	26 洞泉	11	峨眉山神水泉	—
3	武当山	9 泉	12	华山玉泉	—
4	江西麻姑山	13 泉	13	普陀山菩萨泉	—
5	浙江雁荡山	10 泉	14	终南山化女泉	—
6	泰山王母泉	—	15	九华山七布泉	—
7	琅琊山濯缨泉、酿泉	—	16	少华山（三清山）庐泉	—
8	庐山石龙泉、聪明泉、招隐泉	—	17	茅山喜客泉、海眼泉、玉蝶泉	—
9	罗浮山长生井泉、酿泉、卓锡泉	—	18	崂山神水泉、金液泉、圣水泉	—

寺观园林内涌出的著名清泉

序号	清泉名	清泉数	序号	清泉名	清泉数
1	山东长清灵岩寺	6 泉	10	山东长清五峰山洞真观七星泉、冷泉	—
2	山西襄垣仙堂山仙堂寺	5 泉	11	山东嘉祥县青山寺感应泉	—
3	山西太原晋祠难老泉	—	12	福建厦门天界寺醴泉	—
4	山西洪洞广胜寺霍泉	—	13	天津盘谷寺玉乳泉	—
5	江苏南京钟山灵谷寺竹逆泉	—	14	天津天成寺涓涓泉	—
6	江苏苏州虎丘山云岩寺憨憨泉	—	15	河南确山北泉寺涌泉	—
7	江苏常熟虞山兴福寺君子泉	—	16	江苏镇江招隐山招隐寺虎跑泉、鹿跑泉	—
8	北京潭柘寺龙潭泉	—	17	浙江杭州大慈山虎跑寺虎跑泉	—
9	湖南长沙岳麓山岳麓寺玉泉、白鹤泉	—	18	浙江杭州清涟寺玉泉、珍珠泉	—

序号	清泉名	清泉数	序号	清泉名	清泉数
19	浙江杭州灵隐寺冷泉		21	河北神麛山黑龙庙 龙泉、广胜泉	
20	河南太行山麓白云寺 金沙泉、银沙泉		22	福建南安县雪峰寺 洗心泉	

寺观园林积泉是为用。如峨眉山神水阁，江苏茅山喜客泉，安徽黄山云谷寺灵锡泉，广东罗浮山冲虚古观的长生井泉、宝积寺的卓锡泉和酥醪观的酿泉，均是"泉涌而出，满而不溢，汲而不涸，清冽甘甜"，闻名遐迩。广东曲江县南华寺卓锡泉水配寺内特有的南华茶，以茶禅闻名东南一带。

① 峨眉山神水阁：于峨眉山登山中途立有一阁，阁以神水泉为名。神水泉水质奇优，积泉为小池，供过路香客游人解渴之需，若饮甘露。

② 茅山喜客泉：位于大茅峰西北麓，泉周筑石成池，若泉池旁发出声响（如拍掌），泉水会冒出水泡，故名喜客泉，明代诗人陈沂曾作诗曰："池上一鼓掌，池下泉四溃。闻喧声沸起，散乱如珠碎。为问何为然，人云此地肺。消息与人通，气动随馨咳"，赞其神奇（图4-3-138）。

③ 山西洪洞广胜寺霍泉：广胜寺置上、下两寺，下寺山门外有霍泉。郦道元《水经注》载："霍水出自霍太山，积水成潭"。霍泉源头现筑成池塘，泉水水源充沛，可灌溉大面积粮田。

受清朝皇帝所赞，江南有天下名泉六处：

①"天下第一泉"出泉于江苏镇江金山寺西侧，名冷泉，又名南零水，早在唐朝就已天下闻名。冷泉原位于金山之西的长江江中盘涡险处，汲取极难。后因江滩扩大，冷泉已与陆地相连，于泉眼四周围石栏，为金山名胜之一（图4-3-139）。

②"天下第二泉"出泉于江苏无锡惠山惠山寺，名惠山泉。此泉于唐大历十四年开凿，张又新的《煎茶水记》中说："水分七等……惠山泉为第二。"惠山泉亦名"二泉映月"，为惠山名胜之一（图4-3-140）。

③"天下第三泉"出泉于江苏苏州虎丘山云岩寺，积池于铁华岩下（图4-3-141）。

④"天下第四泉"出泉于浙江杭州大慈山虎跑寺，名虎跑泉。据分析，该泉水可溶性矿物质较少，总硬度低，分子密度高，故水质极好，因泉修寺，寺供茶水，以"龙井茶叶虎跑泉"而号称"双绝"。宋朝苏轼有诗云："道人不惜阶前水，供与瓶樽自在尝"（图4-3-142）。

⑤"天下第五泉"出泉于江苏扬州大明寺西园内（图4-3-143）。

⑥"天下第六泉"出泉于上海静安寺前，名涌泉，又称沸井、海眼，为"静安

八景"之一，已湮没。

近代又有"中国五大名泉"之提法，但除增加山东省济南市趵突泉之外，其余四处均与"江南六名泉"相同。名泉或积池以蓄，或围石栏，配以石刻书法，或筑亭榭，供品茗。名泉甘美，是饮用的上品之水，又可构成名胜美景，为重要的观赏水景，如苏州寒山寺寒拾泉。

2）溪涧之旅

山水聚而为溪为涧。水景中溪流最显活泼，涧水藏于沟壑，每呈险情。溪水品质以清、以曲、以流为上乘。清者，水质清澈甘冽；曲者，形态曲折逶迤；流者，水义长流不息。以溪流组景，是谓"溪流式"，其法甚古，流传甚广。汉朝袁广汉园"激流水注其内，……积沙为洲屿，激水为波潮"，可谓首创。

图 4-3-138　江苏茅山喜客泉

图 4-3-139　江苏镇江金山寺"天下第一泉"

图 4-3-140　江苏无锡惠山寺"天下第二泉"

图 4-3-141　江苏苏州虎丘山"天下第三泉"

图 4-3-142　浙江杭州虎跑寺"天下第四泉"

图 4-3-143　江苏扬州大明寺"天下第五泉"

（1）溪流式寺观园林

以溪流与寺观殿堂组合，创溪流式寺观园林，肇始于两晋南北朝时期。

山西省太原晋祠位于悬瓮山山麓，原为纪念春秋晋诸侯始祖唐叔虞而建，叔虞是周武王（约公元前 11 世纪）次子，被封于唐，因有晋水，改唐为晋国。郦道元（约 470～527 年）所著《水经注》有记："际山枕水，有唐叔虞祠"，其地泉眼众多，泉脉丰富，泉聚而为溪，名智伯渠。溪水充沛，清可见底，水草香，游鱼活，溪流与圣母殿组成"鱼沼飞梁"一水景，构思奇巧。顺溪布置亭、阁、殿、台诸建筑，循水而行，步移景异，实乃溪流·式寺观园林一极品（图 4-3-144、图 4-3-145）。

① 东晋庐山东林寺"仍石叠基，即松栽沟，清泉环阶，白云满室"。

② 北魏山东长清十方灵岩禅寺，背依灵岩山，灵岩山乃泰山余脉，有 6 泉，其中"甘露泉自石龙口流出，引池分胜流觞于殿堂穹石之间"。

③ 江西庐山归宗寺乃东晋著名书法家王羲之于咸康六年（340 年）舍宅为寺。寺后金轮峰上一石洞，俗称"羲之洞"，洞外有石屋，洞侧有"石镜溪"，溪间有"王羲之鹅池"，为王羲之读书、养鹅、练字之处，充满文化气息。

④ 北京旸台山大觉寺，亦名灵泉寺，寺内泉水自寺院最高处石缝流出，汇成潭，又经石槽回流，绕经全寺，名之清水院。院内有 800 龄银杏、300 龄玉兰，芳香袭人，环境极优，是溪流式寺观园林又一佳例。

（2）大溪、小溪

水溪有小溪（stream）和大溪之分，皆为浅水。大溪亦即小河（creek），水面较宽，可行竹筏与小舟（浅底小船）。

福建省武夷山有"奇秀甲东南"之誉，秀者指"三三秀水"，即九曲溪，因溪折九曲，故名。武夷山被道教列为"第十六小洞天"，以水为精华，其溪水水清如玉，曲折盘绕诸山峰，长10公里。乘竹筏游九曲溪，观赏武夷山著名山峰，其涉水之乐，为游览中国宗教圣地达到"智者乐水"的至高境界（图4-3-57）。

九曲溪中，九曲风光无一雷同：第一曲，武夷宫前。武夷宫又名冲佑观，是武夷山最著名的道观，始建于唐，扩建于宋，为宋朝九大道观之一。溪北大王峰，溪南狮子峰，山间岩穴为历代道士修炼处，充满"仙气"。第二曲，玉女峰，峰秀如玉女，与大王峰隔溪相对。第三曲，虹桥，其处溪水折如钩，势如虹。第四曲，卧龙潭，以岩石、幽洞、深潭著称。第五曲，平林渡，地势开阔，有隐屏峰、玉华峰、茶洞诸景点，隐屏峰又以宋朝朱熹讲学的武夷精舍闻名。第六曲，伏虎岩，于此可登天游峰峰顶，俯览峰后桃源风光艳丽。第七曲，獭空滩，滩面窄，流水急。第八曲，芙蓉滩，视野放宽，将出山区。第九曲，星村。九曲到此结束，展现一片平川。一曲一佳景，一曲一主题，山水景色之富、历史文脉之沉，为大溪类溪流式寺观园林之经典。

（3）水涧

溪流注入沟壑，构成水涧，涧水多急流，水势常猛烈，又称奔泉，制造奔腾之声。唐朝王维诗云："洞房隐深竹，清夜闻遥泉"。听奔泉奔腾之声也是游山玩水一乐事。

① 四川省峨眉山清音阁，群山丛中两深谷，出奔泉两支，水如涌潮，两水交汇处遇兀立巨石，奔泉似双龙夺珠，激起沫花四溅。石上牛心亭，亭后清音阁，水上石拱桥，取名"双桥清音"，为"峨眉十景"之一。有诗描绘："杰然高阁出清音，仿佛仙人下抚琴。试向双桥一倾耳，无情两水漱牛心"。

② 浙江省杭州灵隐寺，寺前有灵隐涧，宋朝苏轼诗云："灵隐前，天竺后，两涧春淙一灵鹫。不知水从何处来，跳波赴壑如奔雷"。

③ 浙江省宁波太白山天童寺罗汉沟，西晋永康元年（300年）始建。寺侧一道水涧称罗汉沟，至寺前分成双流，雨日急流如涌，至分叉口，水溅沫飞，称"西涧分钟"，为"天童十景"之一。

④ 山西省恒山悬空寺，高悬于深壑之上，镶嵌于山体之中，为深邃涧水与悬崖寺庙组合的最经典一例。

⑤ 浙江省雁荡山筋竹涧，全长约3km，涧中有悬瀑飞泉和18个潭，潭之间有浅滩、峡谷、陡崖。涧水曲折，流旋回转，涧壁山岩嵯峨，岚影山光，景色幽趣（图4-3-146）。

还有河北苍岩山福庆寺石涧、福建武夷山九龙涧、江西庐山三峡涧、江苏常熟虞山兴福寺破龙涧，及四川鹤鸣山"双涧环抱"等。凡涧水，平日水势悠然，遇雨季，水势汹涌，其声轰轰，瞬间变脸，难以捉摸，"玩水"之味，由此得趣。

3）观飞泉

积聚之泉，遇断崖飞泻而下，如锦帘倒悬，谓之飞泉，也称飞瀑、瀑布。瀑布是最壮观的动态水景，随水势落差之大小、水面之宽狭，飞泻之泉或如万马奔腾，或若百丈水柱，或细丝如练，或悬如玉帘。当落水激石飞溅，则水珠飘洒，或若烟若雾，水云难辨。形成瀑布需要一定的地形条件，故瀑布并不随处可得，尤其大瀑布至为少见。广东罗浮山"山山瀑布，处处流泉"，有980处瀑布飞泉，为瀑布最多的宗教圣地，其中有名的如白漓瀑、黄龙洞瀑等。中国境内最大的瀑布是贵州黄果树瀑布，落差68m，展宽81m。浙江雁荡山拥有18瀑，其中大龙湫瀑布宽不及黄果树瀑布，但落差高达190m，如百丈白练凌空直落，这被称为直落式飞瀑，所谓"瀑声直下鬼神号"，气势磅礴，声势夺人。

浙江省奉化市雪窦山雪窦寺始建于唐朝，为禅宗十刹之一。寺临深谷，崖壁直立百丈，飞泉下泻，遇巨石折为两段，水洒如雪崩，称千丈岩瀑布，为浙东名瀑，寺也因瀑而取名，同时又得寺庙与瀑布极完美的组景。雪窦山还有徐凫岩瀑布，落差高达242m。

瀑布除直落式，还有折叠式、水帘洞式、洞中瀑式等形式，折叠式瀑布又有一折与多折之别。瀑布泻势随断崖或台地地形而变化，声如丝竹，或若鼓声，或若轻雷，优雅动听。折叠式瀑布以江西庐山东林寺三叠泉瀑布最妙，瀑布之水出自大月山，第一级垂落于石，碎散如细雨，至第二级遇巨石，汇为流泉，"飞泉如玉帘"，注入龙潭，轰轰若鼓声（图4-3-147）。福建武夷山九折瀑，九瀑飞舞，气势非凡。水帘洞式瀑布，为瀑布后藏洞穴，洞中有室，组合最妙，有代表性的为江苏省连云港市花果山水帘洞（图4-3-148）、湖南衡山水帘洞。

浙江省青田市括苍山石门洞，洞内藏瀑布，瀑落差96m，其声隆隆，名石洞飞瀑。瀑下积银潭，瀑侧绝壁有南北朝以来摩崖石刻，面瀑设观瀑台、观瀑亭。唐朝李白有诗赞美："瀑布挂北斗，莫穷此水端。喷壁洒素雪，空濛生昼寒"。

著名瀑布尚有：山东泰山黑龙潭瀑，崂山龙潭瀑；浙江雁荡山三折瀑，莫干山剑池三迭瀑，天台山方广寺石梁飞瀑（图4-3-149）；湖北九宫山九王庙龙湫飞泉；安徽黄山龙禅院九龙瀑；陕西终南山翠华山瀑布，耀县香山龙泉寺龙泉瀑，白水县飞泉寺飞泉瀑等。声势各自不同。"天下名山寺占多"，自然界的动观水景也是寺（观）占多。

4）开池凿潭

蓄水之处，为池为潭。池浅，纳泉。潭深，纳瀑。水池最贴近寺观生活，有多种用途，可分饮用池、放生地、鱼池、莲池、荷池、功德池、八卦池、炼丹池、洗药池、洗心池、洗笔池、洗钵池，等等。

（1）人工凿池

人工凿池自周文王开灵沼之始，已有3000年历史。汉武帝穿昆明池，北魏孝文帝于北苑穿神泉池，宋太祖凿习战池等，均为人工凿池之史实，但皇家苑囿所凿之池实应称为湖，也非作生活之用。

中国寺观内水池有人工开凿，但很多利用天然泉眼扩大而成，尤其是饮用池，如浙江杭州虎跑寺的虎跑池、杭州玉皇山福星观的天一池、四川峨眉山的神水池、陕西终南山说经台的上善池、江苏茅山的喜客泉池、湖北谷城县承恩寺的灵泉池、广东罗浮山宝积寺的卓锡池等等，都是积蓄清冽甘甜之泉水，有益健康。

佛道两教殿前置功德池，谓之积德。佛教教义又以放生为做功德，故寺前置放生池，日久，池内多鱼，辟为园，如浙江天台山国清寺鱼乐园（图4-3-150）、宁波天童寺万工池、普陀山法雨寺日莲池（金鱼池）、杭州玉泉寺鱼池，以及江苏苏州西园寺放生池园、北京大觉寺放生池园、贵州道义湘山寺鱼池等，均是著名例子。

佛教教义亦以莲与荷为宗教吉祥物，故凿池养莲荷，是为莲池、荷池。如浙江普陀山普济寺前有荷花池，面积十余亩，名海印池，凿于明朝，池水源于泉水，碧清可人。夏日荷花盛开，荷香袭人，月夜更佳，"莲池夜月"为"普陀十二景"之一。再如浙江杭州韬光寺金莲池、江苏苏州虎丘山白莲池、湖北当阳玉泉寺千瓣莲池、湖北黄梅东山寺白莲池（禅宗五祖弘忍手植白莲，题景"东山白莲"，为"黄梅十景"之一）等，均负盛名。道观前植荷花有广东罗浮山冲虚观前白莲湖，曾植荷花色白朵大，以品优著称。放生池与鱼池之鱼鳖悠哉游哉，莲池荷池之莲荷鲜艳芳香，原本属宗教精神的象征，转化为游览观赏的对象，带给香客游者以愉悦与珍视生态的启示。

道教教义以炼丹养生为本，故有炼丹池、八卦池，又以制药济世为德，故有洗药池，佛教则有洗钵池。陕西终南山的仰天池（炼丹池）与药王山的孙思邈洗药池、陕西华山落雁峰的八卦池、广东罗浮山冲虚观的葛洪洗药池（图4-3-151）、安徽天柱山的左慈炼丹台炼丹池、贵州贵阳黔灵山的洗钵池，还有关爱野生动物的青城山上清宫天师池[①]、终南山讲经台上善池[②]、河南驻马店北泉寺八卦池等，原均属实用性水池，却都带有传奇色彩，随历史的推进提升为历史古迹，有的甚至跃为道教圣地。

（2）浅潭与深潭

受瀑布或溪涧等流水长期冲凿而成潭，使溪瀑与潭若双生儿结伴而出。潭有区

[①] 《舆地纪胜》："昔天师（指道教创始人张道陵）居赤石城崖，于此作池，以饮鸟兽"。

[②] 相传，元朝周至地区发生瘟疫，因得太上老君梦中指点，于山门前挖得泉水，能治病，瘟疫得平，蓄水之池遂名上善池，其意"上善若水"。

别，平缓溪流积为浅潭，如广东罗浮山、山东崂山、江西庐山、安徽九华山与浙江雁荡山等水景（图4-3-152、图4-3-153）。

受瀑布冲击常成深潭，深水的池也有唤为潭者。山东泰山之黑龙瀑与黑龙潭（图4-3-154），山东崂山之龙潭瀑与龙潭，浙江雁荡山之梅雨瀑与梅雨潭，安徽黄山之百丈瀑与百丈潭，江西庐山三叠泉与三叠泉潭、玉渊涧与玉渊潭，福建武夷山大龙湫与龙湫潭，重庆水口寺瀑布与水口潭（图4-3-155）等，均是自然界"双生儿"的著名名胜地。其他如河南王屋山之龙潭，云南昆明龙泉观之黑龙潭，安徽黄山之五龙潭、铁线潭，江苏常熟虞山之空心潭等，亦负盛名。

当瀑布飞泻冲入潭中，则犹若百丈水柱猛击，潭水激荡，浪花四溅，珠飘沫飞，声如雷轰，山鸣谷应，潭瀑结合之情景最是激动人心。

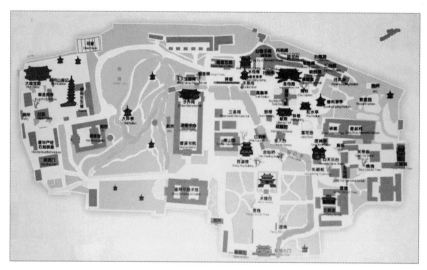

图4-3-144　山西晋祠智伯渠平面

图4-3-145　山西晋祠智伯渠

图 4-3-146 浙江雁荡山筋竹涧

图 4-3-147 江西庐山东林寺三叠泉瀑布

图 4-3-148 江苏花果山水帘洞

图 4-3-149 浙江天台山石梁飞瀑

图 4-3-150　浙江天台山国清寺鱼乐园

图 4-3-151　广东罗浮山冲虚观洗药池

图 4-3-152　广东罗浮山溪流浅潭

图 4-3-153　江西庐山溪流浅潭

图 4-3-154　山东泰山黑龙瀑与黑龙潭

图 4-3-155　重庆水口寺瀑布与水口潭

中国寺观园林里的自然界水系，既是人们（道士、僧人、游人等）生存之必需，又是组成包含宗教意识的自然风景的主题之一，更重要的是，水系是支撑生态环境优化的主角。所以，中国水系的丰富多面是构成多种水景式寺观园林的基础。

3. 植物配栽

中国道佛两教的道士僧人和忠诚信徒执老子与释迦牟尼的宗旨，以回归自然、隐入山林、潜心修道为目的，重视隐修环境的生态化和不轻易杀生的思想行为，对自然风景区的环境保护起着积极作用，中国宗教圣地的生态环境之优举世闻名。

古典的宗教圣地与现代自然风景名胜区，其所在地域与空间系两者合一，现代自然风景名胜区所拥有的原始丛林、原始花草也即古典的宗教圣地的自然生态环境。中国自然风景名胜区丰富的植物资源构成中国宗教圣地绝优的生态环境和特殊的植物景观（表4-10）。

中国若干宗教圣地植物、动物资源　　　　　表4-10

序号	自然风景名胜区与宗教圣地地域合一	植物资源	动物资源	珍稀动物
1	福建省武夷山亚热带森林生态系统	原始阔叶林覆盖率达100%，已知植物3728种，其中高等植物1017种，中国特有植物31种（鹅掌楸、银钟树、南方铁杉、红豆杉、香果树、观光木、紫茎）	野生动物5110种（包括兽类、鸟类、两栖爬行类、鱼类、昆虫类）	中国特有野生动物49种，国家重点保护动物57种（黑麂、金铁豺、白鹇、黄腹角雉、穿山甲等）
2	浙江省天目山	植物2000多种，珍稀植物35种（天目铁木、香果树、领春木、连香树、银鹊树等）	野生动物2340多种（包括兽类、鸟类、两栖爬行类、鱼类、昆虫类）	
3	四川省峨眉山	终年常绿，"大抵大峨之上，凡草木禽虫悉非世间所有"，获"古老植物王国"美称，植物3700余种。有被称为植物活化石的珙桐、桫椤和著名的峨眉冷杉、桢楠、洪椿	野生动物2300多种（包括兽类、鸟类、两栖爬行类、鱼类、昆虫类）	珍稀动物大熊猫、小熊猫、短尾猴，珍稀鸟类黑鹳、白鹇鸡，珍稀两栖爬行类弹琴蛙

序号	自然风景名胜区与宗教圣地地域合一	植物资源	动物资源	珍稀动物
4	四川省青城山	木本植物110多科，730多种（含珍稀树种楠木、唐衫、珙桐等）	野生动物300多种（包括兽类、鸟类、两栖爬行类、鱼类、昆虫类）	珍稀动物大熊猫、金丝猴，珍稀鸟类玉鸦、红嘴相思鸟、杜鹃鸟，珍稀两栖爬行类大鲵等
5	安徽省九华山	高等（有胚）植物1463种，药用植物1000多种	野生动物253种（包括兽类——珍贵的梅花鹿、黑麂、云豹、金钱豹、穿山甲、小灵猫、苏门羚，以及鸟类和两栖爬行类大鲵等）	
6	湖北省九宫山	400种原始森林珍稀植物（鹅掌楸、香果、银杏、三尖杉）和500多种药用植物		
7	湖北省武当山	药用植物400多种，产曼陀罗花、金钗、王龙芝、猴结、九仙子、天麻、田七等名贵药材		
8	广东省罗浮山	3000多种植物中有1200多种药用植物与果树		
9	陕西省秦岭北麓终南山	木本、草本植物1400多种，包括竹类128种，其中珍稀植物31种（太白红杉、山白树、青檀、领春木、香果树、金钱槭、天麻等）		
10	陕西省华山	高等（有胚）植物1463种，药用植物1000多种		
11	甘肃省崆峒山	植物千种，古树名木60多种		
12	河南省王屋山	"草生福地皆是药"，2000多种植物中有200种药用植物		

中国寺观园林的自然环境或林海浩瀚、幽深奥秘，或松柏参天、蓊翳苍翠，或古木交柯、荫霭蔽日，或玉树瑶草、毓秀钟灵，或野卉散花、五颜六色、芳香馥郁，蕴藏着千姿百色，创造了人间仙境。

有别于中国皇家园林与邸宅园林，中国寺观园林的植物配载始终保持着独特性，其植物品种的选择不以唯美为标准，重视观赏价值的同时，侧重选用：

① 可供食用的植物——南北地区的各种鲜果、干果树；

② 可供药用的植物——中草药，果、子、皮、枝、根可入药的树木；

③ 寿命长的植物——松、柏、银杏、樟、桂、梅、朴、槐、榆、山茶等；

④ 与宗教意义有关的植物——菩提、玉兰、优昙、竹、紫竹、莲、荷等；

⑤ 庇荫范围大的乔木——枫香、木棉、榕、梭椤、柳等。

从中国寺观园林 2000 年的植物栽培史中，可概括出其植物配栽方式有六大要旨：

① "四大天王"，护庙唱主角；

② 古树名木，雄姿留隽永；

③ 乡土树种，因地而制用；

④ "十大名花"，庭园里称王；

⑤ 果树花树，鲜果药物库；

⑥ 草药名茶，济世之瑰宝。

1）"四大天王"，护庙唱主角；古树名木，雄姿留隽永

中国佛寺有所谓"四大金刚"护法，中国道观则有所谓"魔家四将"护法。中国寺观园林的护寺将军树——松、柏、银杏、竹——可称为护卫寺观环境的"四大天王"。松树、柏树和银杏的树龄超长，少则数百岁，多则超千岁。松树之果（松子）、银杏之果（白果）、竹之苗（竹笋）可食用；银杏、柏树之叶、之果与柏树之皮可入药，全属经济作物（木材、竹材、药材、干果）。"四大天王"具有经济价值、生态价值、环境美化价值，并且单株也可入画，古松、古柏、古银杏的奇姿古态和苍健之美令人赞叹。

"四大天王"浑身是宝，佛教的"十方丛林制"和道教的"十方常住制"基本都以此四种植物（或其中几种）作为寺观环境保障和经济保障的主要方面，使松、柏、银杏、竹列为寺观园林的结构性基本树种。

（1）松树潇洒

中国寺观园林常用松树品种为白皮松、罗汉松、黄山松（天目松、台湾松）、金钱松、冷杉与黄杉。

佛寺喜植松，寺前殿前取群植，廊地道带取丛植。佛教教义以植树为做功德，植树成林谓之"禅林"。浙江宁波天童寺的"深径回松"、杭州灵隐寺的"七里云松"、

四川峨眉山万年寺的"白水秋风"等，均是江西庐山东林寺创禅林后的禅林名例。

浙江宁波天童寺"深径回松"。唐朝乾元年间（759~760年）德祥禅师植松林于天童寺前，后经宋朝子凝禅师补植，明朝永乐年间又补植，使寺前20里古松交道，松涛一片，为"天童十景"之一。成林之古松尚见之于广东罗浮山冲虚观的松林、山西恒山铁佛寺的松林、江苏镇江招隐寺的松林等。

四川峨眉山万年寺的"白水秋风"是"峨眉十景"之一。慧宗禅师主持峨眉山40年，以《妙法莲华经》全文字数7万字为准，植树近此数，占地达方圆六里，称为"功德林"，浓荫蔽日，利于后世。伏虎寺当时僧徒按《大乘经》字数，每字植一树，共植楠杉、柏10余万株，寺周古木参天。

古树可贵处甚多，其重要点为：①记录历史；②可用作植物史研究的摹本；③姿态苍健，独枝成景。在中国寺观园林里，可证之例十分普遍：江西庐山东林寺的东晋慧远手植罗汉松（图4-3-156）、山东泰山普照寺的六朝松、安徽九华山闵园的凤凰古松（树龄1200岁，围3.2m）（图4-3-157）、江苏洞庭东山灵源寺的南朝梁罗汉松、浙江普陀山法雨寺古罗汉松、江西上栗县金山镇金山寺内古罗汉松植于唐开元年间（714~741年）、山东长清县灵岩寺的摩顶松（白皮松）、天津天成寺的迎客松（黄山松）、北京西山长安寺的元朝白皮龙爪松、湖南岳麓山麓山寺的两枝古罗汉松（树龄1000岁以上）、上海松江方塔院古罗汉松、辽宁千山慈祥观的七枝千头松（俗名扫帚松）以及北京戒台寺千佛阁两侧南北宫院内的五棵古松等。

北京西山戒台寺五棵古松之一名"活动松"（牵动树枝树冠抖动，高25m），之二名"自在松"（树姿逍遥洒脱，高25m），之三名"卧龙松"（树皮斑驳如鳞片，辽代植）（图4-3-158），之四名"抱塔松"（老树干翻出墙外缠绕一塔，金朝植），之五名"九龙松"（白皮松枝干苍劲，树龄1300岁，唐武德年间植，高18m）（图4-3-159）。还有菊花松、莲花松、龙松、凤松、凤尾松等上百棵古松，所谓"戒台以松名，一树具一态"，以此享得盛名。其实以上诸寺观的古松莫不"一树具一态"，美姿隽永，岂止戒台寺一家耳！

（2）柏树庄重

中国寺观园林常用柏树品种为桧柏、刺柏、扁柏（福建柏）。柏树庄重，古柏奇姿古态，株株入画。道观喜植柏，道观保留的古柏林郁郁葱葱。柏树长寿，至今仍然存活的古柏中最古的几株有：

① 山西省太原晋祠圣母殿殿侧保留的一株周柏，形如卧龙，原为左右两株，因系同年所植，故名"齐年柏"，现仅存一株。据说是周朝时所植，树龄达2500岁（图4-3-160）。

② 河南省嵩山嵩阳寺两株周柏（大将军柏、二将军柏），将军柏为原始柏，树

龄超 2500 岁，大将军柏树高 12m，围粗 5.4m，树身斜卧，树冠宽大如伞；二将军柏树高 18.2m，围粗 12.54m，虽树皮斑驳，老态龙钟，仍虬枝挺拔，树姿壮观，生机旺盛，有"将军"气势。中国佛教协会主席赵朴初留有"嵩阳有周柏，阅世三千岁"的赞美诗句（图 4-3-161）

中国寺观园林里保留的古柏还有很多：山东泰安市岱庙的 5 株古柏植于汉朝[①]；江苏苏州市光福镇司徒庙 4 株汉柏名"清、奇、古、怪"，树龄 1900 岁（图 4-3-162、图 4-3-163）；江西新建县西山万寿宫 3 株晋朝古柏相传是许逊手植；江苏镇江市定慧寺内的六朝柏；河南嵩山少林寺初祖庵有唐朝慧能手植古柏等，均具有历史意义。

古柏寿命之长超过中国寺观园林建置史，所以可以称古柏为中国寺观园林中的"元老树"。柏树，尤其桧柏，因其庄重之相，故在中国古代举行祭祀典礼的大庙，为营造肃穆庄严气氛，必植柏树林。山东泰山岱庙殿庭植柏树成密林（图 4-3-164），河南嵩山中岳庙的殿庭柏林保留有古柏 300 株，陕西白水县仓颉庙的殿庭柏林保留有古桧柏 100 株，山西运城市解州关帝庙的庙内外植有古柏林（图 4-3-165），以及四川大足宝顶山圣寿寺古柏林、山西洪洞县霍山广胜寺古柏林等寺观内的古柏群，至今仍然虬曲苍劲，蓊郁葱茏。

（3）银杏优雅

银杏又名白果树、公孙树。银杏雌雄异株，以对植为常规。银杏树姿优雅，木质优良，叶形秀美；秋日叶色金黄，果实累累。其果可食，果仁与叶均可作药用，尤其树叶，药效特高，历来为树中之宝。银杏树适应性强，南北各地都可栽植。银杏是长寿树，全国的寺观园林里保留千年以上树龄的古银杏其数倬倬。

陕西周至县楼观台一株古银杏，树龄约 2600 岁，直径约 3m，相传是老子手植，是古银杏树中的"长老"（图 4-3-166）。四川青城山古常道观三清殿前保留汉代古银杏，传为道教创始人张道陵手植，树龄 1800 余岁，高 10m 以上，树干粗而短，至今生长茂盛（图 4-3-167）。江苏省南京市郊汤泉禅院（亦名惠济寺）遗址存三株古银杏乃南朝梁武帝之子昭明太子手植，树龄 1400 岁（图 4-3-168）。湖南衡山铁佛寺一株古银杏，树龄 1400 岁。千年古银杏树高径粗，河南王屋山万寿宫一株千年银杏高 45.7m，树径 3.1m（图 4-3-169）。北京潭柘寺大殿庭院两株唐朝贞观年间所植银杏高 30m 以上，径 3.0m，遮阴 600m^2，清朝乾隆皇帝封称"帝王树"（图 4-3-170）。

有名的古银杏树还有：山东莒县浮来山定林寺殿前古银杏高 24.7m，径 2.5m；

[①] "泰山有下、中、上三庙，墙阙严整，庙中柏树夹两阶，大二十余围，盖汉武所植也。"出自《景印文渊阁四库全书》。

山东崂山太清宫宋朝所植银杏树径 3.55m；河南嵩山少林寺常住院的千年古银杏（图 4-3-171）；天津盘山天成寺的两株千年银杏；北京大觉寺、大悲寺的树龄 800 岁银杏；江苏镇江焦山定慧寺的明朝所植银杏；浙江莫干山天池山巅天池寺古银杏（树干 5 人合抱）；以及上海市青浦区关王庙古银杏树（树龄千年，高 20m）等。还有，河南驻马店北泉寺、山东济南灵岩寺、江苏连云港花果山三元宫、江苏甪直保圣寺、浙江普陀山法雨寺、浙江杭州云台山三元宫、山西太原晋祠、江西永修县云山云居寺、云南昆明西山太华寺等寺观园林内都保留有古银杏树。

银杏因其树姿优雅潇洒，树冠宽大，植于庭前，庇荫殿堂，又与殿堂互相交晖。银杏亦可单株成景，是园林植物组景的重要主题。

（4）竹子清逸

"青青翠竹，尽为法身"，古印度的"竹林精舍"是印度佛教圣地之一。所以，竹子也是佛教崇敬的树种。

中国为竹子之乡，有 400 余种竹子品种，约占全球竹种的三分之一。竹的枝叶秀美清逸，四季青翠，品种既多，分布亦广，北自黄河，南至海南岛，东自台湾，西至西藏，自低海拔至高海拔，竹子都可适应。竹是保护生态环境的主角之一，也是经济作物之一，又是美化环境的重要组成内容。竹可傲霜雪，所以宜四季观赏。竹之品，被赞为松、竹、梅"岁寒三友"之一，苏东坡诗云："宁可食无肉，不可居无竹"，可见其喜爱程度。

栽竹以竹林与竹径为最常见，竹林幽静，寺观藏于竹林中，可得清幽脱俗之境，利于僧道静修。以竹径为引导，则可隔离俗世，得清雅之情景。中国寺观园林用竹喜取优良品种，特别重视选取具有宗教意义的品种，如紫竹、方竹、佛肚竹、罗汉竹、金竹、龙须竹、金镶玉竹等。观音居紫竹林，所以浙江普陀山以紫竹林为圣迹（图 4-3-172）；江苏镇江金山寺也有紫竹林。

陕西终南山宗圣宫竹林（图 4-3-173）、浙江莫干山方颐寺与兰溪白露山白露寺、江西庐山东林寺与奉新百丈寺都植有竹林（图 4-3-174）。北京潭柘寺多修竹，故有"竹林禅寺"之名。安徽九华山闵园竹林有万亩之称。

方竹，竹中之上品，其笋特鲜，四川蒙山千佛寺的方竹林负有盛名；浙江杭州黄龙洞也栽方竹。江苏连云港花果山的金镶玉竹属特殊品种，杆色最美，竹林景色最优。

毛竹覆盖面广，深入浙江杭州的韬光寺与云栖寺的毛竹林，不见天日。竹林处处苍翠葱茏，清新宜人，长期起着维护寺观园林良好生态环境的作用。

2）乡土树种，因地而制用

出于经济效益和环境效益，寺观园林植树倾向丛植群植，树种选择因地制宜，以采用乡土树种为基本原则。古诗常以"松柏参天，松竹并茂"来形容山林景色，

图 4-3-156 江西庐山东林寺罗汉松

图 4-3-157 安徽九华山闵园凤凰古松

图 4-3-158 北京戒台寺卧龙松

图 4-3-159 北京戒台寺九龙松（白皮松）

图 4-3-160 山西太原晋祠周柏

图 4-3-161 河南嵩山嵩阳寺周柏

图 4-3-162 江苏苏州汉柏"清、奇、古、怪"　　　　图 4-3-163 江苏苏州汉柏"清、奇、古、怪"

图 4-3-164 山东泰山岱庙柏林　　　　图 4-3-165 山西解州关帝庙柏林与石碑

图 4-3-166 陕西周至县楼观台老子手植古银杏　　图 4-3-167 四川青城山古常道观古银杏

图 4-3-168 江苏南京惠济寺古银杏

图 4-3-169 河南王屋山万寿宫古银杏

图 4-3-170 北京潭柘寺"帝王树"银杏

图 4-3-171 河南嵩山少林寺古银杏

图 4-3-172 浙江普陀山紫竹林

图 4-3-173 陕西终南山老子说经台竹林

图4-3-174 江西奉新百丈山竹林

说明松林、柏林、竹林实为古代中国寺观园林的普遍景观。但长期生活在山林里的僧道们明白，单纯品种的林木栽植不利于自然环境的良性运转，单纯品种的植物配植也无益于寺观的经济利益。所以，中国寺观园林重视植物群落自然合适的组合结构，保留并引入多种乡土树种。随地区差异，南地的寺观园林所配植的乔木常见的有：樟树、朴树、枫树、枫香、香椿、桑树、木棉树、榕树等；北地的寺观园林所配植的乔木常见的有：枣树、槐树、榆树、柞树、黄栌、柳树等。

中国寺观园林保留并保护了不少珍贵树种，有楠木、珙桐树、鹅耳枥树、柳杉、黄杉等；还有具宗教意义的树，如菩提树、梭椤树、红豆树。

（1）**菩提树**：佛祖释迦牟尼于菩提树下涅槃，菩提树变成佛教的圣树，是宗教信仰影响园林树种选择的典范例子。菩提树属亚热带植物，在中国只有南方部分地区适宜种植。广东广州光孝寺有一株菩提树，唐朝高僧慧能在戒坛前菩提树下受戒，开辟佛教南宗（图4-3-175）。广西贵县南山寺的山门前也植有菩提树。菩提树属优良树种，树姿清逸，树冠如盖，盛夏黄花芳香，花可制蜜，果可以制念珠，为显菩提树的神圣，通常植于大殿前或佛寺前。河南镇平县菩提寺的殿前与寺园里广植菩提树。中国北方有一种菩提树，在植物学中属于田麻科，与南方属于桑科榕属的不是同一物种，因树型相似，也结白色果，所以通常不予细辨。

（2）**梭椤树**：也名七叶树、天师栗树。梭椤树属优良树种，树形壮实，树冠宽厚，白花大而带红晕，种子可作药用，因其具有宗教意义，常植于殿前。河南王屋山万寿宫主殿前保留一株唐朝七叶树，围3m，高14m。河南登封永泰寺殿前保留的七叶树相传植于北魏年间（图4-3-176）。浙江杭州灵隐寺和韬光寺的寺前遍布七叶树，多半是近世补植。

（3）**红豆树**：红豆树果实可用作佛教的念珠，四川合江县龙桂山法王寺和蒙山千佛寺都栽植红豆树。

（4）**樟树**：常绿树，也是常寿树，树姿优美，树冠如盖，木质坚实清香，树叶也带香味。江西龙虎山上清宫和庐山归宗寺均保留有古香樟（图4-3-177），浙江杭州城隍山有宋朝樟树。福建莆田东岩山报恩东岩教寺的古樟树高约15m，径2.2m。广东肇庆白云寺有钩樟。福建泉州赐恩寺内也有古樟树。江西庐山东林寺保留的古樟树名九头樟。

（5）**榕树**：常绿树，也是常寿树，属亚热带植物，树干粗壮，根系发达，母枝能生子枝，一树可组成树群，树荫覆盖之广获树中冠军之称。广东广州六榕寺以六榕古树而得名，寺内榕荫园树叶繁茂，交荫园区。福建泉州开元寺榕树成林。广东肇庆七星岩水月宫前配置有榕树数株。榕树只适宜种植在南方地区，可显示南地寺观园林的地域特色。

（6）**枫香树**：常寿树，树形雄健，秋日满树红叶，鲜艳夺目，其根、叶、果均可入药。江西庐山黄龙寺保留古枫香树一株，称"三宝树"，树龄达1500岁。浙江普陀山法雨寺有枫香林。

（7）**木棉树**：又名红棉、攀枝花，树形挺拔，红花硕大，开花时如千盏红灯挂树，盛装若逢节日，其花、根、皮可药用。福建厦门太平岩寺保留的古木棉树树龄达数百岁。

（8）**枫树**：又名青枫、鸡爪槭，树姿舒展潇洒，叶形秀美，秋时叶色变红，艳丽富观赏价值，故常以枫树组景。江苏南京栖霞山栖霞寺以枫林成景，称"栖霞红叶"，盛名远播。浙江宁波天童寺也以枫林成景，称"东谷秋红"，是"天童十景"之一。

（9）**枣树**：枝梗挺拔，花黄绿色，红色果即枣子。中国婚嫁喜庆时常用枣，其意为"早生贵子"，故称枣树为吉庆树。山西省稷山县青龙寺与听县金洞寺均掩映于枣林中，稷山县素有"枣乡"之称，建成全国最大的大枣生产基地。坐落于枣子产地的青龙寺，别具一番景色。

（10）**桑树**：经济价值高的树种，雌雄异株，桑果可食，桑叶养蚕，其枝、根、皮、叶都可作药用，唯因"桑"音同"丧"，邸宅园林不用，而寺观园林无此禁忌。福建泉州开元寺为唐朝时在桑园基础上建寺，大殿西侧保留有古桑树。

（11）**朴树**：又名沙朴、朴榆，浙江天台山国清寺前有一片朴树林，湖北黄梅县东山寺保留晋朝古朴树。

（12）**榆树**：又名白榆，树冠宽大，枝叶茂密，木质坚韧，果、叶、皮可药用。山东崂山太清宫三官殿外石桥旁保留唐朝所植古龙头榆树，高18m余，树围3.7m，树龄1100余岁，可称全国最古榆树（图4-3-178）。江苏茅山保留一株古榆树（糙叶树），树龄300岁；山西临汾县姑射山保留了一株特别的豹皮榆。

（13）**槐树**：山西太原晋祠保留的槐树植于隋朝；山东泰山岱庙保留有唐槐；江苏镇江定慧寺保留有宋槐；泰山斗母宫内有古卧龙槐等，故槐树也属长寿树。

（14）**柳树**：河北张家口云泉寺保留有明朝所植古柳树，树高13m。湖北当阳玉泉寺前古玉泉池周遍植柳树。

（15）**黄栌**：北京香山寺周一片黄栌林，秋日如铺盖彩霞（图 4-3-179）。

（16）**柘树**：北京潭柘寺的"柘木千章"是"潭柘十景"之一。

（17）**构骨树**：又名鸟不宿，结鲜艳红果，枝、叶、皮可作药用。江苏茅山保留一株古构骨树，树龄达 500 岁。

（18）**楠木树**：楠木为特优树种，树姿雄健，四川峨眉山原拥有原始楠木森林，遭受无情砍伐，而今雷音寺周尚保留有古楠木林（图 4-3-180）；四川合江县法王寺保留有桢楠树。

（19）**珙桐树**：特优树种，枝茂叶大，花形如鸽子展翅。四川峨眉山仙峰寺周，于海拔 1700m 处，保留有古珙桐树丛林。

（20）**鹅耳枥树**：珍贵树种，浙江普陀山慧济寺后的一株古鹅耳枥树是百年前从缅甸国引种，被列为"普陀山三宝"之一。

（21）**黄杉**：树姿优美，安徽黄山云谷寺寺周的黄杉林可以入画。

（22）**柳杉**：珍贵树种，浙江天目山禅源寺寺周保留有大柳杉丛林（图 4-3-181）。

3）"十大名花"，庭园里称王

梅花、桂花、山茶花、牡丹花、杜鹃花、月季花、菊花、兰花、荷花、水仙花，这"十大名花"是现代所选，五种木本植物，一种藤本植物，两种草本植物，两种水生植物，实际上都是中国古代寺观园林的庭园里常用的观赏植物和经济作物。"十大名花"多数属于药用植物，其中梅花、桂花、山茶花又是长寿树种，可存活数百年，甚至近千年，非常可贵。

（1）**梅花**：位处"梅、兰、竹、菊"四君子之首的梅花，不论其姿、色、香、神，均属上品，隆冬开花傲霜雪，开花结果可食用。梅树属长寿树，盛传我国有 5 株千年古梅，均保留在佛寺中，2 株在湖北省，3 株在浙江省。湖北荆州沙市区章华寺内大雄宝殿前的一株称为"楚梅"，据说植于战国时期的楚国，梅树树龄可超越 2500 余岁，比松柏还古？这还须科学考证。湖北黄梅县江心寺遗址内的一株称为"晋梅"，传说是东晋高僧支遁手植，至今已有 1660 余年。浙江杭州市余杭区塘栖镇超山北麓报慈寺内设大明堂，堂于 1933 年被毁，但堂前庭园中存有称之"唐梅"一本，报慈寺院外存有称之"宋梅"一本。有史记载，杭州市余杭区超山植梅始自唐朝之后的五代后晋（936～946 年），故"唐梅"是否唐朝所栽不得而知。报慈寺院外所存"宋梅"实则枯死后又嫁接而出的一株新梅，也徒有其名。最为真实而健壮的古梅应是浙江天台山国清寺庭园内保留的"隋梅"，树龄达 1400 岁（图 4-3-182、图 4-3-183）；云南昆明龙泉观内保留有唐梅，曹溪寺内有元梅；广东肇庆白云寺保留的古梅也近千年，这些都可称为"寿星梅"。梅树也宜群植，江苏南京明孝陵前的梅花山是南京名胜之一。广东罗浮山朱明洞的默林是罗浮山赏梅胜地之一。

图 4-3-175　广东广州光孝寺菩提树

图 4-3-176　河南登封永泰寺梭椤树

图 4-3-177　江西龙虎山上清宫古香樟

图 4-3-178　山东崂山太清宫古龙头榆

图 4-3-179　北京香山寺黄栌树

图 4-3-180　四川峨眉山伏虎寺楠木树

图 4-3-181　浙江天目山禅源寺柳杉丛林

（2）**桂花**：桂花有金桂、银桂、丹桂、四季桂四大品种。桂花树枝叶繁茂，秋日开花，其金桂、银桂花香浓郁，四季桂一年可开花数次。桂树是常绿树，也是长寿树，江苏常熟兴福寺内保留有唐朝所植古桂花树；江西南昌青云谱后院内一株唐桂呈五株合抱状；宋朝遗留的福建武夷山武夷宫庭园内两株桂花树的树龄达880岁（图4-3-184）。江苏洞庭东山紫金庵保留的古金桂树龄有800岁（图4-3-185）；湖北武当山复真观古金桂树龄有200岁；以及四川青城山古常道观的古桂花、湖北谷城承恩寺天王殿侧保留的古丹桂、湖北汉中圣水寺的古桂树等，都见证着中国寺观园林内桂树栽培历史之悠久。

（3）**山茶**："茶花一树早桃花"，山茶冬春之际开花，花艳叶亮，花与根可药用，果实可榨油，具观赏与经济双重价值。山茶是常绿树、长寿树，野生山茶树可存活千年（四川峨眉山），四川青城山上皇观的七星山茶，树龄达500岁。山东崂山太清宫三官殿大堂东侧的一株山茶，品名耐冬，高近7m，胸围近1.8m，树龄600岁；三官殿前侧白山茶为明朝所植，品名重瓣白雪塔，树龄400余岁，开花如银色，特别珍贵（图4-3-186）。云南昆明金殿庭园内与龙泉观大殿旁保留有明朝所植山茶树，每年初春开花，花红似火。四川成都海云寺每年举行山茶花会。

（4）**牡丹**：牡丹花是中国特产名花，花艳味香而华贵，根皮可药用，有"国色天香"之誉，因其老株能更新复壮，故可存活50～100年。山东崂山上清宫宫内的白牡丹，株高2.6m，有百岁高龄。上海龙华寺方丈院内的百年牡丹，开花如初。河南洛阳白马寺、云南昆明昙华寺内也保留有古牡丹。

（5）**杜鹃**：杜鹃花色美艳，唐朝白居易以中国古代四大美女之一的西施赞美之。杜鹃属长寿树种，云南野生的树杜鹃树龄达500岁；四川峨眉山高山野生的树杜鹃高达10m（图4-3-187、图4-3-188）；江苏镇江鹤林寺的古杜鹃相传栽植于唐朝，但很难证实。广东罗浮山拨云古寺前也生长有高大的树杜鹃。

（6）**月季**：中国古代又称蔷薇，花色艳丽，香气浓郁，栽植简易，明朝《本草纲目》载："月季，处处人家多栽插之"，可证其普遍状况。河南老君山蔷薇花和辽宁铁岭龙首山慈清寺外的野蔷薇，春夏花开，香满山谷（图4-3-189）。

（7）**菊花**：菊花是中国最早的药用植物之一，其品种极多，《本草纲目》载："菊花久服利血气，轻身，耐老延年"，中国寺观园林栽植菊花用作茶用和药用。

（8）**兰花**：兰花是中国观赏花中的上品，其花幽香，其色淡雅，其姿挺秀，全枝均可作药用。魏晋以后已用兰花点缀庭园，唐宋时期更为普遍，明朝更盛。

（9）**荷花**："出淤泥而不染"。荷花全身是宝，可食用、药用。荷花与莲花是佛教的吉祥物，是"佛所居之净土"，故视之为圣物，大凡佛寺都开凿荷花池，养植荷花。唐朝长安慈恩寺内辟芙蓉苑，专植荷花，是中国寺观园林史中最著名的荷花池。广东罗浮山冲虚古观白莲湖曾植白莲（荷花）千万株，花巨，叶大如盖。

（10）**水仙花**：水仙原产自湖北武当山山间，武当山寺观四周多野生水仙（即旱地水仙），开花时一地黄白，阵阵清香。水仙有药用价值，花可作香料。旱地水仙可如草花般铺植于庭园，美化环境。

4）果树花树，鲜果药物库

佛教"十方丛林制"和道教"十方常住制"重视寺观经济，栽培瓜果五谷自养，有设置果园、花圃、菜圃之规定，所选果树、花树有花美果香兼药用的特点，使宗教圣地花果并茂，生机盎然。

（1）**桃树**：桃花灿烂妖媚，木质优，果甘甜，根、叶、枝、花均可入药，观赏与经济价值都高。中国古代一些文人却以桃花含"风流"之意，加以排斥，不入文人山水园。中国佛道两教则以桃花含"义气""佳境"之意，寺观园林盛植桃林。三国时期刘备、关羽、张飞"桃园三结义"历史脍炙人口，山西运城关帝庙后园特辟"桃园"纪念之（图4-3-190）。自唐朝天宝年间（742～756年）起，不少道士结茅于福建武夷山六曲畔内的桃源洞隐居修炼，元朝至明朝扩建三元庵（主奉三官大帝），道观周围桃树成林，是武夷山著名游览点。"世外桃源"含人间仙境之意，山东泰山有桃花源，广东罗浮山有桃源洞天，江西庐山东林寺有桃花花径等，都很有名。

（2）**杏树**：杏花秀，果甜。果仁香，既可口，也是上好药材。山西香岩寺、天津盘谷寺均植杏林，有诗："杏花万树开，映日光皎洁，东风过林来，满地翻晴雪"，山西永济县普救寺寺内，《西厢记》故事里的张生爬杏树会莺莺而成佳话。

（3）**荔枝**：荔枝树是南方珍贵树种，树姿优美，果实香甜，唐朝即为贡品，是杨贵妃故事的重点一节。广东新兴县国恩寺有古荔枝树，相传是唐朝高僧慧能手植。福建福州西禅寺法堂前庭有一株荔枝树，名"宋荔古迹"，树干粗壮（图4-3-191）；另一株唐代慧棱禅师手植荔枝，俗名"天洗碗"，赵朴初会长有诗："禅师会得西来意，引向庭前看荔枝"，惜几年前枯毁。西禅寺寺侧保留百株古荔枝树丛林，寺僧每年在此举办荔枝会。

（4）**木瓜**：木瓜食药俱宜，树姿亦美。木瓜树属长寿树，甘肃灵台县圪垯庙保留的古木瓜树，树龄达500岁；北京八大处长安寺保留元代金丝木瓜树。

（5）**梨树**：梨是佳果之一，营养价值也较高，其果与根均入药。梨树开花，满枝银白，故又具观赏价值。因梨的谐音为"离"，遭私家园林排斥。寺观园林则不理此禁忌，北京潭柘寺与山西永济县普救寺寺内都建有梨花院。

（6）**其他果树**：江苏洞庭东山紫金庵、杨湾庙周边的**枇杷、杨梅、旱红橘**；广东罗浮山冲虚观外的**龙眼**；四川宜宾翠屏山千佛岩的橘林；广西阳朔碧莲峰鉴山寺外的**柚树林**等，以上果实均香甜可口，富营养价值，并兼药用。

（7）**玉兰**：玉兰又名白玉兰、玉堂春、木兰、玉树，先花后叶，花白味香，盛开时如白玉千朵簇立枝头。玉兰树是长寿树，树龄可达千年以上。江苏茅山保留的古金边玉兰树龄长达1400岁，相传是南朝齐梁道士陶弘景手植，十分珍贵。陶弘景以玉兰花瓣制药，药有特效，使玉兰归入药用类植物。广东新会鹏山叱石寺保留有"宋木兰树"。北京大觉寺白玉兰植于玉兰院。

（8）**优昙**：中国名为山玉兰，别称山菠萝、野玉兰、云南玉兰，是玉兰品种之一，常绿乔木，花芳香，树皮与花可药用，优昙花是佛教所称"昙花一现"的圣花，又名佛花。云南昆明曹溪寺内保留有优昙古树。云南昆明昙华寺内曾保留有树龄300岁的优昙树。

（9）**紫薇**：有紫薇、银薇、红薇、翠薇等品种，花茂色丽，花期特长，故又名百日红。紫薇长寿，北京八大处长安寺保留有元朝所植紫薇树；云南昆明金殿与黑龙潭保留有明朝所植紫薇树。

（10）**蜡梅**：蜡梅于寒冬腊月开花，其香清幽，故又名香梅。蜡梅树长寿，存活可达数百年，上海松江方塔园保留的古蜡梅树龄500岁；山东崂山太清宫、山东泰山王母池、江苏苏州虎丘山与南通狼山广教禅寺都保留有古蜡梅。

（11）**海棠**：有垂丝海棠、西府海棠、木瓜海棠等品种，海棠树姿娇柔，花美雅，得"花中神仙"之称，云南昆明昙华寺内植有垂丝海棠。

（12）**芍药**：芍药是重要药材，中国传统名花，又名将离、绰约，花形似牡丹花，大而多色，江苏扬州祥智寺寺内辟有芍药园，配置芍药厅，"聚一州绝品于其中"。

（13）**睡莲**：睡莲与荷花同种异属，是佛教吉祥物，以白莲、金莲为贵。湖北黄梅县五祖寺的白莲，相传是禅宗五祖弘忍手植。浙江杭州韬光寺的金莲（即黄色莲花）池，有千年历史。湖北当阳玉泉寺以培植出并蒂莲而闻名。

（14）**琼花**：琼花是中国千古名花，又称聚八仙、蝴蝶花、木绣球，半常绿灌木，花大如盘，长寿树种，也是药用植物，枝、叶、果均可入药。江苏省扬州和昆山两市以琼花为市花，扬州大明寺内的一株琼花寿达300多岁，至今旺盛。浙江国清寺药师殿庭院也栽有琼花。

（15）**丁香花**：丁香花有两种分属：其一属木犀科丁香属小乔木，品种有白丁香、紫丁香、佛手丁香，其花色清素淡雅，香气独特，清香远溢，寓意美好，是我国常见观赏花木之一。其二属桃金娘科蒲桃属，亦名鸡舌香、丁子香、丁香茶，常绿乔木。其紫色花和叶、果均可食用，主要食用功效为泡茶、煮粥、泡酒和药用，归入药用植物类。北京市法源寺每年举办丁香花节。

5）草药名茶，济世之瑰宝

道教创立之始，即以制药济世为德。《抱朴子内篇》曾指出："古之初为道者莫

图 4-3-182　浙江天台山国清寺隋梅庭院

图 4-3-183　浙江天台山国清寺隋梅盛开

图 4-3-184　福建武夷山武夷宫宋桂

图 4-3-185　江苏洞庭东山紫金庵金桂树

图 4-3-186　山东崂山太清宫明朝白山茶

图 4-3-187　四川峨眉山树杜鹃

第四章　中国寺观园林营建程序

179

图 4-3-188　四川峨眉山树杜鹃

图 4-3-189　河南老君山蔷薇花

图 4-3-190　山西运城关帝庙"桃园"中的桃花

图 4-3-191　福建福州西禅寺宋荔

不兼修医术",以医术济世,显示"无为"之德,遵此传统,其著名者若南北朝陶弘景、唐朝孙思邈等道教大师也是著名医学家,对中医医药养生学说有重要贡献。佛教以慈济为怀,西域沙门多通医术,如汉代安世高洞晓医术,妙善针脉;晋朝于法开妙通医法,于法开弟子于道邃也善方药;佛图澄善于医术;与佛图澄同时的单道开善治眼疾,等等。

道教道观建制中有药圃和药堂等配置，所栽树木花卉，多数兼有药用性质。凡此，构成中国寺观园林植物配载的重要特点——重视采用药用植物，许多中草药不仅药效卓然，姿色花色亦佳，中草药圃化作特色花圃，引人入胜。中草药还可以作为地被植物，用以美化园林庭院。

（1）**草药**：既可药用，又可用作地被植物的中草药：

① 白花、黄白花、绿白花：

石斛——白花，艳，茎入药。

玉簪——白花，香，全草入药（图4-3-192）。

知母——白花带红条纹，茎、根入药。

金银花（藤本）——黄白花，香，花、茎、叶入药。

麦冬——白花与淡紫花，块根入药。

贝母——绿白花与黄绿花，全枝入药。

益智——白花，红果，果入药。

半边莲——白花与紫花、红花，用作蛇药（图4-3-193）。

② 黄花、橘黄花：

决明——黄花，花入药。

柴胡——小黄花，根入药（图4-3-194）。

萱草——橘黄花，橘红花，香，根入药（图4-3-195）。

射干——黄花，橘黄花，根、茎入药。

③ 紫花、紫红花：

丹参——紫花，根入药。

细辛——深紫花，全草入药。

木通（藤本）——紫花，果、茎、根入药。

薄荷——淡紫花，全草入药。

白芨——紫红花，茎入药（图4-3-196）。

毛地黄——紫红花与黄花（大花），叶入药。

④ 蓝花：

龙胆——艳蓝花（大花），根入药（图4-3-197）。

桔梗——蓝花与白花，根入药。

（2）**茶树与茶**

茶树为常绿树，开白花，芳香，鲜叶加工为茗茶。

据《神农本草经》记载："神农尝百草，日遇七十二毒，得茶而解之"。说明，中国早在远古时期已发现茶的药物功能，并用作医药用品。中国传统医药界推崇药食同源，茶的药物功效和色香味特色自然地被提炼为最健康的饮品，并普及为"比屋皆饮"的普通饮料。

中国是世界上最早种植茶树的国家，早在公元前十二世纪，茶叶已作为贡品由四川进贡至河南的商朝都城。

中国的儒、道、佛三家均崇尚饮茶，并形成中国式茶道，从而促进了茶树栽培、茶叶制作和饮用习俗的传播。汉朝道家葛玄曾在浙江天台县赤城山设"植茶之圃"，这是道教宫观有茶圃之置的先声。自三国时期起，道观的道士已流行以茶待客，以茶代酒作为祭品。佛教自禅宗创立，因坐禅需要提神，饮茶习俗便引入佛门。据《庐山志》记载，东晋时期，庐山上"寺观庙宇僧人相继种茶"，以茶助禅，以茶礼佛。

"名山有名寺，名寺有名茶"，许多道观佛寺都开垦山区，种植茶树，置有茶园。南京栖霞山、苏州虎丘山、福建武夷山、福州鼓山、泉州清源山、湖南衡山等地都曾产名茶。至今，中国名茶中的相当多一部分就是道教圣地与佛教圣地最初种植的，如：

① 普陀佛茶——原产浙江普陀山慧济寺。

② 庐山云雾茶——原产江西庐山东林寺。

③ 黄山毛峰——原产安徽黄山云谷寺。

④ 武夷山大红袍岩茶——原产福建武夷山天心庵（图4-3-198）。

⑤ 鹿溪鹿苑茶——原产湖北鹿溪山鹿苑寺。

⑥ 杭州龙井茶——原产浙江杭州龙井寺。

⑦ 天台华顶茶——原产浙江天台山。

⑧ 天目云雾茶——原产浙江天目山。

⑨ 四川蒙顶茶——原产四川蒙山。

⑩ 安徽龙芽茶、云雾茶——原产安徽九华山，等等。

茶园呈现的农庄景色是中国宗教圣地特有的园林景观。

图4-3-192　可作地被植物用的中草药玉簪

图4-3-193　中草药半边莲

图 4-3-194　可作地被植物用的中草药柴胡

图 4-3-195　中草药萱草

图 4-3-196　可作地被植物用的中草药白芨

图 4-3-197　中草药龙胆

图 4-3-198　福建武夷山大红袍岩茶

6）植物配栽经历小结——植物配栽的六个层次结构

中国寺观园林的植物种植，经 2000 年的不断调整改进，产生了规律，形成了特色。佛寺道观是佛道两教教众的朝拜修行基地，当愿其万古长存，其周边配套的植物亦当令其能长寿长存，选择"四大天王"成为必然；素食是两教教众的宗教性饮食选择，植物成为生活的必需；治病是两教的善举；信仰是两教的根本；植物品种选择可食用、可药用和含宗教意义的，应是最合理倾向。配合寺观内外不同功能分区选择不同配套植物，形成不同园景，诸如乔木园、花卉园、水景园、果园、茶园、功德林等，使寺观变成特殊的旅游点。

中国寺观园林的植物配栽方式呈现的特色造景规律，其要旨可概括为应用六个层次结构：

① 于寺观本部，崇拜区的核心部分，配合严谨的殿宇，高大的乔木取规则式布置，及规则对称式布置；

② 崇拜区外延部分，配合具有一定布置自由度的殿阁楼廊，植物取多树种混合的不规则式布置；

③ 生活区与游览区的植物配置以模仿自然景观为常规；

④ 廊道部分的树种选择因地制宜，以显示寺观园林地区特点为本质；

⑤ 寺观周边延伸区通常是次生态区域，以特殊的丛林景色为特色，展现不同地

域和不同海拔高度的植物组合结构；

⑥ 山深林幽处维持自然生态大环境，保持植物原始面貌，隐匿着自然精灵。

六个层次的植物配栽结构因其有序性产生的造景效果，在中国寺观园林体系中已成为普遍采取的模式。

寺观内外，其历史遗留古老树种的隽永美感，并保留成为中国植物栽培史的植物摹本，是现代研究中国寺观园林史的重要钥匙之一。

以浙江天台山国清寺为例分析植物景观六个层次结构，见图4-3-199～图4-3-212。

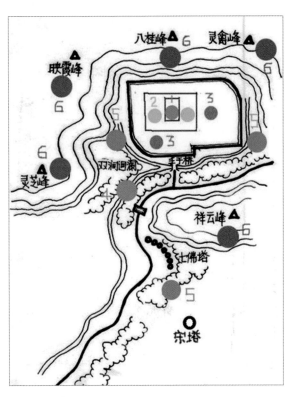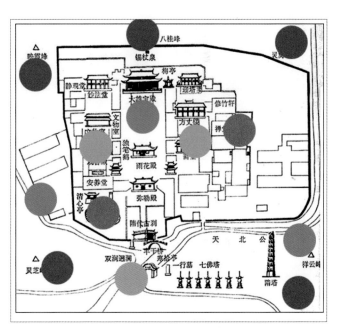

图 4-3-199（左），图 4-3-200（右）　浙江天台山国清寺植物景观六个层次结构分析：1.崇拜区核心部分　2.崇拜区外延部分　3.生活区与游览区　4.廊道部分　5.寺周边延伸区　6.自然生态环境

图 4-3-201（左），图 4-3-202（右）　崇拜区核心部分，规则式布置的高大乔木

图 4-3-203（左），图 4-3-204（右） 崇拜区外延部分，多树种混合的不规则式布置

图 4-3-205（左），图 4-3-206（右） 生活区与游览区，植物配置以模仿自然景观为常规

图 4-3-207（左），图 4-3-208（右） 廊道部分，树种选择显示寺观园林地区特点

图 4-3-209（左），图 4-3-210（右）　寺周边延伸区，特殊丛林景色为特色的次生态区域

图 4-3-211（左），图 4-3-212（右）　寺外围自然生态环境，保持植物原始面貌

四、营建序列之四——组合篇

（一）廊道

　　自然风景区内，大自然为"面"，寺观园林为"点"，把分散布置的寺观园林各个"点"（包括各种节点）以廊道串联，融入大自然的"面"，组合成浑然一体的宗教圣地，"组合"是宗教圣地建置最后的，也是重要的一环。

　　廊道是自然风景区内交通的网络组织和主通道流通形式，其实用功能有两项：其一是物质功能——输送人流、物流与信息流；其二是精神功能——输送意识流。廊道的意识性功能体现在提供情感转换空间，将游人的思维由"俗世"引入所谓的"神界"。所谓意识流即意境构想的构建过程，是宗教圣地廊道规划的思考要点。在体验迂回曲折、曲径通幽、峰回路转、柳暗花明、步移景异、景象变幻、险中出奇、涉步成趣、渐入佳境等等的感受过程中，与联想结合，把表象的景观提升为思维的意境，从而取得意境构想的效果①。展示在廊道带上的牌坊、摩崖造像、

①　在古代，风景区内的交通立足于步行。在现代，增加了车行道和缆车道。这两种交通方式所得体验与感受显然不同，本书所论为中国古典寺观园林，不考虑现代交通带来的利弊因素。现代交通的车行道、缆车道方便年老体弱者的游山之需，但不利于感受传统的宗教性旅游线路引发出来的切身体验。

摩崖石刻、碑碣、宗教信物，以及宗教性遗迹等，传递着直观的宗教文化成果。廊道所具备的信息功能起着潜移默化的、深层次的长久作用。宗教圣地的廊道又多半是绿道，蕴藏着丰富的生物多样性，成为优化宗教圣地生态环境的保障之一（图4-3-213）。

图4-3-213　四川峨眉山廊道即绿道

中国古代许多文学家、诗人在游览风景名胜后，以个人感受创作出流传千古的诗词文章，其意境感之深，堪称典范。

晋朝孙绰《天台山赋》（浙江天台山）："华顶七十五茅棚，都在悬崖绝涧中。山花落尽人不见，白云堆里一声中。""九里松风十里泉，徐徐送客上青天。不知华顶高多少，只觉群峰伏地眠。"

唐朝杜甫《望岳》（陕西华山）："西岳崚嶒竦处尊，诸峰罗立似儿孙，安得仙人九节杖，拄到玉女洗头盆。车箱入谷无归路，箭栝通天有一门，稍待秋风凉冷后，高寻白帝问真源。"

唐朝李白《登五老峰》（江西庐山）："庐山东南五老峰，青天削出金芙蓉。九江秀色可揽结，吾将此地巢云松。"（李白隐居处）

唐朝杜牧《郡楼望九华》（安徽九华山）："凌空瘦骨寒如削，照水清光翠且重。却忆谪仙诗格俊，解吟秀出九芙蓉。"

宋朝王安石《登大茅山顶》（江苏茅山）："一峰高出众山巅，疑隔尘沙道里千。俯视烟云来不极，仰攀萝茑去无前。人间已换嘉平帝，地下谁通句曲（即茅山）天？陈迹是非今草莽，纷纷流俗尚师仙。"

宋朝朱熹《登阁皂山》（江西阁皂山）："叠叠层峦锁閟宫，我来特地访灵迹。葛仙去后无丹灶，弟子今成白发翁。"

宋朝苏轼《题西林壁》（江西庐山）："横看成岭侧成峰，远近高低各不同。不识庐山真面目，只缘身在此山中。"

宋朝王安石《游洛迦山》（浙江普陀山）："山势欲压海，禅宫向此开。鱼龙腥不到，日月影先来。树色秋擎出，钟声浪答回。何期别吏役，暂此拂尘埃。"

宋朝王安石《天童寺诗》（浙江宁波天童寺）："溪水清涟树老苍，行穿溪树踏春阳。溪深树密无人处，唯有幽花渡水香。"

宋朝辛弃疾《武夷山》（福建武夷山）："玉女峰前一棹歌，烟鬟雾髻动清波。游人去后枫林夜，月满空山可奈何。"

宋朝黄煜《蝴蝶洞》（广东罗浮山）："阴深古木护涟漪，洞里藏春人不知。不是桃源深有路，如由蝴蝶满璃枝。"

1．宗教圣地的廊道布置模式

宗教圣地的廊道布置有按规制和走巧径之别。按规制者即按中轴线布局而四平八稳，走巧径者即按地形地势而随机应变。按规制布局需具备相应的地形条件，唯有城镇内大型寺观方能获得。而在郊野，综观诸宗教圣地，山势、水势、山形、地貌态势各异，变化多端，或崇山峻岭，或奇峰异壁，或层峦复崖，或幽谷深壑，或危岩怪石，或急流曲溪，或绵延冈丘，或孤瀛岛屿等，廊道布置必须走巧径之路。宗教圣地的交通网络呈现多种形态，可以概括出几种基本模式：

1）**直通式廊道**。自宗教圣地入口（或山门，或牌坊，或标志物）至主体佛寺或道观，以直线形廊道直接连接，是为直通式廊道。见之山东泰山千步石，一线冲天不回头，气势之壮，唯此为极（图4-3-214）。

2）**曲折式廊道**。山岭地区寺观布置分散，廊道走向必须迂回曲折，方能达到串联全景区寺观的目的。见之四川青城山、湖北武当山（图4-3-215）、安徽九华山。

3）**双曲式廊道**。因地形复杂，或山水组合穿插多变，单曲式廊道不可能串联全局，遂产生双曲式廊道。见之湖南衡山（图4-3-216）、福建武夷山。

4）**回转式（环形）廊道**。地形复杂又山水相连，廊道走势分分合合，形成回转式廊道。见之浙江普陀山（图4-3-217）、四川青城山（图4-3-218）。

5）**曲式廊道与回转式廊道相组合的复合式廊道**。山岭地区地形特别复杂，地势高低悬殊，单一形式廊道难以达到串联每个寺观与景点的目的，必须采取曲式廊道与回转式廊道相组合的复合式廊道。见之四川峨眉山（图4-3-219），陕西华山（图4-3-220）。

6）**放射式廊道**。在道观与佛寺合聚一地的宗教圣地，又各自突出两教的教派中心；或黄庙与青庙会聚一地，黄庙的中心地位被人为地突出，青庙则散置四周；或在地块分割的山岭地区，寺观分布极端分散，廊道无回旋余地，遂产生放射式廊道。见之河南嵩山（图4-3-221）、山西五台山（图4-3-222）。

2．宗教名胜的廊道布置模式

与宗教圣地相比，宗教名胜的寺观组合单一，廊道布置相对简单，多半类似直通式廊道模式，由宗教名胜入口，通过廊道引导，直接抵达寺观本部。宗教名胜的廊道因位处不同地域环境，大致可分为三种引导模式：丛林引导式、石阶引导式、组合引导式。

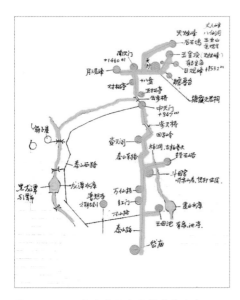

图 4-3-214　山东泰山直通式廊道示意

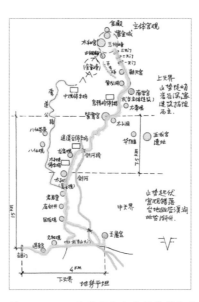

图 4-3-215　湖北武当山曲折式廊道示意

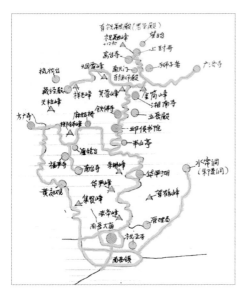

图 4-3-216　湖南衡山双曲式廊道示意

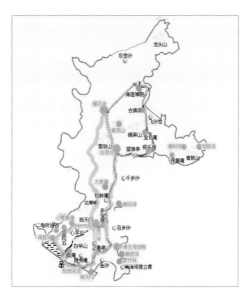

图 4-3-217　浙江普陀山回转式廊道示意

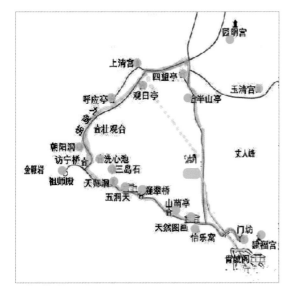

图 4-3-218　四川青城山回转式廊道示意

图 4-3-219　四川峨眉山复合式廊道示意

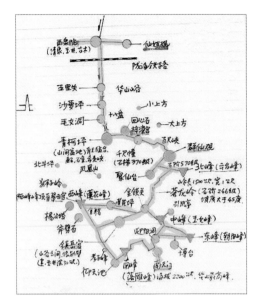

图 4-3-220 陕西华山复合式廊道示意

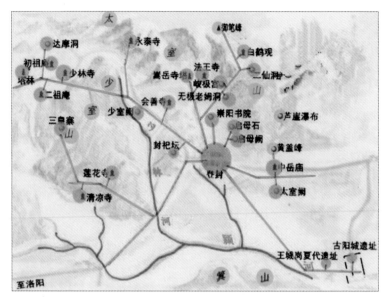

图 4-3-221 河南嵩山放射式廊道示意

图 4-3-222 山西五台山放射式廊道示意

1）丛林引导式

佛教道教都重视自然环境，保持植树传统，并有培植"功德林"的善举传统，使禅林变作维护寺观环境的前卫。进入山门，路径穿林而过，构成丛林引导式廊道。山麓谷地，林密谷幽，林有松林（浙江宁波天童寺、浙江杭州灵隐寺、北京西山戒台寺）、竹林（浙江杭州云栖寺、韬光寺）、枫树林（江苏南京栖霞寺）、朴树林（浙江天台国清寺）、荔枝树林（福建福州西禅寺）、枣树林（山西稷山县青龙寺）、菩提树林（河南镇平县菩提寺）、花果树林（江苏苏州洞庭东山紫金庵）等等之别，廊道呈现不同景色（图 4-3-223~图 4-3-226）。

2）石阶引导式

寺观园林位处山巅山麓，竖向产生高差，必须以山道或蹬道为纽带，普遍采取石阶形式，石阶或直或曲，顺地形而走，松荫曲径，石阶古道，山路途中或置以小亭，以利休息，构成石阶引导式廊道。

① 四川省乐山市乌尤山乌尤寺

乌尤寺是一座典型的山巅式佛寺园林，乌尤山四面环水，孤蜂兀立，山上林木茂盛，佛寺坐落在乌尤山山顶，由百步石阶引导入寺。佛寺创建于唐朝，北宋时，以山名命寺。唐高僧惠净于山顶结茅处开拓出一方名寺。山顶基地呈狭长形，佛寺殿堂因地制宜作单边向布置。山巅辟为花园，立景云亭为赏景处（图 4-3-227）。

图 4-3-223　浙江杭州灵隐寺丛林　　图 4-3-224　北京戒台寺丛林引导式 廊道（松林）
　　　　　引导式廊道（松林）

图 4-3-225　浙江杭州云栖寺丛林引导式廊道（竹林）　　图 4-3-226　江苏南京栖霞寺丛林引导式廊道（枫树林）

② 北京市香山寺

香山寺始建于唐朝，金、元、明诸朝均重建，清朝乾隆年间于香山建皇家园林静宜园，香山寺被包裹于园内，为"静宜园二十八景"之一。 1890 年静宜园被八国联军强盗般劫掠，园内香山寺仅存正殿前的石屏、石坊柱、石础与石阶。

③ 山西省襄垣县仙堂寺

仙堂寺始建于东晋时期，坐落在仙堂山山腰，故而得名。仙堂山主峰海拔1700m，重峦叠嶂多岩洞，仙堂寺犹如镶嵌于半山腰之中。寺依山势而建，前临深壑，寺内外有五泉涌出，整座佛寺立于高台之上，需循 162 级台阶方可由沟底登达山门，属直通型石阶引导式廊道（图 4-3-228 ）。

石阶引导式廊道的实例尚有：河北省井陉县苍岩山福庆寺置石蹬道 360 级（图 4-3-229 ）、山西省五台山金阁寺、福建省罗源县岭头山碧岩寺（18 盘路）、福建省泉州清源山赐恩寺、江苏省苏州虎丘云岩寺"五十三参"、山西省稷山县青龙寺、甘肃省天水秦州玉泉观等。

3）组合引导式

在地形地势较为复杂的宗教名胜区内，以固有的丛林与石阶为基础，因地制宜地布置山道，组成丛林、石阶、溪流组合的引导式廊道，或其中两者组合，或三者组合，视场地状况而定。

（1）丛林石阶组合引导式

① 云南省昆明市鸣凤山金殿

鸣凤山上的太和宫金殿，又名铜瓦寺，始建于明万历三十年（1602年），因用黄铜铸成在阳光照耀下金光灿烂，故名金殿。明崇祯十年（1637年）铜殿迁云南宾川鸡足山，清康熙十年（1671年）平西王吴三桂于原址重建。金殿位处鸣凤山密林中，自山脚去金殿，需经过三重天门，山道穿径于丛林中，组成丛林石阶引导式廊道（图4-3-230）。

② 浙江省兰溪市白露山白露寺

兰溪白露山，亦称玉带山；山上白露寺，又名慧教禅寺，始建于北宋皇祐年间（1049~1053年）。佛寺仅有院落两进，现存殿堂建筑呈明清风格，山道蜿蜒盘曲，石阶简朴，隐匿于茂林修竹间（图4-3-231）。

③ 河北省张家口市赐儿山云泉寺

云泉寺始建于明洪武二十六年（1393年），云泉寺佛道共处，上部属道教，下部属佛教，寺内建子孙娘娘殿，信众祈求"赐儿"，故名赐儿山。寺处于山腰，因山体陡峭，登山置224级石阶与平台3道，平台上建有休息小亭，组成典型的丛林石阶组合引导式廊道（图4-3-232）。

丛林石阶组合引导式廊道的实例尚有：山西省洪洞县广胜寺，浙江省杭州市韬光寺，山西省五台山多座佛寺园林（图4-3-233）等。

（2）丛林溪流（水溪、水池）组合引导式

山秀林茂必多泉，泉集则水源丰富，汇成潺潺清溪，顺路径游走，路侧多丛林，构成丛林溪流组合引导式廊道。溪水平日细流涓涓，雨天则水势滔滔，丛林溪流组合制造动态景观。溪流常集聚于寺前，积成水池，池中常放生鱼、龟等物种，遂改变为放生池。浙江省宁波市天童寺、湖北省当阳市玉泉寺、江苏省南京市栖霞寺等均属此类引导式佛寺之列。

① 浙江省宁波市天童寺

天童寺是以禅林水系作引导的典型案例之一。寺前20里，古松夹道，这是唐朝开元年间高僧所植禅林，又经宋、明两朝补植重植，此廊道名为"深径回松"，至寺前与涧水集聚所成的水池相会合，将善男信女引导向古寺，是"天童寺十景"之一。佛寺位于太白山麓，相传始建于西晋时期，唐重建。宋朝被立为禅宗"五山"

图 4-3-227　四川乐山乌尤寺石阶引导式廊道　　图 4-3-228　山西襄垣仙堂寺石阶引导式廊道

图 4-3-229　河北井陉福庆寺石阶引导式廊道　　图 4-3-231　浙江兰溪白露寺丛林石阶组合引导式廊道

图 4-3-230　云南鸣凤山金殿丛林石阶组合引导式廊道　　图 4-3-232　河北赐儿山云泉寺丛林石阶组合引导式廊道

图 4-3-233 山西五台山丛林石阶组合引导式廊道

之一，清朝后期被称为中国禅宗四大丛林之一（图 4-3-234～图 4-3-239）。

② 浙江省杭州市灵隐寺

灵隐寺按"四灵兽式"选址，背靠北高峰，面对飞来峰。寺始建于东晋咸和元年（公元 326 年），南朝梁武帝赐田并扩建。五代吴越王钱镠时又扩建，赐名灵隐新寺。灵隐寺曾经是江南禅宗"五山"之一，其规模堪称"东南之冠"。在宋、元、明、清诸朝，灵隐寺时毁时建达 8 次之多，现存殿堂大部分重建于 20 世纪 80 年代。但廊道与自然景观区域则基本维持原始状态，山门外七里云松禅林被公路绿化带取代，山门前水源充沛的冷泉，其一侧为飞来峰摩崖造像（峭壁上共刻有五代、宋、元时期的 345 尊摩崖造像）与溶洞，另一侧为绿荫之下供观赏与休息的亭阁，灵隐寺是丛林溪流组合引导式廊道中景观最生动的实例之一（图 4-3-240～图 4-3-243）。

③ 浙江省天台山国清寺

始建于隋朝的天台宗祖庭国清寺按"四灵兽式"选址，寺周四面环山，五峰挟峙，寺侧双涧绕流。涧水于山门前汇聚为溪流，溪水南流与丛林构成典型的丛林溪流组合引导式廊道。出城关三五里，入廊道，远处 60m 高的隋塔集聚视觉焦点，过"一行遗迹"[1]与"寒拾亭"，于朴树密林中跨过"丰干石拱桥"[2]，方可抵达国清寺山门，国清寺是此类引导式廊道中包容人文景观最丰富的实例之一（图 4-3-244、图 4-3-245）。

④ 湖北省当阳市玉泉寺

始建于隋朝的玉泉寺位处玉泉山东麓。玉泉山海拔 400m，多奇洞怪石，藏曲溪流泉，植被丰茂，四季葱茏。国内三处间歇名泉之一的珍珠泉由玉泉寺寺侧流出，水清碧如玉，起泡如珍珠，水质甘醇。泉水蜿蜒向寺前流泻，积而成池，古名玉泉池，水清见底，水中游鱼活跃，池岸垂柳浓荫。丛林溪流加上鱼池，构成典型的丛林溪流组合引导式廊道（图 4-3-246、图 4-3-247）。

⑤ 山东省莱州市道士谷

山东省莱州市东莱山现称大基山，海拔 477m，山中道士谷是目前国内最大的道教山谷道场。东莱山山体呈半环状，中央为开阔的瓢状谷地，仅西南方有一豁口，自成天然门户。谷内林木繁密，古木参天，芳草山花，清香宁静。昔日谷底清泉四

---

① 一行（673～727 年）唐朝高僧，著名天文学家，曾到国清寺居留，向寺僧求教数学。

② 寒山、拾得与丰干是唐朝著名诗僧，三寺僧当时被誉为"三贤"。

涌，溪流纵横，经年不绝；而今夏日雨后，谷内以"大基名泉"为主流的溪水仍汇聚，集为水库，再流出，与丛林合成组合引导式廊道。

丛林溪流组合引导式廊道的实例尚有：北京潭柘寺龙潭溪、辽宁省凤城市凤凰山三官庙溪流等。

（3）丛林、水系、石阶组合引导式

① 浙江省宁波市保国寺

重建于唐宋两朝的波灵山保国寺，以保留的北宋大中祥符六年（1013年）的大雄宝殿而著称。佛寺位处灵山山腰，山上寺周林木繁茂，寺旁山泉不绝，自山

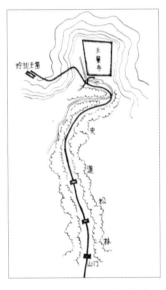

图 4-3-234　浙江宁波天童寺
总平面

图 4-3-235　浙江宁波天童寺鸟瞰

图 4-3-236　浙江宁波天童寺原"深径回松"

图 4-3-237　浙江宁波天童寺整修后的"深径回松"

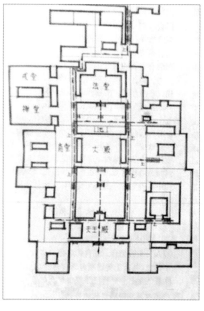

图 4-3-238 浙江宁波天童寺本部平面

图 4-3-239 浙江宁波天童寺本部放生池

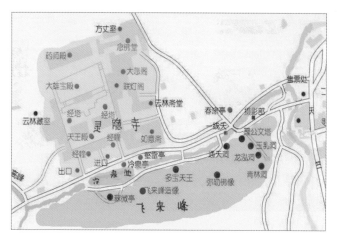

图 4-3-240 浙江杭州灵隐寺平面

图 4-3-241 浙江杭州灵隐寺丛林与冷泉

图 4-3-242 浙江杭州灵隐寺造像与丛林溪流

图 4-3-243 浙江杭州灵隐寺溪流

图 4-3-244 浙江天台山国清寺鸟瞰

图 4-3-245 浙江天台山国清寺丛林（朴树林）溪流组合引导式廊道

图 4-3-246 湖北当阳玉泉寺鸟瞰

图 4-3-247 湖北当阳玉泉寺丛林溪流组合引导式廊道

脚以山道引导入寺，石阶两旁松竹夹道，途中一侧积泉水成池，泉名灵龙泉，水质清冽，丛林、溪流、石阶组成极具代表性的复合引导式廊道（图 4-3-248 ～图 4-3-255）。

② 浙江省杭州市虎跑寺

虎跑寺始建于唐宪宗元和十四年（819 年）。寺本名定慧寺，曾数次更名，宋、元、明几朝又数次毁后重建，明世宗嘉靖十九年（1540 年）再毁，二十四年（1545年）再重建，改名虎跑寺。寺位于杭州大慈山白鹤峰下，虎跑泉从大慈山后断层陡壁砂岩与石英砂缝中渗出，传说僧人性空夜梦两虎"跑地作穴、涌出泉水"，故泉名"虎跑"。泉前辟方池积泉，再流出为放生池，为湿地，为溪流。入山山径与溪流、湿地和满山丛林共同构组成复合引导式廊道（图 4-3-256 ～ 图 4-3-261）。

（二）路径

路径是指陆际水际的通道（道路、山径、水道）结构与形式，包括各种节点、路际辅助构筑物、小品建筑等。

图 4-3-248　浙江宁波保国寺鸟瞰

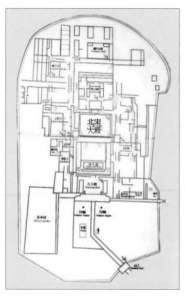

图 4-3-249　浙江宁波保国寺平面

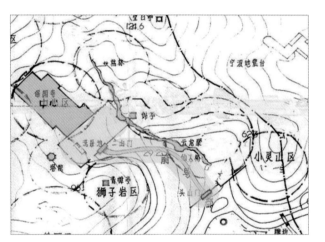

图 4-3-250　浙江宁波保国寺廊道示意

图 4-3-251　浙江宁波保国寺石阶

图 4-3-252　浙江宁波保国寺廊道——丛林石阶

图 4-3-253　浙江宁波保国寺灵龙泉

图 4-3-254 浙江宁波保国寺山门

图 4-3-255 浙江宁波保国寺大殿与功德池

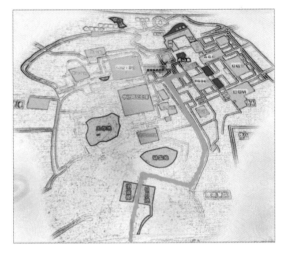

图 4-3-256 浙江杭州虎跑寺平面

图 4-3-257 浙江杭州虎跑寺溪流

图 4-3-258 浙江杭州虎跑寺丛林

图 4-3-259 浙江杭州虎跑寺放生池

第四章 中国寺观园林营建程序

199

图 4-3-260　浙江杭州虎跑寺丛林石阶　　　图 4-3-261　浙江杭州虎跑泉

1．交通网络中的节点

在宗教圣地与宗教名胜内，交通网络中的节点，通常可以区分为：

① **交通节点**——山门、庙门、广场、圣境地入口、道路、山径交叉点、船埠等。

② **风景游览点**——各种自然景观、人文景观的汇集点。

③ **宗教性崇拜点**——摩崖造像、塔、经幢、洞府、宗教性遗迹等。

④ **观赏点**——最佳视觉观览点。

⑤ **休息点**——常配置亭、廊、建筑小品等，以舒解游人旅途劳顿。

⑥ **供应点和住宿点**——一般设于寺观本部内，也有于山泉冒出处凿池聚水供游人解渴。

2．题为"景"的风景点

以上节点中，起核心作用的是风景游览点与宗教性崇拜点，而宗教圣地与宗教名胜内被题为"景"的地点，均是经提炼而得的最具代表性的风景点。

① 四川**"峨眉山十景"**——金顶祥光，象池月夜，九老仙府，洪椿晓雨，白水秋风，双桥清音，大坪霁雪，灵岩叠翠，萝峰晴云（伏虎寺），圣积晚钟（报国寺）。

② 浙江**"普陀山十二景"**——莲洋午渡，短姑圣迹，梅湾春晓，磐陀夕照，莲池夜月，宝塔闻钟，法华灵洞，两洞潮音，朝阳涌日，千步金沙，光熙雪霁，华顶云涛。

③ 云南**"鸡足山八景"**——天柱佛光，华首晴雷，苍山积雪，洱海回岚，塔院秋月，万壑松涛，飞瀑穿云，悬岩夕照。

④ 浙江**"天童寺十景"**——深径回松，凤冈修竹，玲珑天凿，太白生云，清关喷雪，双池印景，西涧分钟，东谷秋红，平台铺月，南山晚翠。

⑤ 湖南衡山**"福严寺十景"**——上天狮子，主僧入光，一柱擎天，镜台流月，丹凤衔书，石竿垂钓，三僧共说，烟语飞花，金鸡衔粟，石鼎焚香。

有的风景游览点与观赏点常合而为一，如峨眉山的"金顶祥光"和"象池月夜"，普陀山的"华顶云涛""朝阳涌日"和"莲池夜月"，鸡足山的"天柱佛光"和"塔院秋月"，这些风景点都是借以观察天象（日、月、云、佛光）之处，特别吸引人流。

3．路径型式

路径分为陆上与水陆间的通道。陆上道路按不同位置、不同用途给予不同名称。古时道路留存至今者谓之古道，在河网间称纤道，在山间称岭道，在高坡地称蹬道，古时平原道上行马称马道。岭道与蹬道通常皆以石板铺筑，道侧辅以叠石，衬以野花，凸显山径之美。作为水陆间通道的河端口码头，通常登山石阶类似，相对简洁。

中国山巅式寺观园林和悬崖峭壁式寺观园林的选址多险要之地，迫使廊道步惊险之境，当遇到特别复杂的山地地形或相对陡峭的山岭地势和特殊路段时，中国寺观园林创造的路径方案原则是："纵向开凿天梯，横向巧辟栈道"。特殊路径的构筑形式有如下几项：

① **千步石阶**——登山之道。宗教名胜有百步石阶，宗教圣地有千步石阶。以泰山铺筑的 6000 余级石阶为最长的石径，登山若登天，气势最壮。

② **弯道**——峰峦起伏，山径曲折，若欲更上一层楼，必须七转八弯绕群峰。陕西华山、河南王屋山均置有十八盘山道，江西庐山的弯道称九十九盘，四川峨眉山的弯道称九十九道拐，湖北武当山（图 4-3-262）、四川青城山也多弯道，弯道能引导出步移景异的更多惊喜，可提高登山乐趣。

③ **栈道**——遇悬崖陡壁，无立锥之地，则开凿架空栈道，紧贴峭壁，凌空飞渡。施工极其困难，行进极其惊心动魄。陕西华山南峰有长空栈道最为险要（图 4-3-263）。四川峨眉山黑龙江峡谷栈道，于一线天之下又临深涧，有惊却无险，具深度意境。蜿蜒曲折地沿悬崖向上攀登的凌云崖九曲栈道，则突显出四川乐山大佛的巨大庄重和雍容大度，是观赏效果最佳的栈道（图 4-3-264）。近年不少山地风景区铺筑栈道，如江西三清山新栈道、河南嵩山新栈道。于栈道上铺设栏杆可保证游人安全（图 4-3-265）。

④ **天梯**——尖峰挡道，深谷断路，设法于山脊处凿槽，人作匍匐状移动，谓之爬天梯。最著名的天梯在是陕西华山苍龙岭，苍龙岭所凿天梯，长 1500m，宽仅 1m，坡度达 45 度，可称最惊险的天梯，爬天梯需要学猿猴手足并用（图 4-3-266）。

⑤ **铁索**——一种特殊的登山设置，攀爬时不单用足，也需手足并用。河南泌阳县铜峰山，海拔 632m，山上建有寺观 4 座，自山下至山顶置天门 4 道，登山设施是两条铁索，若要上山，只有紧攀铁索，使体弱者、胆小者望而兴叹。

⑥ **天桥**——登山途中，每遇溪涧深壑，壑深千尺，两岸壁立，则架虹桥跨越，称之天桥，使"天堑变通途"。河北苍岩山福庆寺桥楼殿，以石桥飞跨两崖，桥上建殿，"千丈虹桥望入微，天老云彩共楼飞"，是谓天桥奇观（图 4-3-267）。

图 4-3-262　湖北武当山紫霄宫弯道

图 4-3-263　陕西华山最危险的栈道

图 4-3-264　四川乐山凌云崖九曲栈道

图 4-3-265　河南嵩山新栈道（设有安全栏杆保护）

图 4-3-266　陕西华山苍龙岭天梯

图 4-3-267　河北苍岩山福庆寺桥楼殿

（三）小品建筑与交通设施、园林小品（含石质艺术品）

1．小品建筑与交通设施

中国园林建筑"亭台楼阁"在寺观园林里一概不缺，而在交通网络系统唱主角的是亭、台等小品建筑。小品建筑与交通设施有亭、廊、台、阁、山门、牌坊、经幢、桥、船埠等，各具功能。休息之用为亭、廊、阁，观览之用为台，交通之用为桥、船埠，区隔空间之用为山门、牌坊，宗教崇拜之物为经幢。宗教圣地廊道组织中很注意小品建筑的布点，小品建筑无疑是路径中的重要景观主题。依据小品建筑的特定功能，结合地形地势与周边山水境况，其位置通常选择在：

① 道路转折处或分岔处，如四川峨眉山清音阁、四川青城山雨亭。

② 道路或山径结束处，如山东泰山南天门。

③ 水际陆际接轨处或交叉处，如浙江普陀山船码头、江苏镇江金山寺"御码头"、江苏镇江焦山定慧寺船埠、苏州寒山寺船埠。

④ 透视焦点，如诸山巅式寺观与绝顶之塔。

⑤ 登山途中，如福建福州鼓山半山亭、四川青城山山荫亭。

⑥ 路径途中，如四川峨眉山伏虎寺侧桥亭。

2．宗教圣地廊道组织中选取率最高的小品建筑

（1）亭

《营造法式·卷一》"亭，停也，民所安定也，人所定集也。"古制规定郊野交通要道需每隔若干里程，置亭以供旅人休息，谓之"十里长亭"。风景名胜地也常立亭以为游息之所。若获名人或政要留下诗句，或作记，此亭之名便留传于后世。南北朝王羲之作《兰亭集序》帖，使浙江绍兴"兰亭"名满天下。广东连县中峰山燕喜亭，因唐朝韩愈作记而盛名。安徽滁州琅琊山醉翁亭，因宋朝欧阳修醉酒于亭并撰《醉翁亭记》而脍炙人口。还有丰乐亭，因宋朝苏轼作《丰乐亭记》而传世，等等。虽然那些亭子都经重修重建，但其沉淀的历史文化却不会改变。

宗教圣地地域开阔，于山间、水际、林中配置小亭成为常规。值得注意的是，其立亭之意颇有深思，位置的选择以实用为先，既考虑安全、醒目、易找，又使之在视觉上兼具观赏点与观赏对象的双重作用，使游人在游览途中即可休息养神，又可赏景悦目。如，四川都江堰伏龙观观澜亭；山东泰山普照寺筛月亭；江苏镇江金山寺七峰亭、江天一览亭，甘露寺凌云亭；安徽宿松县小孤山小姑庙梳妆亭；湖南桃源县桃花观蹑风亭、探月亭；湖南长沙岳麓山云麓宫望湘亭；河北张家口赐儿山云泉寺矗云亭、万松亭等等，均显现深度思考。

最符合山林意境的亭要数四川省青城山的亭，沿廊道配置有呼应亭、神灯亭、

观日亭、惠心亭、半山亭、四望亭、山荫亭、卧云亭、引胜亭、虎啸亭、金鞭亭、映霞亭、望海亭、望云亭、冷凝亭、观云亭、醉幽亭、隐鹤亭、凌云亭、治学亭、翠衣亭、叠嶂亭、禅师亭、缘冈亭、鞠躬亭、四望亭等二十余座亭子。

宗教圣地的亭形式多样，随环境而设，有三角亭、方亭、八角亭、弧形亭、笠亭、桥亭、重檐亭、组合式亭等，所取建筑材料也因地制宜。如青城山的亭大多取枯树作柱，树皮覆顶，树根当凳，藤蔓装饰，与青城山景浑然一体（图4-3-268~图4-3-275）。

寺观园林立亭所思的另一内容是使其带有纪事性质（包括传说之类），并表达在该亭子的名称上。如，四川成都鹤鸣山招鹤亭、解元亭；四川广元乌尤山皇泽寺五佛亭；山西太原纯阳宫关公亭；湖北武当山紫霄宫循碑亭；福建厦门南普陀寺太虚亭；广东广州六榕寺补榕亭；广东阳江县北山观音亭；湖北鄂州樊山（西山）灵泉寺三贤亭；广东潮阳县灵山寺留衣亭（唐朝韩愈留衣处）等，使之具有内涵，产生回味。

（2）山门、牌坊

《营造法式·卷一》载"门，扪也，为扪幕障卫也。户护也，所以谨护闭塞也。"古时的门，因不同构造，或立于不同位置，便呼有不同名称，诸如：正门谓之应门，旁门谓之阁门，大门谓之乌头门，横一木作门而上无屋谓之衡门或坊门等。随时代演进，于寺观园林，则正门谓之山门，乌头门谓之棂星门，坊门谓之牌坊。其结构上的区别为，棂星门木结构、石结构均有；牌坊以石结构为多；山门形制较正规，常取建筑物规格。江苏省苏州市虎丘山二山门位处廊道中段，环境极佳，建筑形式遵照宋《营造法式》制式，可称山门中最正统的范例。若严格区别，牌坊不属门的范畴，牌坊的作用主要有二：其一，对人与事的表彰与纪念，如功德牌坊、贞节牌坊；其二，分隔空间与标识治所，如寺观园林里的牌坊（图4-3-276~图4-3-280）。

（3）桥

中国古代造桥有成熟的经验，隋朝的赵州桥与《清明上河图》所展示的宋朝各式桥梁，都能说明中国古人造桥的高超技术和高标准艺术水平。中国宗教圣地里多小河溪涧，桥梁也是重要的交通设施，但多数跨度不大，桥梁形式倾向简朴实用。木桥施工方便却容易腐朽，所以寺观园林里较多采用石桥。但木桥轻巧，在浅水地区或溪河走向复杂的地段，搭架木桥便成首选方案。寺观园林里桥梁的代表性实例有湖北当阳玉泉寺石拱桥、梁式结构的山西太原晋祠"鱼沼飞梁"、浙江天台山国清寺石拱桥、四川青城山悬空木长桥和江苏无锡惠山寺梁式结构石桥等（图4-3-281~图4-3-285）。

图 4-3-268　四川青城山双亭式休息亭

图 4-3-269　广东广州六榕寺笠亭

图 4-3-270　江西庐山东林寺茅亭

图 4-3-271　北京潭柘寺流杯亭

图 4-3-272　浙江雁荡山石亭

图 4-3-273　四川峨眉山架空观景亭

第四章　中国寺观园林营建程序

205

图 4-3-274　四川青城山天然阁　　　　　　　　图 4-3-275　江苏虎丘山方亭

图 4-3-276　河南嵩山中岳庙嵩高峻极木牌坊　　　　图 4-3-277　山东泰山岱庙石牌坊

图 4-3-278　上海城隍庙木牌坊（棂星门式）　　　图 4-3-279　山西五台山石牌坊（拱券门式）

图 4-3-280　山西五台山龙泉寺石牌楼

图 4-3-281　山西太原晋祠"鱼沼飞梁"

图 4-3-282　山西太原晋祠"鱼沼飞梁"

图 4-3-283　湖北当阳玉泉寺石拱桥

图 4-3-284　四川青城山木长桥

图 4-3-285　江苏无锡惠山寺梁式石桥

3．园林小品（含石质艺术品）

廊道网络不能忽视园林小品的配合作用。园林小品有水池、假山、叠石（包括池岸、护坡等石作品）、刻石、碑碣、平台、栏杆与"名石"等，虽然细细微微，但同样披有艺术外衣，有助提高观赏效果。

中国宗教圣地内的园林小品并非都是人工产物，不少是自然体与人工相结合的结合物。如，水池由人工开挖，但通常是扩大泉眼而成池；摩崖石刻是雕琢于自然山体上的古代书法家、文学家的珍贵手迹，为古代历朝书法艺术的精品。

（1）摩崖石刻与碑碣

宗教圣地，如泰山、华山、终南山、青城山、崆峒山、茅山、罗浮山、龙虎山、药王山、王屋山、峨眉山、庐山、衡山、五台山等处保存有大量的摩崖石刻和碑碣，其中泰山保存有摩崖石刻 1277 处、碑碣 1239 块，数量之多位居全国之前列。

① 摩崖石刻

中国书法艺术博大精深，以石材为介质者保存最为恒久，摩崖石刻与碑碣可视为书法艺术的另类书库。地球上岩石的体表形态与色彩配合无一类同，石质体系书法反映的流派、字体、字形与表达内容千面百式，历代名流的经典书法艺术被尊为书法范本（多数保留在用以表彰人物、记事颂德的碑碣中），摩崖石刻与碑碣所蕴藏的历史文化真迹令人惊叹。于大尺度的岩体上刻写比小尺度的纸质上书写显然更易洒脱，故摩崖石刻词组的构成亦形式多样，可概括为：

碑碣式（如泰山"五岳独尊"石刻、九华山咏佛石刻）；

散文式（如泰山"天下大观"石刻）；

诗词式（如福建武夷山"水帘洞"石刻）；

标题式（如青城山"青城第一峰"石刻、普陀山"海天佛国"石刻）；

组合式（如泰山"高山流水"石刻、齐云山"真仙洞府"石刻）；

自由体式（如华山奇石石刻）等。

故石刻在实用功能方面也显示出多面性与广泛性。作为古代艺术作品的摩崖石刻常展示在廊道沿线，从而很大程度上提升了在宗教圣地朝拜或旅游途中的文化精神（图 4-3-286～ 图 4-3-295）。

② 碑碣

古时对竖立状的矩形石质刻石，头方者称之碑，头圆者称之碣，后世则两者不分，统称碑碣，或称碑刻。形成碑碣的演变史曲折有趣，石碑始见于周朝，初用于测日影，推算时间，是日圭的前身；碑又用于墓葬，为葬具之一，之后于碑上刻写逝者生平事迹和颂扬之辞，便形成正式的墓碑。墓碑由歌颂历代帝王功绩的陵墓扩限至王公贵族的墓地，再普及至民间墓地，同时由面向已故之人移向服务在世之人，再扩展至服务社会，完成了碑发展演变的全过程。碑碣主要以文字形式记述或赞颂有纪念意义的人和事，也可用作一种标志，应用甚广泛。皇帝刻石褒奖或训示，常建碑亭以保存。儒道佛三界常于石碑上书刻经书，宣扬教义。在寺观园林，最多见的碑碣是记述寺观历史与建寺盛事，以及赞颂佛道两教有功德的高僧高道；在重点景题之地，则常树碑标识，还有图文并茂的碑。而随时间推移，碑刻所含书法艺术价值和历史文献价值使碑碣本身变成文物，成为园中一景。此处列举一些有知名度的碑刻：陕西终南山老子讲经台保存的古碑有唐欧阳询撰书《大唐宗圣观记碑》、宋米芾行书《天下第一山》、元赵孟頫隶书"上善池"石碑、高寿羽梅花古篆《道德经》碑等；山东泰山的《纪泰山铭碑》《泰山赞碑》、《泰山灵佑宫》（铜碑，1625年立，碑高5m）、《宣和重修泰岳庙碑》《大宋封东岳天齐仁圣帝碑》、《大元创建藏峰寺记》和《康熙重修青帝宫记》等；河南嵩山的《大唐嵩阳观纪圣德盛应以颂碑》《少林寺碑》、《会善寺碑》（北齐）、《道安禅师碑》（唐）、《会善寺戒坛记》、《嵩山永禅寺均庵主塔记》[①]、《武则天诗书碑》、《唐代宗敕牒戒碑》（767年立）、《中岳嵩高灵庙碑》和《五岳真形图碑》等（图4-3-296～图4-3-298）。

（2）名石

自岩体上剥落的岩石块，因石面上或有名人刻字，或载有某种传说与宗教故事，使之嬗变为一块"名石"。对风景点而言，名石常起点睛效果。

① 四川青城山天师洞延庆观观东的"降魔石"，传说是道教创始人张道陵成道时作法降魔处（图4-3-299）。

② 江苏虎丘山云岩禅寺"点头石"和"千人石"是由传说"千人听经石点头"而出名（图4-3-300、图4-3-301）。

③ 广东罗浮山东麓麻姑峰下"钓鱼台"是东晋葛洪洗草药的洗药池畔一巨石，刻有清末丘逢甲所题诗"仙人洗药池，时闻药香发。洗药仙人去不还，空池冷浸梅花月"，追忆葛洪事迹（图4-3-302）。

④ 江西庐山仙人洞右侧观妙亭下，有一凌空挑石突出，石下万丈深渊，奇险无比，傍山崖刻有"游仙石"三字。明嘉靖七年（1528年），广东钱全志在此作诗曰："竹林无处访仙居，百尺丹崖悬断石"，使此石成为名石（图4-3-303）。

⑤ 广东广州药洲中的"九曜石"是五代南汉方士炼药的湖中一岩石，石上有宋人铭刻，以米芾所题"药洲"题刻最为著名（图4-3-304）。

⑥ 浙江普陀山普济寺后有一石，宛如三扇门板并竖，状如宝岛，名为"灵鹫石"，又名"慈云石"，石隙间有泉流入寺，清冽有香气。

⑦ 保留下来的名石尚有：

四川灌县灵岩山灵岩寺的"棋盘石"；

山东泰山的"五车石"；

江西庐山仙人洞观妙亭下的"访仙石"（出自明朝朱元璋访周颠的故事）；

湖南衡山黄庭观的"飞仙石"（传说是334年东晋道家魏夫人飞升处）；

湖南郴州苏仙岭苏仙观苏耽"升仙石"；

---

① 永禅寺亦名永泰寺，是国内现存始建年代最早的女尼佛寺，碑刻记载有南北朝时期几名公主出家为尼的史实。

湖南岳麓山云麓宫前的拜岳石（因可瞻望衡岳而拜，故名）。

浙江青田县太鹤山（第三十六洞天）法善丹（唐朝道士）"试剑石"；

广西桂林伏波山的"伏波试剑石"；

天津盘山盘谷寺的"洗心石"，等等。

名石贵在记录事迹，因此而存有历史文化价值。

（3）叠石技艺

① 假山

就工程技术性质而言，假山应归属叠石技术类，但中国的假山更注重艺术性，故而从叠石类中分离出来。中国古代，叠造假山见于记载是始于汉朝。南北朝前秦延初元年（公元394年）陕西长安永贵里浮图祠的须弥山应是中国寺观园林叠造假山之始。在自然景观型寺观园林里，通常没有必要叠造人工假山，但有时为强化景观效果，也略见有人工假山。构筑方式采取真山假山混搭形式，即以真山为本体，假山为局部，人工假山依据真山脉络延续展开，增添若干艺术趣味。浙江杭州黄龙洞和江苏南通狼山葵竹山房有见此种做法。古典的假山构筑模式已被现代假山工程所继承，实例见四川峨眉山入口大假山（前面假山，背面贴接真山）（图4-3-305）。

② 叠石

驳岸是水体与陆地的分界面，阻挡水体和引导水体流向为其主要功能，同时需要对抗陆上砂石土埌的侧向推力。静态的与动态的水体是确定驳岸工程结构的要点。临大江大湖，动态水体的爆发力常至惊人地步，其驳岸被归入水利工程，寺观园林不宜涉足。寺观园林范畴中，凡河岸、池岸、溪岸、山道、蹬道、山体护坡等，大都采取人工叠石方法。叠石属于工程型堆筑技术，其构造或以乱石砌筑，或以条石砌筑，或以型石砌筑，或以假山式叠砌等，随地段情况和形式需要而选取。工程型砌体的形式一旦与真山真水相融合，会戏剧般地培生出艺术效果，如质朴的凿石涧壁显示出苏州虎丘山剑池的宛若天成（图4-3-306）；光滑圆石叠筑的溪岸强调出四川峨眉山清音阁奔腾不息的溪流的力度，等等，达到假山所追求的以假乱真的目的。

通过相地、策划、布局、组合等四序列营造的中国古典寺观园林，以严密的营建程序，确保证获得历史、哲理、技术、艺术、生态、精神诸方面的统一，从而使其具有跨时空的存在意义，借力天人合一、融合自然等规划思想与巧于因借、随机应变等设计方法，在园林规划设计领域起到承前启后、不可忽视的重要作用。所以，针对中国寺观园林的研究也就具备了现实价值。经过历史的洗礼，呈现给今人的中国寺观园林总体来说是精品，是精华。对精品的欣赏与理解，最直接的方式就是去体验，详细了解多项著名宗教圣地，则是亲身体验前的有效准备。

图 4-3-286　山东泰山"五岳独尊"石刻

图 4-3-287　安徽九华山咏佛石刻

图 4-3-288　山东泰山"天下大观"石刻

图 4-3-289　山东泰山"高山流水"石刻

图 4-3-290　四川青城山"青城第一峰"石刻

图 4-3-291　江苏苏州林屋洞"林屋古洞"石刻

图 4-3-292　安徽齐云山石刻群

图 4-3-293 浙江普陀山
"海天佛国"石刻

图 4-3-294 福建武夷山"水帘洞"石刻

图 4-3-295 陕西华山奇石石刻

图 4-3-296 陕西西安石碑博物馆藏石碑

图 4-3-297 浙江台州国清寺乾隆御碑

图 4-3-298 江苏南京灵谷寺石碑

图 4-3-299 四川青城山天师洞降魔石

图 4-3-300 江苏虎丘山点头石

图 4-3-301　江苏虎丘山千人石

图 4-3-302　广东罗浮山记葛洪洗药池事迹巨石

图 4-3-303　江西庐山游仙石

图 4-3-304　广东广州九曜石

图 4-3-305　四川峨眉山假山（背面真山）

图 4-3-306　江苏虎丘山剑池

第三篇

中国著名宗教圣地

第五章

道教圣地

自1982年起，中国设置国家级风景名胜区管理机制。截至2017年3月，国务院总计公布了9批、244处国家级风景名胜区，其中120项属宗教性质（俗称宗教圣地），或含宗教内容的风景名胜区（见附录三），现择其中最具典型性的著名宗教圣地作详细剖析。

第一节　泰　山

一、沿革

山东省
占地面积 426km²
主峰玉皇顶
海拔 1545m

上古时期，人们敬天地鬼神，祭山川神祇，祭祀山岳实际是祭山神。山神原是上古时期出现的最古老神灵之一，膜拜山神为求庇护。据记载，祭山之典始于舜禹时期。中国的祭"五岳"（东岳泰山、西岳华山、南岳衡山、北岳恒山、中岳嵩山）是祭祀"五岳之神"，而最早的是东周时期所祭中岳嵩山之山神。

泰山，古名岱山，又称岱宗，是秦始皇灭六国统一天下之后所祭祀的第一座名山。秦汉时期盛行山岳祭祀，而唯一受到皇帝"封禅"的名山只有泰山。秦始皇求长生不老药、祭泰山山神还是其冀遇"蓬莱仙人"的重要一步[①]。

《周礼》有记："天子祭天下名山大川，五岳视三公，四渎视诸侯。"指出先秦时代山神已被"人化"，被视为王公大臣，秦汉之后更受诸多帝王加封，唐玄宗封泰

[①] 《史记·封禅书》："天子既已封泰山，无风雨灾，而方士更言蓬莱诸神若将可得，于是上欣然庶几遇之，乃复海上望，冀遇蓬莱矣。"蓬莱即海上三神山之一，三神山为蓬莱、方丈、瀛洲。

山为天齐王，宋真宗加封为青帝广生帝君，只有当过和尚的明太祖朱元璋不采取这一套，改称"泰山之神"，但明成祖朱棣再封泰山为天齐仁圣帝。祭祀山神的庙堂按皇家殿庭制规格兴建，所谓"秦既作畤，汉亦起宫"①，秦汉时期封禅大典在祭祀泰山神的祀庙举行。

泰山的建设活动以敕建祀庙东岳庙（亦即岱庙）为起始。早在战国时就有方士隐居岱阴的岩洞，南北朝时道教将泰山列入"洞天福地"之"第二小洞天"，名"蓬玄洞天"，以泰山为"群山之祖，五岳之宗"。官办性质的北魏北天师道与民间信仰始于泰山上下建庵庙。东岳庙原由封建政府主管，此时转入道教掌管，变为道教宫观。唐、宋、元、明、清诸朝皆有扩建，建于唐朝、宋朝的有老君堂、青帝观、升元观、天书观（即干元观）、斗母宫（古称龙泉观）、碧霞元君祠（宋、金）、王母池道观、玉帝观、会真宫、纪泰山铭碑和普照寺等；建于元朝、明朝的有长春观、三阳观、酆都庙、万仙楼、灵应宫、南天门等。明清时期营造兴旺，但以重建与修缮居多，斗母宫和碧霞元君祠内留存有明朝遗构。佛教于公元4世纪中期传入泰山，先有朗公寺和灵岩寺，南北朝时期，建有谷山玉皇寺、神宝寺、普照寺等。但随道教的兴盛，佛教逐渐退出，现仅有普照寺最为著名。

二、地域特点

泰山山脉位据山东省中部，东西向绵延约200km，南北宽约50km。主脉、支脉、余脉涉及周边十余县。地域隶属泰安市，主峰玉皇顶海拔1545m，在泰安城区北，是被誉为"五岳之首"的泰山核心。泰山群基底地质的绝对年数约25亿年，是中国最古老的地层之一。泰山的地质构造以褶皱、断裂、韧性剪切带为特征，产生复杂的构造面貌，其片麻岩断块结构呈奇峰突兀之态势。又因地势高峻，河流水急，故多跌水、瀑布和深潭，形成潭瀑交替的景观，以黑龙潭瀑布、三潭迭瀑和云步桥瀑布最夺声势。泰山受黄海、渤海影响，雨量充沛，森林覆盖率达80%以上，现有木本植物430余种，草本植物550余种，药用植物460余种。据《史记》记载：泰山"茂林满山，合围高木不知有几"，无数古树名木，现保留有34个树种，计万余株。泰山地貌，嵯峨峻峭，山峦起伏，苍翠毓秀，溪流潆洄，泉瀑夺声，环绕主峰的知名山峰有112座，崖岭98座，溪谷102条，石古，峰峻，山灵，水清，所谓集壮丽、雄浑、神秀于一体，应对联云："人间灵应无双境，天下巍峨第一山"。

---

① "秦畤"者，为秦始皇祭祀天地五帝而设立的祭坛；"汉宫"者，为汉武帝祭祀山神而设立的祠庙。《汉书·郊礼志上》："于是郡国各除道，缮治宫馆名山神祠所，以望幸矣。"

三、景区、景点、廊道

登泰山，先入庙堂祭山神，是两千年来形成的封建时期的常规。泰山，古时称岱宗，祭祀东岳泰山山神的祠庙名为东岳庙，亦名岱庙（图5-1-1~图5-1-3）。

 景点1. 岱庙

岱庙坐落于泰山南麓，原是县城城郊，后划入泰安市区之北。始建于汉朝的祭祀泰山神的祠庙，北魏以后虽改由道教掌管，但仍具祠庙性质，供历朝帝王于此举行祭祀大典。自唐朝至清朝均或拓建，或增建，或修建，加上现代大规模修缮，至今保留着明清两朝的原貌[①]。岱庙占地面积9.65万 m^2，其遵照的明清官式型制最为完整，规格最高，是按封建时期的殿庭制景园型宫观园林建造的典范之一。

岱庙的总体布置基本依照北京故宫形式，四周宫墙高耸，南边辟门5个，东、西、北各辟1门，正面正阳门前，宫阙重重。宫墙四隅均建角楼，每个城门上皆有城楼，气势巍峨。庙内设东、中、西三条轴线，中轴线自正阳门向北依次布置配天门、仁安门、天贶（音况）殿、后寝宫、后花园，结束于厚载门。正阳门、配天门与仁安门是正殿天贶殿南面的三重门，配天门与仁安门属穿堂式殿堂型制。配天门两侧有东配殿三灵侯殿、西配殿太尉殿；仁安门两侧也有东、西配殿。主殿天贶殿，又名峻极殿，始建于北宋真宗大中祥符二年（1009年），清重建，殿面阔9间，进深4间，面积970 m^2，重檐庑殿顶覆黄色琉璃瓦，殿内供奉泰山神即东岳大帝。主殿两侧设廊庑，现陈列碑碣与汉画像石。东、西两轴按北京故宫的东西六宫形式配置若干庭院，东轴前后设汉柏院、东御座、花园；西轴前后有唐槐院、环咏亭院、雨花道院[②]。

岱庙总体设计的显著特点表现为建筑与园林并重，各处院落都以绿色充塞。大殿南向大庭院密布古松、古柏、古银杏，是国内宫观中最大的乔木林之一[③]。大殿北面的后花园陈列各式盆景，是充满奇花异草的盆景园。汉柏院的5株古汉柏相传植于汉武帝元封元年，树龄达2000岁。古代帝王祭祀泰山时居住的东御座，花树掩映，清静幽雅。唐槐院以唐朝所植古槐树得名。从鸟瞰图对比北京故宫，相似的是一色黄琉璃瓦顶；相异的是在屋顶间隙中故宫填充的基本是一色地砖，岱庙则改为一色绿树，反映出前者是人间王者之宫，后者则是由绿色带来的山神之宫

---

① 有唐开元十三年（725年）的增修，还有宋大中祥符二年（1009年）和宋真宗的大规模扩建，据《重修泰岳庙记碑》所载，时有"殿、寝、堂、阁、门、亭、库、馆、楼、观、廊、庑共813楹。"
② 岱庙属祠庙类宫观，不设老君殿或三清殿和一般道观建筑，而以供奉地域性山神的大殿为主殿。
③ 中国最大的坛庙乔木林在北京天坛。

（图 5-1-4～图 5-1-6）。

祭祀毕，出岱庙，便可直奔泰山。泰山的总体布局与意境构想极吻合佛道两教推崇的"三界"观念：

第一阶："下天界"，即低层景区，自岱宗坊至回马岭。第一阶的主要景点有王母池、斗母宫、红门宫、万仙楼等。

第二阶："中天界"，即中层景区，自回马岭至南天门。第二阶的主要景点有筛月亭、云步桥、五松亭等。

第三阶："上天界"，即上层景区，自南天门至玉皇顶。第三阶集聚泰山最佳自然景观和泰山最具代表性的人文景观，以碧霞祠、玉皇庙为主体。

泰山是宗教圣地中唯一取直通式廊道的山岳，主峰海拔 1545m，自山脚至山顶铺 6293 级石阶，竖向呈一字冲天形式，突出挺拔山势，突兀，孤高，雄浑，气势磅礴，古代汉武帝赞叹曰："高矣，极矣，大矣，特矣，壮矣"，贴切生动。

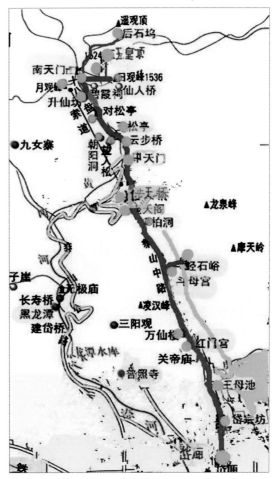

图 5-1-1　泰山景点与廊道

图 5-1-2　泰山全景

图 5-1-3　泰山千步石阶

图 5-1-4　泰山岱庙鸟瞰

图 5-1-5　泰山岱庙天贶殿

图 5-1-6　泰山岱庙汉柏院的汉柏

四、游览体验

（一）第一阶"下天界"

泰山由岱庙起始，自岱宗坊入山为第一阶。第一阶的布局以连续几组园林化道庙迎客，包括王母池、红门宫、斗母宫、万仙楼，用以调节游人心情，消除尘念，求得效果。

 景点2. 王母池道观

《泰山述记》记载："王母池本名'瑶池'，俗名王母池。池上为群玉庵，祀王母，下临虬在湾，前有飞鸾泉。"池上群玉庵供奉西天王母，王母是道教主神之一，据传西汉建岱庙时已有此庵，但该时道教尚未创立，何来道观？其实，王母池与群玉庵（即王母池道观）是两个概念，王母池是个大水池，一个风景点，群玉庵则是其中的一个道观。王母池道观始建于宋元祐八年（1093年），毁后于明嘉靖年间（1522~1566年）重建，清朝多次重修。王母池道观依山临溪，参差而建的殿庑亭阁立于三层台阶上。山门内有小池，小池西侧山壁有洞，洞内有泉，水质甘冽，池周花树扶疏，环境清幽。拾阶而上至正殿，内祀王母像，两侧有配殿，殿阁的红墙墨瓦掩映于松柏丛中。隔溪曾建有王母梳洗楼，故溪水又名梳洗河。王母池道观与梳洗河及王母池不可分隔，合在一起组成明秀的滨水式寺观园林（图5-1-7、图5-1-8）。

 景点3. 斗母宫

斗母，道教全称斗母元君，也名斗姥，意指诸星之母，属道教地位较高的女神。斗母宫临溪而建，内分院落三进。此宫道佛混杂，唯环境幽静，园林化庭院景观优美，古柏苍劲，古槐虬枝卧地，水池清澈，石壁洞内藏小瀑布，名三潭叠瀑，声若丝竹之音（图5-1-9、图5-1-10）。

图5-1-7　泰山王母池道观庭院

图5-1-8　泰山王母池

图 5-1-9 泰山斗母宫

图 5-1-10 泰山斗母宫庭院

（二）第二阶"中天界"

泰山第二阶为陡峭盘山道，石阶数千级，对登山者是一次意志考验，体验"上天"的艰辛，一路上景致奇俏，有筛月亭与六朝松、云步桥的瀑布、万松山的松林、五松亭的古松等，具中途休息站功效。过千步石阶的最后一段十八盘，以南天门为终点（图 5-1-11、图 5-1-12）。

图 5-1-11 泰山云步桥与大瀑布

图 5-1-12 泰山十八盘

（三）第三阶"上天界"

泰山第三阶进入"天宫"，气爽神怡（图 5-1-13）。南天门标志着第二阶的结束和第三阶的开始，至南天门已达海拔 1460m。南天门门上有对联曰："门辟九霄仰步三天胜迹，阶崇万级俯临千嶂奇观"，对联所指"三天"即点明道教的"三界"思想。

上天界集聚泰山最佳自然景观和泰山最具代表性的人文景观，也是泰山主要服务供应点。自然景观为玉皇顶的借景气象，壮观的"旭日东升""黄河金带""云海玉盘"诸"景"象引人勾起"仙境"幻想。人文景观集中于碧霞祠与玉皇庙两组精巧的山巅式道观园林，以及岱顶大观峰上"纪泰山铭碑"的唐隶书法和满布山崖的刻石等文物精华……，展示出一个人间的"天界"及"天人合一"亲和有情的境界，登泰山是一种精神享受。

 景点 4. 碧霞祠

碧霞祠原名玉女祠，始建于宋真宗大中祥符元年（1008 年），明朝改名碧霞灵佑宫，清乾隆三十五年（1770 年）重建，改今名。碧霞祠内供奉碧霞元君，俗称泰山圣母，或称泰山奶奶，盛传能佑众生，特别善佑妇女儿童，自古以来受省内香客信赖，香火甚旺。碧霞祠设二进院落，依地势迭落，南北中轴线上安排照壁、南神门、山门、香亭与大殿。全祠左右对称，东西各置钟鼓楼、东西御碑亭与配殿。明朝嘉靖年间重修时正殿覆以铜瓦，成为重要特色。碧霞祠立于泰山一高岗上，由百级石阶登临，祠前祠后绿化浓郁，祠内庭院以花、灌木点缀，是一组经典的高岗式道观园林（图 5-1-14、图 5-1-15）。

 景点 5. 玉皇庙

《史记·天官书》云"其一明者，太一常居也"，把天上星宿中最明的、最尊贵的称"太一"，道教则把天神中最勇贵者称太一，即中宫大帝，也即玉皇大帝。玉皇大帝是道教的最高天神之一，除三清天尊之外，玉皇大帝统领天界所有神仙鬼怪，泰山玉皇庙位据泰山绝顶，是泰山第一等的道观。玉皇庙的始建年代应在北魏以后，明朝成化年间（15 世纪中叶）重建。玉皇庙又称玉帝观，规模不大，山门之内的主殿即玉皇殿，东侧立观日亭，西侧立望河亭。观日亭可观赏"旭日东升"的日出现象，望河亭可远眺"黄河金带"的黄河景象。庙两翼建有道房，玉皇殿前置"极顶石"，标志泰山的最高点（图 5-1-16 ~ 图 5-1-18）。

泰山廊道的布局，以形式各有千秋的石碑坊（岱宗坊、升仙坊、天阶坊）、亭（对松亭、五松亭）、桥（云步桥、步天桥）等穿插于路径之中，以绽放文采的石碑、刻石艺术（泰山保留碑碣 1239 块、刻石 1277 处）、造像艺术（石窟造像 14 处）展示于岩壁洞穴，泰山是文化的泰山。

图 5-1-13 泰山"天宫"景区

图 5-1-14 高岗之上的泰山碧霞祠

图 5-1-15 泰山碧霞祠鸟瞰

图 5-1-16 泰山玉皇庙

图 5-1-17 泰山"极顶石"

图 5-1-18 泰山"旭日东升"

第二节　青城山

一、沿革

青城山"一名赤城山，一名青城都，一名天国山"（杜光庭《青城山记》），据现代考古证实，距今 4000 多年前的新石器时代晚期，青城山地区已被古时蜀人开发、聚居，称之芒城遗址。公元前二世纪的秦朝，盛祭祀山川神祇之风，青城山被列为 18 座祭祀对象之一。青城山自古已盛名在外，道教创建人张陵游遍各名山，却选青城山为第一宣教基地，有其深层的历史根源。

"益州西南青城山，一名青城都山，形似城，其上有崖舍赤壁，张天师所治处"（《名山记》）。东汉顺帝年间（126～144 年），张陵（亦名张道陵）修道于四川省鹤鸣山，并于鹤鸣山创立道教（亦称正一盟威道、五斗米道）。之后，去离鹤鸣山不远的青城山，结茅于天师洞，分立 24 治（治即现代意义的传教区），悉心传教，最后"羽化"于青城山，由此，青城山成为道教的发祥地、祖庭，被列为"洞天福地"的"第五大洞天"，名"宝仙九室之洞天"。两晋南北朝时期，南北两地的道教改称南、北天师道，张陵被尊为第一代天师，青城山是巴蜀道教中心。之后，张陵后嗣迁中心至江西省龙虎山，各地历代天师仍然到青城山朝拜祖庭，使以天师洞为核心的青城山道教宫观能得到较好的保存。

三国至两晋南北朝时期去青城山修道的著名道士有李阿[①]、陈勋[②]和范长生[③]。从张陵开始，青城山道士多半或居山洞，或结茅舍。至两晋时期青城山始建道馆（观），有洞天观[④]、上清宫[⑤]、上皇观[⑥]、碧落观[⑦] 等。

唐皇室崇道。唐中叶，唐玄宗李隆基（712～756 年）到四川，封青城山为赤城王，又封显应侯。唐僖宗李儇（873～888 年）封青城山为希夷公，亲书祭文，导致青城山亦获兴盛，山中道观增至 40 多处，有常道观、丈人祠、金华宫、冲妙观、玄都观等。唐睿宗女金华公主（道号玉真）居上皇观修道，上皇观又称金华宫。

四川省
占地面积 120km²
主峰老霄顶
海拔 1260m

[①] 李阿，三国时蜀人，"蜀州江津平冈治为李阿学道得仙处"，"蜀人李阿，号八百岁公，吴孙权时，常乞于成都市。朝来夜去，有人见其暮宿青城山中"（葛洪《抱朴子内篇·道意》）。
[②] 陈勋，蜀州人，三国蜀被灭后入青城山，师谷元子（《历世真仙体道通鉴》）。
[③] 范寂，号长生，青城山最著名道士，三国蜀刘备时，范长生"栖止青城山中，以修炼为事。先主征之不起，就封为逍遥公。得长生久视之道"（南宋《舆地纪胜》）。
[④] "自延庆观上二三里，有观曰洞天，肇建自晋时"（南宋《舆地纪胜》）。
[⑤] "晋朝起天官于高台山丈人祠侧，号曰上清官"（南宋《舆地纪胜》）。
[⑥] "上皇观，晋时丈人峰前建上皇观，亦名玄真观"（《蜀中广记》）。
[⑦] "长生官，在青城乡青景村，晋建，祀范长生，旧名碧落观"（《灌县志》）。

唐末五代间，著名高道杜光庭[①]、谭峭[②]入住青城山。两宋时期宋皇室虽也崇道，但其势力未达全境，四川偏远，疏于顾及，建设活动偏少。该时期入青城山修道的道士为数尚多，但少著名者，据称宋时建有福唐观、本竹观、仙居观、储福观、威仪观，但无遗迹，不可考证。

明朝初年，奉真武为大帝的朱棣全力营建武当山，对于青城山，除明万历年间重建圆明宫、上元宫之外，其他宫观多半年久失修，甚至荒废[③]。青城山历来是道教正一道派的祖山，明末清初之际，山内正一道派道士全都避走战乱，之后青城山道庙被武当山全真道派的龙门派所据，自此全真道派掌管青城山。全真道派执"十方丛林制"，严格教规，致青城山道教又趋复兴。清初，康熙曾入青城山，居真武庵。清朝陆续重建重修的青城山道观有常道观、长生观、洞天观（也名祖师殿）、上清宫、建福宫、圆明宫等。最盛时全山曾有道教宫观 70 余座，现尚存 38 处。

二、地域特点

青城山位处四川省成都平原西北部，属邛崃山脉分支，西北邻卧龙自然保护区，是"四川青城山—都江堰风景名胜区"的重要组成部分。青城山全山 36 座山峰环绕如城廓，山上主要植被是亚热带常绿阔叶林、常绿落叶阔叶混交林和暖性针叶林，终年青翠。青城山山体属断裂褶皱状地质，其地貌以"丹岩沟谷，赤壁陡崖"为特征，山形百态，绝壁深壑，清溪满山游走，瀑布常年不绝，主峰老霄顶海拔 1260m。青城山风景区占地面积 120km²，气候温和湿润，年平均温度 15.2℃，是极好的避暑胜地。

唐期著名诗人杜甫巡视青城山之后，作诗曰："自为青城客，不唾青城地。为爱丈人山，丹梯近幽意"。这个"幽"字是诗人对青城山环境和景观特色的最精辟概括，青城山的山林、谷地、山花、溪流、古道、建筑，或幽深，或幽香，或幽雅，或幽

---

① 杜光庭（850～933 年）号东瀛子，浙江缙云（丽水）人，唐咸通（860～873 年）年间应试不中，入浙江天台山修道，后隐居青城山白云溪。他对老子理论进行注释和传播，深入研究道教的教理教义，著有《道德真经广圣义》50 卷及《太上老君说常清静经注》，补东晋道士葛巢甫立"一气化三清"之说而乏教理之缺，并系统整理、圆融各派道法，其居青城山近 30 年间，著作多达 20 余部 250 多卷，是道教理论集大成者，影响深远，被道教界称为"扶宗立教，海内一人而已"。杜光庭学识渊博，又精通地理学、文学、书法、历史、医学、气功和音乐，他被唐僖宗封为道门领袖，五代前蜀高祖王建封他为上柱国蔡国公，前蜀后主王衍封他为传真天师。杜光庭是中国道教文化史上一位承前启后的重要人士。

② 谭峭（873？～976？年），福建泉州人，幼而聪慧，好黄老之学，立志修道。及长，辞家出游，游历终南山、太行山、太白山、王屋山、嵩山、华山、泰山等天下名山，师从嵩山道士历十余年，得辟谷、养气之术，后入南岳衡山洞天观修炼内丹，炼丹成，著《化书》一书，后隐居四川青城山。《化书》分道化、术化、德化、仁化、食化、俭化六卷，以化为题阐述道家变化无常的思想，重点是"道化"，在老子"生生不息"思想基础上着重讲述道的变化的趋势。《化书》还包含生物学、化学、物理学等有关内容。

③ "午后憩长生观，观久废，颓垣败础，与灌莽为伍。…建福亦荒墟不治"（明焦维章《游青城山记》）。

清，故而获得"青城天下幽"之赞誉，与"剑门天下险""峨眉天下秀""夔门天下雄"并称为四川省四大名山。

青城山有植物 600 余种（包括蕨类植物、种子植物、裸子植物、双子叶植物、单子叶植物，以及楠木、唐衫、珙桐等珍稀树种）；野生动物 300 余种（包括哺乳类、禽鸟类、鱼类、两栖爬虫类）。青城山天师洞古银杏传说是张天师手植，高 50 余米，径围 20m，1800 岁，被封为"天府树王"，属青城山镇山之宝。自然保护区内属国家级保护动物有金丝猴、玉鸦、红嘴相思鸟、杜鹃鸟、娃娃鱼等。

三、景区、景点、廊道

青城山分前山与后山两大景区，前山面积只占青城山总面积的六分之一，却是道教圣地青城山的主体。作为道教正一教派的发祥地，又有最长的历史延续性，故而山中文物古迹众多，保存有天师洞（亦名常道观）、建福宫、上清宫、玉清宫、太清宫、圆明宫、丈人观、真武宫（亦名祖师殿）、上皇观等主要宫观；主要自然景点则有月城湖、天然图画、朝阳洞、掷笔槽、三岛石、洗心池等处。

前山景区内分三阶：

第一阶：自青城山门坊至天然图画。"寻寻觅觅，终得如画仙境"，主要景点有青城山门坊、建福宫、月城湖、天然图画。

第二阶：自天然图画至天师洞。"天师得道，降魔显威"，主要景点有天师洞、三岛石、掷笔槽、洗心池、祖师殿、朝阳洞。

第三阶：自天师洞至上清宫。"崇敬道祖，'老子'唯一"，主要景点有上清宫、玉清宫、太清宫、圆明宫。

众山围合似城廓的青城山，多数道观幽藏于山坳或丛林中，山中沿浓荫密布的石阶山路还分布呼应亭、神灯亭、观日亭、卧云亭、惠心亭、朝曦亭、山荫亭、凝翠亭、引胜亭、半山亭、天然阁等休息与观览亭阁，曲折的山道串连诸道观与景点，组合为曲折廊道与环形廊道合一的规范的廊道模式（图 5-2-1、图 5-2-2）。

青城山环形廊道诸节点：青城山门坊—建福宫—雨亭—天然阁—天然图画—五洞天坊—集仙桥—三岛石—掷笔槽—天师洞—龙桥栈道—祖师殿—卧云亭—朝阳洞—观日亭—上清宫与老君阁—四望亭—半山亭—月城湖—回到天然阁。这是一条由低及高、渐入主题的传统廊道安排。20 世纪末建缆车道，开辟另一环形路线，其走向与经典廊道相反，顺序为：青城山门坊—建福宫—雨亭—月城湖—上清宫与老君阁—观日亭—朝阳洞—祖师殿—天师洞—掷笔槽—五洞天—天然图画—天然阁—雨亭—回到门坊。这是一条先升后降，先入主题，再回原点的导游路线安排，便于年老体弱者。

图 5-2-1　青城山景点分布

图 5-2-2　青城山廊道与景点

四、游览体验

（一）第一阶：自青城山门坊至天然图画

入青城山门坊，先至建福宫。

 景点 1.　建福宫

建福宫海拔 793m。唐开元十八年（730 年）迁址于丈人峰山麓的建福宫原名丈人祠，宋朝赐现名，当时诗人陆游以"黄金篆书扁朱门，夹道巨竹屯苍云。崖岭划若天地分，千柱眈眈压其垠"的诗句来描写建福宫。现存建筑系清光绪十四年（1888 年）重建，近年再扩建，大殿三重，主祀老子、宁封[①]与杜光庭。建福宫背倚悬崖，周围楠木、竹林苍翠，宫内院落清新幽雅，配以假山，点缀亭台，殿内保留着壁画、楹联等文物[②]，宫侧保存有明末庆符王妃的梳妆台遗址（图 5-2-3 ～图 5-2-5）。

景色幽美、环境宜居的青城山既是修道人寻觅的绝佳隐修地，也是旅游者向往的一处舒畅游览地。出建福宫，驳接两处景点：西侧的"天然图画"与北侧的"月城湖"。不同于泰山庄丽之美，青城山显露的是清灵之美，"天然图画"与"月城湖"一山一水，均美景如画。

（二）第二阶：自天然图画至天师洞

 景点 2.　天然图画

由建福宫至天然图画，途经 4 座亭阁：雨亭、天然阁、怡乐窝与引胜亭。天然

[①] 《列仙传》："宁封子者，黄帝时人也，世传为黄帝陶正"，道教"洞天福地"中"第五大洞天"青城山的主治神仙，唐僖宗中和元年（881 年）封为五岳丈人（统领五岳）与希夷真君。

[②] 殿内中楹柱上的 394 字的对联，被赞为"青城一绝"。

阁造型别致，是一座十角形三重檐亭。天然图画本是一组庭院的门坊之名，又以此作为景点的景题。天然图画坊建于清光绪（1875～1908年）年间，位处龙居山牌坊岗的山脊，矗立于苍崖之上，海拔893m。这里两峰夹峙，四周绿荫浓翠，整体景色如一幅风景画，故称之"天然图画"。亭右有横石卧于两山之间的悬崖上，名天仙桥，"寻寻觅觅，终得如画仙境"，神话传说此间是昔日仙人聚会游戏处（图5-2-6）。

（三）第三阶：自天师洞至上清宫

 景点3. 天师洞

天然图画的上方是青城山的核心景点"天师洞"，天师洞景点包含有掷笔槽、三岛石等自然景点。山荫亭、凝翠亭、五洞天坊等小品建筑分布于天然图画与天师洞之间浓荫覆盖的山径一带。天师洞的天师者当指张道陵，张道陵于东汉顺帝年间（125～144年）开发天师洞，初为治所，屋为茅舍，隋朝大业年间（605-618年）建道观，名延庆观，唐朝改称常道观，故天师洞又名常道观。天师洞实非洞窟，而是地貌似洞。天师洞海拔1000m，处于三面环山封闭，一面临涧，面向白云谷，周围古树参天的幽密自然环境，视野开敞，其地形不规则，地势有起伏，道观房舍因地制宜灵活布置，庭院10余个，外廊曲折环绕，建筑简朴，类似村居农舍。现存建筑重建于清康熙年间（1662～1722年），主体建筑有天师殿、三皇殿、黄帝祠。正殿为清末添建的三清殿。三清殿之置不符合张道陵初建道教时的建道宗旨与崇拜主体，把三清殿加建于天师洞内当作正殿是清末的一个昏庸导向。三皇殿位于天师洞右下角，内立伏羲、神农、轩辕三皇石像。青城山是张道陵创立道教的发祥地，天师洞则是第一代天师修道传道的中心和道教的第一治所。天师洞的总体布局采取山居别业式，所呈现的是道教建立初期的治所型式（图5-2-7～图5-2-10）。宗教立教之始有借助神力之倾，"天师得道，降魔显威"，张道陵于天师洞传教，行降妖除魔之术，天师降魔时以剑劈巨石致石裂而为三，故名三岛石，亦称降魔石；降魔时天师以笔掷之而成深槽，故称掷笔槽，此槽者，峡谷也，实宽18余米，深70余米，这一天然奇观成为天师施展神力的战绩。天师洞前后，古银杏、古棕、古桂、古松等古木繁盛，洞门前一株古银杏树高约50余米，胸围7m，直径2.2m，形态奇特，据传乃天师手植，树龄达1800岁。

图 5-2-3 密林包围的青城山建福宫

图 5-2-4 青城山建福宫主殿

图 5-2-5 青城山建福宫庭院绿化

图 5-2-6 青城山"天然图画"坊

图 5-2-7 青城山天师洞平面（鸟瞰）

图 5-2-8 青城山天师洞入口

图 5-2-9　青城山天师洞民居式曲折外廊　　　　图 5-2-10　青城山天师洞主殿

 景点 4. 祖师殿

出天师洞，过龙桥栈道与访宁桥，有祖师殿位于山道左上方，殿背靠轩辕峰，面对白云溪，环境清幽。（图 5-2-11）祖师殿始建于晋，毁后于清末重建，供奉真武神和张三丰。此殿规模不大，仅一组小巧的四合院，但其周围留下不少人文遗迹，据传有唐末杜光庭读书处、山顶的轩皇台，以及浴丹井（唐朝道士薛昌炼丹遗迹）等。访宁桥北有朝阳洞（图 5-2-12），大小两洞并无特色，因传为上古宁封的栖真处而成圣迹。

 景点 5. 上清宫

上清宫位于青城山绝顶高台山之阳，海拔 1260m。登上清宫需通过名为"三弯九倒拐"的多曲弯道，再沿山脊至观日亭，观赏亭侧岩壁巨型摩崖石刻"天下第五名山"与"青城第一峰"之余，便可抵达。

道教创立之前，老子已被视为神仙，把老子与道合而为一。东汉桓帝亲自祭祀老子，尊老子为仙道之祖，并创建老子祠。上清宫始建于晋朝，清朝末年重建，宫门石阶两旁保留有一对高大的千年银杏树，证明着上清宫久远的历史。上清宫主殿区顺山巅地形作东西向排列，东山门为主门，正对主殿老君殿，殿内供奉太上老君，太上老君独处一殿，并位于宫观之中心。早期道教中，老子是最高的神，尊称"太上老君"。两晋南北朝时期灵宝派与上清派另辟"三清"说，随教派个性所崇而排"三清"之位，降老子为"三清"的第三位。但老子的《道德经》始终是道教的教理核心，充实着道教的灵魂，青城山上清宫的布局矫正了道教发展中教祖被模糊化的偏向（图 5-2-13～图 5-2-15）。

老君殿两翼几处庭院亦呈东西向组合，分置道德经堂、文武殿、东华帝君殿等殿宇，近世加建三清殿，实系画蛇添足。道德经堂前保留有古井，一方一圆，名八卦鸳鸯井，系积泉而成，传为五代时期前蜀所凿。方圆两井一高一低，象征雌雄两性，其泉源相通，却一清一浊，莫知缘由。老君殿之背，青城山高台山彭祖峰上原有呼应亭，1992年秋改亭建阁，名老君阁，位于高台山最高点（称彭祖峰顶，或老霄顶），阁基400m2，共6层，下方上圆，寓意天圆地方；八角形平面的楼阁以象征八卦（图5-2-16）。老君阁雄踞青城山第一峰之巅，从青城山整体布局中确立了神化老子为老君的教祖地位。

图 5-2-11　青城山祖师殿

图 5-2-12　青城山朝阳洞

图 5-2-13　青城山上清宫平面（鸟瞰）

图 5-2-14　青城山上清宫东山门

图 5-2-15　青城山上清宫主殿与内庭院

图 5-2-16　远眺青城山上清宫老君阁

登高望日出、观云海，是多数山岳类风景名胜区观景的相同对象之一，青城山也不例外。以自然景象组"景"，青城山除日出与云海之外，以圣灯景象最为奇特。圣灯又称神灯，上清宫是观赏圣灯的最佳观景处。夏日，雨后放晴的夜间，在上清宫附近的圣灯亭内可见山中闪烁的点点光亮，飘荡着，忽生忽灭，多时成百上千，道教传说是青城山的神仙朝贺张天师时点亮的灯笼，故称圣灯，其实是山中磷质物氧化燃烧时的一种自然现象，但在晴空夜间的山谷中闪现却会产生神秘感，也很有趣味。

 景点 6. 圆明宫

在上清宫之东、丈人山之北一谷地，于明朝万历年间建有圆明宫，供奉三官大帝、斗姆元君（即斗姥），其他祠室所供神像多而杂，唯石径通幽，环境宁静。宫外丛林蓊郁，松竹繁茂；宫内清幽优雅，庭院绿化精致，植有山茶、桂花、梅花、南天竺、杜鹃、春兰等花木。

（四）由缆车道自上清宫返回第一阶

 景点 7. 月城湖

循环形廊道，经四望亭、半山亭，绕回至月城湖。月城湖原是月城山下一谷地，储蓄山泉（名为丈人泉）成湿地，野草幽花，景色甚美。20 世纪 80 年代中建拦水坝，蓄泉而成湖，碧绿湖水荡漾于青山之间，湖水由青溪下泻，促进青溪两岸的自然生态，沿湖又建茶园廊屋与游船码头，使月城湖成为集游息观览为一体的青城山一景区，"通过科学的规划设计与管理手段，也可以有提高景观效果、增加景观的美观度和改善自然生态的积极作用"（图 5-2-17）。

道教祖庭青城山基本上浓缩了道教创始人张陵的求道走向、建道宗旨、立教典籍、崇拜主体和布道方式，在总体上以正统道教的信仰模式指导道观的布点与规范建筑的风格，其特点可用"隐式布局，乡土风格"八个字概括。隐式布局者，即青城山的宫观（除近世建造的上清宫老君阁之外）、山道等均隐于密林之中，即便是每隔里许配置一个的休息小亭，也隐于石阶一侧的景色优美处，所谓"青城天下幽"，隐是布局手法，而幽就是人们体验后产生的效果。青城山道观亭阁摆脱官式建筑的固态，以民间的、地方的建筑为范本，山中诸主要宫观的平面布置多半采取山居别业式，即以灵活布置的山居式建筑与自然的园林环境相组合；建筑用材崇尚朴素自然，少加雕饰，宜融入山林，予人以亲切感，吻合道教圣地青城山清幽与质朴的整体风貌，保留下道教的本质，其可贵值得称颂（图 5-2-18）。

图 5-2-17　青城山月城湖

图 5-2-18　青城山凉亭隐于树丛下

第三节　武当山

一、沿革

　　武当地名最早见于秦朝，西汉时期设武当县，汉朝至唐朝隐栖于武当山的道家与道士很多，著名的有阴长生（东汉）、谢允（晋）[①]、刘虬（南朝宋）[②]、八仙之一吕纯阳（唐）、姚简（唐）[③]、"睡道人"陈抟（五代）等，但该时并未将道教神话中的真武神与武当山相联系。唐朝高道司马承祯所著《上清天地宫府图》未把武当山列入"洞天福地"名册，北宋时期所著《洞渊集》则称武当山为"洞天福地"的第六十五福地，将武当山列入道教名山之一。武当山又名太和山，《太和山志》载：武当者"非真武不足当之"之意，是真武神（玄武神）的发迹之地。道教诸神灵中玄武为职司四方的大神之一（其他职司四方的三神是青龙、白虎、朱雀），"玄武，北方之神"，"真武"即"玄武"，"真武"又是"雷部之祖"，总司风雷电，武当山被尊为真武大帝的圣地。

　　唐朝之前入武当山修道者均住茅舍石室，武当山创建道教宫观始于唐朝，唐贞观至乾宁年间（627～898年）创建五龙祠、太乙庙、延昌庙、神威武公庙等祠庙。北宋时期武当山道教呈发展之势，创建南岩宫、王母宫、紫虚宫、佑圣观、威烈观、太上观、崇宁观、元和观、玉仙观、白云庵、冲虚庵，以及玉虚岩庙等近30座观庵。从宋徽宗开始至元朝，出现崇奉真武神之风，北宋宣和年间（1119～1125年）始建紫霄宫以祀真武。北宋末年武当山道庙毁于金朝兵火，元朝又重建紫霄宫，重修

湖北省
占地面积 312km²
主峰天柱峰
海拔 1612m

---

　① 陶弘景《真诰》载：谢允"历阳人，晋太康中，辞官入道，西上武当山，…茅于石室。"
　② 《武当福地总真集》载："刘虬，字灵预，宋泰始中，解官辟谷入武当山。"
　③ 《太岳武当山》载："唐贞观年间（627～649年），姚简祷雨是山，五龙见，唐太宗令建五龙祠。"

五龙观、佑圣观，以及天柱峰古铜殿等。

尊奉为武当派开山祖师的张三丰是隐修于武当山的最著名道士。张三丰，名全一，字君宝，号三峰子，据传其生卒时间跨越南宋、元朝和明朝三个朝代[①]，寿长达二百余岁。张三丰师承"太极图"创作者"睡道人"陈抟，修道于武当山，又云游四方数十年。元末明初，张三丰重回武当，因遍山宫观多半毁于兵火，"三丰与其徒去荆榛，辟瓦砾，创草庐居之"。张三丰内功深厚，武功高强，参悟太极图之理，自创内家拳技"内以养生，外以却恶"的武当绝技太极拳，并创立一个新的道派"武当三丰派"。太极拳有益于人类，现今不仅流行全国，还传播国际，属道教的又一贡献。

武当山道教的最盛时期显现于明朝。中国宗教史会折射出某些中国皇帝的造假史实，如北宋真宗赵恒（998～1022年）曾刻意制造一个赵氏的道教神仙祖先赵玄朗，明成祖朱棣（1403～1424年）则造假称真武神显灵助他成功谋夺帝位。古时皇室中不乏争夺帝位之举，朱棣谋夺帝位不论其是非曲直，成功之后，为"酬报神恩"，册封真武神为真武大帝，并抬升真武神本坛武当山为"太岳""玄岳"，地位超过"五岳"的"天下第一名山"。

明永乐年间（1403～1424年）各地大修真武庙，在真武神本坛的武当山更大兴土木，动用军夫工匠20万人，历时12年，建成庞大的武当宫观群33处，遂有"北建故宫，南建武当"之说。朱棣赐武当宫观主持六品官印，拨大批田地佃户，差军民守护山场，武当山变成明皇室御用道场。明嘉靖年间（1522～1566年）又进行扩建，形成号称计有9宫、9观、36庵堂、72岩庙、39桥、12亭，遍布方圆八百余里，宫观占地总面积达160万 m²的规模[②]，与"五里一庵十里宫，丹墙翠瓦望玲珑。楼台隐映金银气，林岫回环画镜中"（［明］王世贞《武当歌》）的意境。各大宫观道士少则三四百人，多则五六百人，全山计有道官、道众、军队、工匠等1万余人。始建或重建于明朝的武当山主要道观有紫金城（含金殿）、太和宫、南岩宫、五龙宫、紫霄宫、玉虚宫、遇真宫、迎恩宫、净乐宫等九大宫（九宫建筑计6200余间），以及元和观、复真观（太子坡）、龙泉观、泰常观、回龙观、八仙观、明真庵、回心庵、泰山庙等[③]。清朝初期武当山尚有较好维持，康熙年间曾建纯阳宫（磨针井），重修复真观，重建净乐宫。清朝后期武当山道教衰微，宫观多半失修甚至毁废。

---

① 据传，张三丰生于南宋理宗淳祐八年（1248年），相当于元世祖忽必烈定都大都（北京）之前的蒙古铁木真定京三年。这位超长寿老人卒于明英宗天顺二年（1458年），享年210岁。

② 据20世纪90年代全面考察后初步统计，武当山共有宫观建筑群和园林建筑景点572处。

③ 对比北京故宫共有宫殿8700间，武当山当时据有的建筑总数可与北京故宫相当。

观察武当山道教圣地建设的实施，历史上明显分成三个阶段：

第一阶段，唐朝至元朝，初步实施群峰之间的观庙布点；

第二阶段，明朝永乐年间，按成祖朱棣旨意有计划地全面展开，以太和宫为重点，建成宫观 33 处；

第三阶段，明朝嘉靖年间扩建后完成全境宫观系列。清中叶以后，虽遭失修与毁废，但明朝所建许多重要宫观仍被保存下来，至今基本上保持当年形成的建筑体制，提供给寺观园林规划分析一个原始依据[1]。

二、地域特点

武当山位处湖北省汉江上游，秦岭与巴山的边缘地区，南临原始森林神农架，北靠丹江口水库。武当山地质由千枚岩、板岩、片岩和局部花岗岩构成，随断层线上升和自然侵蚀，形成多悬崖峭壁的断层崖地貌，号称有 72 峰、36 岩、24 涧、11 洞、3 潭、9 泉、10 池、9 井、10 石、9 台等胜景。归结其地域特点可以用 14 个字概括：峰奇谷险洞幽邃，涧曲泉丰林茂盛。

武当山山体中央突起，四周低塌，中部主峰天柱峰一柱冲天，海拔 1612m，周围海拔较低的 71 峰环卫拱峙，组合形式呈"众星捧月"式。有诗形容："五岳群为吏，一峰独自王"，显现众山来朝奇观。峰峦多则所陪峡谷也多，峰峻则谷险壁陡，武当山深峭的 36 岩形成激流的 24 涧。涧水潺潺，绵绵细长，故云"岩如碧罗扇，涧如长丝线"，曲折回绕，游走全境。剑河、后河和水磨河是终年水势汹涌的三条主要涧河。谷险可藏幽洞（如雷神洞），幽洞被视为修道人理想的栖息修真处所。武当山临近原始森林与大型水库，气候温暖湿润，山区雨量充沛，山泉丰富甘甜，遍山松杉桦栎蔚茂，古木参天，修竹丛丛，夹杂瑶花琪草。全山蕴藏药用植物达 600 余种（名贵的诸如曼陀罗花、金钗、王龙芝、猴结、九仙子、天麻、田七等），其中 400 多种归于《本草纲目》中有记载的品种，故武当山有"天然药库"之称。

三、景区、景点、廊道

武当山高下起伏的特殊地形地势将全山天然地分成三个竖向层次：下层次——地势大体平坦，略有起伏；中层次——丛峰区域，山势陡峭，幽谷、台地、沟壑纵横，溪涧缠绕；上层次——玉柱峰绝顶，孤峰高峙，危崖，深壑，绝涧。

---

[1] 据 20 世纪 90 年代全面考察后初步统计，武当山保存较好的宫观建筑群与园林建筑景点共有 129 处，殿舍 1182 间，建筑面积 43300m²，还有遗址 187 处，被丹江口水库淹没 256 处。

对应武当山地势现状，全山观庙贴切地策划为"三阶"式布局：

第一阶："下天界"，即低层景区，自玄岳门至玉虚宫，平面间距 4km，含玄岳门、遇真宫、元和观、玉虚宫；

第二阶："中天界"，即中层景区，自玉虚宫至紫霄宫，平面间距 15km，含武当山大门、回龙观、磨针井、老君堂、复真观（亦名太子坡）、龙泉观、八仙观、五龙宫、华阳宫、紫霄宫；

第三阶："上天界"，即上层景区，自紫霄宫至金殿，平面间距 15km，含太常观、南岩宫、朝天宫、天门、太和宫、金殿。

峰奇、谷险、涧曲、林茂的道教圣地武当山，其自然景观和人文景观丰富多彩，有观、庙、洞府、丛林、古木、繁花、奇峰、幽谷、危崖、清泉、深涧、摩崖石刻及自然奇观等等。最具代表性的景点是遇真宫、玉虚宫、元和观、磨针井、五龙宫、复真观、紫霄宫、南岩宫、太和宫，与景题"祖师映光""天柱晓晴"和"金殿倒影"。

武当山群峰集聚，峡谷稠密，山势陡峭，溪涧蛇状游走，山间几无直路可寻，平面显示 30km 距离，其山道总长达到 60km，武当山采取的曲折式廊道最具典型性（图 5-3-1、图 5-3-2）。

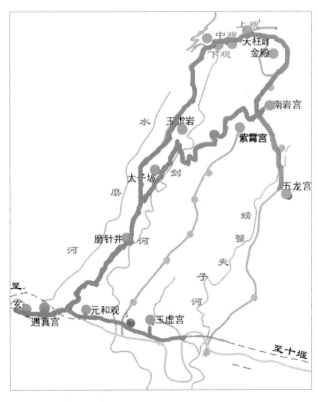

图 5-3-1　武当山廊道

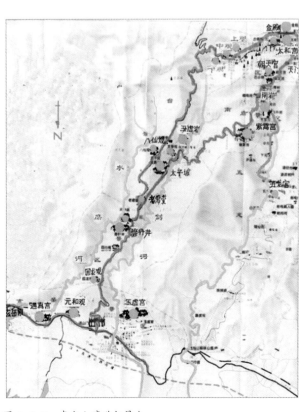

图 5-3-2　武当山廊道与景点

四、游览体验

武当山第一道门户为一石牌坊，其名"治世玄岳"，通俗名"玄岳门"。三间四柱五楼式仿木结构石牌坊，建于明嘉靖三十一年（1552年），至今保存完好。过石牌坊，首遇遇真宫。

（一）第一阶"下天界"

 景点1. 遇真宫原址

遇真宫是昔日张三丰结庵修炼处，明朝第三任皇帝朱棣慕张三丰盛名，于永乐十五年（1417年）为之兴建真仙殿，题额"遇真宫"。这一组四合院形式的道观规模适中，尚符合张三丰朴实离俗的道家性格，殿堂小巧庄严，庭园宽敞雅致，周围自然环境秀美，是武当山庭园型道庙的代表作，惜已损毁，唯存古银杏多植立于神道两侧。

武当山"下天界"地势平坦，顺东西向干道分布两处宫观——元和观和玉虚宫。

 景点2. 元和观和玉虚宫

玉虚宫全称"玄天玉虚宫"，明永乐十一年（1413年）建，明嘉靖年间（1522~1566年）重修，规模宏大，取宫殿型制，按皇家"三朝五门"模式建有外罗城、紫禁城、内罗城三道城墙，五道门，三路院落，五进殿堂，殿堂2200间（相当于紫霄宫860间、南岩宫640间、太和宫520间三宫的总和），属武当山最大的道观。宫内玉带河曲折环回，点缀以花坛、井池、碑亭，颇具皇家园林格调，清中叶大部损毁，唯存碑亭。

新建的武当山大门是进入武当山"中天界"的正门，此中层景区形势险要，山道曲折。由磨针井侧向南登山，经老君堂、太子坡（即复真观）、龙泉观、逍遥谷、太子岩，而止于紫霄宫。因山势陡峭，危崖深谷，道观均据险而设。

（二）第二阶"中天界"

 景点3. 磨针井

入武当山大门，过回龙观，先抵磨针井。磨针井又名纯阳宫，道教神话真武大帝磨针之处，始建于明永乐年间（1403~1424年），清康熙年间（1662~1722年）

重建，现存建筑为清咸丰年间（1851~1861年）所建，是一组小型的四合院式道庙（图5-3-3）。

 景点4. 复真观

磨针井之南遇一高坡，坡势最陡处达60度，坡前临幽深峡谷，坡顶建复真观。一则道教神话故事说，真武神未成道之前原是太子，再度修行后以坚定不移的意志得道成神。"磨针井"出自"铁杵磨成针"的成语，喻意恒心坚持，"复真"意指太子回心转意再度修行。限于道观处于坡地位置，绿瓦歇山顶的复真观山门坐北朝南，取九曲黄河墙设计手法修正坡道的角度。"九曲黄河墙"为一条夹巷式通道，长71m，随山势呈蛇形曲折延伸，借以延长坡道长度，降低坡道陡势角度，巧妙的设计极具创意。进入二山门，依地形布置高低错落的院落和参差有致的五云楼、皇经堂、藏经阁、祖师殿、太子殿，院落恬静幽雅，殿阁优美协调。整座道观背依狮子山，地处高坡顶，俯视深壑曲涧、天池飞瀑，仰览群山千峰，复真观是结合地形地势灵活处理建筑总平面的典型一例，可称高岗式寺观园林一经典（图5-3-4~图5-3-6）。

 景点5. 逍遥谷

武当山太子坡至紫霄宫距离7.5km，中间经过逍遥谷，逍遥谷成为太子坡通向紫霄宫的中途站，山路与剑河交会，使其地山水兼备，风景绝优，最适宜旅途中休息调整，现代配置有服务点、剑河桥与停车场，增立老子骑牛雕塑，供人们观瞻（图5-3-7、图5-3-8）。

 景点6. 紫霄宫

从逍遥谷向南，通过盘山曲折山道，抵达"中天界"最主要的宫观紫霄宫。主祀真武神的紫霄宫始建于北宋宣和年间（1119~1125年），明成祖朱棣假称真武助他夺得帝位而"酬报神恩"，于是大修武当山，明永乐十一年（1413年）重建紫霄宫，明嘉靖三十一年（1552年）扩建，清嘉庆年间（1796~1820年）大修。自玉虚宫损毁之后，有860间殿舍的紫霄宫升级为武当山最大的道教宫观。紫霄宫位据山麓，为一组台地型建筑群，依地势层叠砌筑，采取殿式规揭布局，轴线三路，中路山门外辟八卦池，山门内殿阁崇台，三进庭院，由前至后，建筑依次为左右碑亭、圣文母殿、紫霄殿、十方堂和龙虎殿，殿庭内松柏茂盛。主体建筑紫霄殿立于高台上，面阔五间，重檐歇山顶，孔雀蓝琉璃瓦，崇台三层，左中右三条踏道。整座紫霄宫宫观按"四灵模式"选址，背依展旗峰，面对照壁峰、三台峰、五老峰、落帽峰和香炉峰，右侧为蜡烛峰，左侧为宝珠峰。山间茂林修竹，泉溪畅流。紫霄宫既具殿式建筑之雄伟，又融自然山林之精髓，可列为殿庭式寺观园林的典范（图 5-3-9 ～ 图 5-3-11）。

 景点 7.　太子岩洞

武当山多岩洞。洞府者，指洞中有室有屋。紫霄宫后面的太子岩洞室宽敞（高 × 宽 × 深 = 10m×15m×11m），洞内置有一座建于元朝（1290 年）的石殿，小巧玲珑，侧洞中则有清泉流出，不枯不竭，洞外花香鸟鸣，自成一处天然的隐修宝地。

 景点 8.　五龙宫

深藏于天柱峰背面的五龙宫初建于唐朝贞观年间（627 ～ 649 年），原名五龙祠，宋朝重建改名五龙灵应观，后毁于元末兵火。明朝永乐十一年（1413 年）于旧址重建，规模为殿宇 850 间，赐额"兴圣五龙宫"，清末大部损毁，遗留下宫门、碑亭、泉池等残迹。五龙宫面对金锁峰，近有紫盖峰、松萝峰、五龙峰、青羊峰，以及磨针涧、飞云涧、华阳岩、白龙洞等自然山水景观，陈抟的诵经台则是重要胜迹。峰峦高峻，涧水淙淙，苔林苍翠，这里宫观虽毁，而环境清幽，风景秀丽，回归至昔日自然风光，为前人所不能预测也！据近年探测，五龙宫保存有完整的上下水系统，全宫于殿庭中部地坪下建蓄水池，用以汇集山泉与雨水，地面上开井口 5 个以利取水。地面之下又构筑排水沟渠，以保证全宫无积水之忧，其设计之精妙叹为观止。

图 5-3-3　武当山磨针井鸟瞰

图 5-3-4　武当山复真观鸟瞰

图 5-3-5　武当山复真观全景

图 5-3-6　武当山复真观九曲黄河墙

图 5-3-7　武当山逍遥谷鸟瞰

图 5-3-8　武当山逍遥谷

图 5-3-9　武当山紫霄宫与山道

图 5-3-10　绿丛中的武当山紫霄宫

图 5-3-11　武当山紫霄宫正殿

（三）第三阶"上天界"

 景点 9. 南岩宫

古人云："路入南崖景更幽"，自紫霄宫向上，进入上天界，海拔升高，山势益陡峭，谷貌更深沉。南崖即南岩，南岩峰岭奇峭，林木苍翠，是武当山 36 岩中景色最佳处，山体呈孤峰斜峙之势，山岩面对深邃峡谷，背靠悬崖绝壁。绝壁之上，紧贴悬崖建道观一区，始建于元朝至元年间（1264～1294 年），名"天乙真庆万寿宫"，明永乐十年（1412 年）扩建，规模为殿宇 640 间，改名南岩宫。清末观毁，现尚存石殿一座，及南天门、两仪殿、元君殿等殿门遗迹。元朝遗构石殿名南岩石殿，为仿木石结构建筑，殿内立三清神像，按道教规制，石殿应为武当山主体建筑。殿前临危崖设廊与石梁，遥对天柱峰，并把金鼎峰、健人峰等山景纳入视野。石梁悬空伸出近 3m，上雕盘龙，道教神话中是玄武大帝的御骑，平添一份神秘情景。这一区嵌入山体的道观犹如岩石的连体物，与岩顶林木共同组成一幅经典的峭壁式寺观园林胜境图（图 5-3-12～ 图 5-3-15）。

景点 10. 太和宫

天柱峰绝顶称为金顶，金顶被道教设定为武当山的"天庭"所在地，包含两座宫观——太和宫与紫金城，以及 3 座天门。以北京故宫为模式所营建的武当山太和宫（太和殿为中心）和紫金城（金殿为中心）是中国道教圣地中规格最高的两组宫观，紫金城与金殿踞金顶之上，太和宫处于紫金城下方，建于明永乐十四年（1416 年）。

自南岩宫向南，经朝天宫，登头天门、二天门、三天门内陡峭的台阶，到达侧面山崖壁立的平台，崖壁显现"一柱擎天"石刻，太和宫处于孤峰之下，平台之上。顺山势沿中轴线修筑太和宫中路殿堂，依次为朝圣门、诵经堂、朝圣殿、钟楼与鼓楼、太和殿，止于三官殿；两翼配以云天楼、天柱楼、天鹤楼、天乙楼等楼馆建筑，共 510 间，红墙碧瓦，瑰丽精致，真是"千层楼阁空中起，万叠云山足下环"，道教宫观却显示出皇家气派（图 5-3-16）。

 景点 11. 金殿

建于明永乐十一年（1413 年）的武当山金殿耸立于海拔 1612m 的天柱峰最高点，面阔三间，重檐歇山顶，花岗石基础，全部铸铜结构，故称"金殿"，孤殿独峙，殿内立真武鎏金铜像。古时无避雷设施，遇雷雨天气，金殿遭雷击产生电光闪烁、火球翻滚的现象，雷击过后建筑未损分毫，反而灿然如新，产生一景，题景名"雷火炼殿"。在雨后放晴时，真武神像会神奇地放出稍纵即逝的光华，题景名"祖师映光"[①]。

金殿下方沿天柱峰四周包以石砌城墙，称紫金城，仿北京紫禁城型制，系明朱棣为真武神在人间敕造的"玉京"，城墙周长 340m，城门四开，南天门通向太和宫。门内 120 级石阶，覆以长廊庇护，廊中建楼阁，名为灵官廊，石阶极陡，须扶铁链攀登，盘旋九折，方可登上金顶。武当山金顶景观成功突显出人造建筑与天然山体的巧妙结合，将紫金城城墙围合成龟背边缘，使天柱峰峰顶形成巨大的、活生生的神龟形象，而金殿则形同巨型玉玺，神龟驮着玉玺飞向天际，此神奇景象，令人惊叹，题景"天造玄岳"（图 5-3-17、图 5-3-18）。

中国寺观园林所呈现的"因地制宜"设计思想源于诸宗教圣地规划经验的汇集，而境况不同的景域又产生各具特色的园景，武当山的道观依据山形随势而建，规划

---

① "祖师映光"奇观的产生，据有关专家解释是因为天柱峰绝顶于雨后初晴之时，阳光透过不同密度的空气层发生折射，把金殿及周围景物反射显示在云端，形成奇异美景。

图 5-3-12　武当山南岩总平面（鸟瞰）

图 5-3-13　武当山南岩立面

图 5-3-14　武当山南岩宫主殿立面

图 5-3-15　悬崖型的武当山南岩宫

图 5-3-16　武当山太和宫（鸟瞰）

图 5-3-17 武当山 "天造玄岳"　　　　　　　　　　图 5-3-18 武当山金殿

设计了高岗式的复真观、山麓式的紫霄宫、峭壁式的南岩宫、绝顶式的太和宫与紫金城金殿等，以其独特的设计手法使之成为典型，实现了"仙山""天庭"等道教所追求的意境。但在景观风格上，多数主体宫观因受明朝皇室的督导，用"补秦皇汉武之遗"的指导思想强调宫廷式的规模与型制，盛于皇家的威严感，却失于宗教的神秘感和亲和感，其缺憾也很明显。

第六章

佛教圣地

第一节　峨眉山

一、沿革

四川省
风景区占地面积
154km²
海拔高度
550m~3099m

　　峨眉山的地名最早见于西周时期（公元前 1046~ 公元前 771 年）。东汉时期（25~220 年），道教在四川省鹤鸣山创立，三国时期（220~280 年）道教传入距离鹤鸣山不远的峨眉山。道教"洞天福地"说所列"第七小洞天"即四川峨眉山，名"虚陵洞天"。据《峨眉山志》记载，西晋时期（265~317 年）道士乾明所建乾明观应是峨眉山最早的道观。南北朝时期，南朝刘宋（420~479 年）著名道士陆修静曾"西至峨眉访清虚之高躅"。唐宋时期是峨眉山道教的兴旺时期，唐朝名道孙思邈（亦是著名医学家）曾来峨眉山采药炼丹。还有被称为"八仙"之一的吕洞宾，曾到二峨山隐居。北宋名道陈抟（音团，？~989 年）修道于峨眉山时自号"峨眉真人"，后人修有陈抟祠。许多道观，如东岳庙、玉皇观、雷神祠等都建于宋朝。道教的影响力还反映在不少景点的命名上，如"龙门洞""仙皇台""九老洞""三霄洞""女娲洞""伏羲洞"等都取自道教经典。

　　佛教传入峨眉山迟于道教百年。东晋安帝义熙八年（412 年），佛教净土宗创立人慧远的同门师弟慧持自四川成都来到峨眉山，创建普贤寺（明朝改名万年寺），是峨眉山佛教的开山寺。隋唐时期起，因传说峨眉山为大乘佛教普贤的道场，佛教在峨眉山取得兴旺之势，留存至今的伏虎寺、白水寺、集云寺、牛心寺、华严寺、清音阁等，据传均始建于唐朝。

明朝是峨眉山佛教最盛时期，建有大小佛寺近百所，如明万历四十年（1612年）所建仙峰寺、初善庵（即洗象池）、千佛庵（即洪椿坪）、观音堂（即雷音寺）、神水庵（即神水阁）等，每座佛寺都清幽绝俗，林泉葱茏。明朝成化年间（1465～1487年）所建华藏寺与金顶铜殿，高踞峨眉山第二高峰之巅，可称峨眉山最辉煌的建筑。

相反，自元朝以降，道教则渐行衰微，明朝时许多道观改为佛寺，明朝的峨眉山已改唐宋时期佛道并存的态势，而形成佛教独盛的格局。

二、地域特点

峨眉山位处横断山脉大雪山以东，大渡河下游以北，四川盆地之西南边缘，属邛崃山余脉。这一组相对独立的山系，山势逶迤，形若中国古代女子的细眉，故名峨眉。峨眉山包括大峨、二峨、三峨、四峨4座大山，其中仅大峨山一区可称为宗教圣地，近代把峨眉山称作中国佛教的四大名山之一。

峨眉山特殊的地质构造形成峨眉山地貌的明显特色：上层是古生代玄武岩，呈熔岩平台景象；中层是花岗岩、变质岩和石灰岩混合区，是受强烈瀑流切割所形成的峡谷奇峰地形，在石灰岩层藏有岩洞地貌；下层为低山区，是平原地区向山地地区过渡的地段。峨眉山地势最高点海拔3099m，最低点海拔550m，整体地势高差达到2550m，明显地分为三个区段：海拔550m至海拔710m为低山区；海拔710m至1680m为峡谷奇峰区；海拔1680m至3099m为高山区。这样的地形地貌极其吻合宗教圣地所追求的三阶段式的布局结构模式。峨眉山较高的海拔高差促成明显的气候带垂直分布：海拔1500m～2100m属暖温带气候；海拔2100m～2500m属中温带气候；海拔2500m以上属亚寒带气候。亚寒带气候地区约有半年时间被冰雪覆盖。

气候带的垂直分布又导致植物生长带的垂直分布，植被品种随着地势高度而变化。峨眉山动植物资源极为丰富，据统计植物多达3700余种，故素有"古老的植物王国"之美称。古人云："大抵大峨之上，凡草木禽虫悉非世间所有"，是指许多动植物是这里独有的，如有被称为植物活化石的珙桐、桫椤，有珍稀的峨眉冷杉、桢楠、洪椿和许多名贵的药用植物。栖息繁衍在峨眉山的野生动物计2300多种，其中有珍稀的小熊猫、黑鹳、白鹇鸡、弹琴蛙等。

清代诗人谭钟岳针对峨眉山最具代表性的上佳胜景题为"景"的有10处，其中属自然景观的是"萝峰晴云""大坪雾雪"和"金顶祥光"；属自然与人文组合景观的是"圣积晚钟""灵岩叠翠""双桥清音""白水秋风""洪椿晓雨""九老仙府"

和"象池月夜"。其实佳景远不止此，如虎溪听泉、龙门飞瀑、雷洞烟云、冷杉幽林、龙江栈道、卧云浮舟、摩崖石刻等，是新命名的题景。

古代诗人以诗句描述峨眉山，概括其地貌特点为：峰高、山秀、崖险、泉多。

峰高。"峨眉高出西极天"（李白），峨眉山上下地势高差 2550m，低山区与高山区的温度差达 10℃，在中国的宗教圣地里，峨眉山山势之高排位最前列。

山秀。"山外青峰峰外山"，峨眉山植被丰满，多珍贵名木，故山山清雅，峰峰秀丽，"四时青黛如彩绘"（范成大），真所谓"蜀国多仙山，峨眉邈难匹"（李白）。

崖险。"层峦峭立深千尺"，峨眉山主峰为断崖危岩，壁立如峭，自金顶直落 850m，其深度超过华山莲花峰，险状为诸山之首。

泉多。峨眉山常年云雾弥漫，细雨霏霏，又谷深林密，故清泉溪流汇聚，"幽谷支流派百川"，调制出"双桥清音""虎溪听泉"等妙景。

三、景区、景点、廊道

（一）景区

宗教圣地以"三阶"观念区划内部空间的传统模式，其实质类似于现代风景区规划的景区划分。峨眉山"三阶"的区分如下：

第一阶：报国寺至清音阁，为下"大千世界"；

第二阶：清音阁至遇仙寺，为中"大千世界"；

第三阶：遇仙寺至万佛顶，为上"大千世界"。

与景区划分相对应：

低层景区（微坡区）：景区入口（海拔 550m）至 海拔 710m；

中层景区（险境区）：海拔 710m 至 海拔 1680m；

高层景区（陡坡区）：海拔 1680m 至 海拔 3099m。

两项叠加：

第一阶：低层景区（微坡区），由报国寺至清音阁，海拔 550～710m，为下"大千世界"（中段有高岗，海拔达千米）；

第二阶：中层景区（险境区），由清音阁至遇仙寺，海拔 710～1680m，为中"大千世界"（中段有高峰，海拔 1750m）；

第三阶：高层景区（陡坡区），由遇仙寺至万佛顶，海拔 1680～3099m，为上"大千世界"。

（二）景点

峰高、山秀、崖险、泉多的宗教圣地峨眉山，其自然景观和人文景观丰富多彩，有寺院、洞府、丛林、古木、繁花、灵兽、奇峰、幽谷、危崖、险道、清泉、飞瀑、深涧、平湖、摩崖刻石，以及自然奇观等等。体现古人欣赏力的"峨眉十景"，与体现今人欣赏力的新命名的峨眉景观，应认为是峨眉山最具代表性的最佳景点。

1．"峨眉十景"

① 圣积晚钟：报国寺圣积铜钟，铸于明代嘉靖年间。

② 萝峰晴云：萝峰位于伏虎寺右侧，是伏虎山下的一座小山峦。

③ 灵岩叠翠：灵岩寺遗址在报国寺西南5km。

④ 双桥清音：清音阁地处峨眉上山下山的中枢。

⑤ 白水秋风：白水寺（即普贤寺）位于峨眉主峰万佛顶东。

⑥ 洪椿晓雨：洪椿坪（洪椿寺）坐落在众山群峰环抱之中。

⑦ 大坪霁雪：大坪孤峰位于峨眉山中部，晴雪初霁展现出峨眉山雪衣银裹之美。

⑧ 九老仙府：是九老洞与仙峰寺的合称，寺与洞相距半公里。

⑨ 象池月夜：洗象池（初喜庵）是赏月的最佳处。

⑩ 金顶祥光：位于山最高处，由日出、云海、佛光、圣灯四大奇观组成金顶祥光。

2．新命名的峨眉景观

虎溪听泉、龙门飞瀑（龙门峡）、雷洞烟云、冷杉幽林、卧云浮舟、龙江栈道、摩崖石刻，以及各具风貌的古寺院——万年寺、伏虎寺、神水庵、仙峰寺、金顶华藏寺、雷音寺等。

（三）廊道

峨眉山层峦叠嶂，地形复杂，高差悬殊，景点多而分散，廊道设置采取组合模式，以曲折廊道为主线，以回转廊道相辅（图6-1-1、图6-1-2）。

第一阶微坡区，气温适中，景色秀丽，以曲折廊道串联诸主要寺院和风景点，这是最上佳的精神转换空间，思绪被引入远离尘世之境。

第二阶险境区，幽谷危崖，绝壁深渊，以回转廊道跨越险境。这是考验入山者胆识的地段，勇者方可登堂入室。

第三阶陡坡区，欲达金顶必须连续攀登1400m高的曲折山道，高山地区风寒雨骤，这是考验入山者体力与定力的地段，持有坚定信念者始能完胜。

图 6-1-1 峨眉山——摹自名山图

图 6-1-2 峨眉山景点分布与廊道

四、游览体验

峨眉山入山第一寺原为位于峨眉城南 2.5km 处的圣积寺（古名慈福院）。昔日寺内宝楼上悬有明朝嘉靖年间所铸重达 12500 公斤的铜钟，敲击铜钟所发之声"近闻之，声洪壮；远闻之，声韵澈；传夜静时可声闻金顶"，此即"峨眉十景"之第一景的"圣积晚钟"。20 世纪中叶寺废，铜钟迁至报国寺对面凤凰山上，建亭保护，"圣积晚钟"一景于是移至报国寺。

（一）第一阶，低层景区：报国寺至清音阁

 景点1. 报国寺

报国寺位处峨眉山进山口光明山山麓，始建于明万历四十二年（1614 年），是以庙宇坐镇宗教圣地入口区域的极有代表性的一例。按佛教"伽蓝七堂制"营建的报国寺规格严谨，弥勒殿、大雄宝殿、七佛殿、普贤殿等崇拜部分齐全，客舍洁净，花园精致，配建吟翠楼、花影亭、七香轩、五观堂、弄月亭等景观建筑与弄月池，寺周植有楠木、古柏、丛林，还有古铜亭、古碑林，汇集进香、游览、赏艺、借宿诸功能于一体，初露"佛国"气息（图 6-1-3）。

峨眉山在佛教的全盛时期有佛寺总数超百座，约为今日的 4~5 倍，寺庙的分布密度较高。经过岁月的洗刷，目前峨眉山佛寺与景点的分布趋于符合风景区的特色和人们自然行止的规律，与地形地势结合，疏密相间，相距远者五六公里，近者一二公里。

景点2. 伏虎寺与萝峰

通过报国寺的思绪沉淀，进山所抵第一景点为伏虎山伏虎寺与萝峰。伏虎寺位于报国寺西侧1km的伏虎山山麓，萝峰是伏虎山一小山峦，距伏虎寺右侧半公里。据传伏虎寺初建于唐朝，宋朝名神龙堂，清朝初年重建，重楼复阁，其时为峨眉山第一大寺，寺院内外古楠木林浓荫蔽日（图6-1-4），环境清幽，是丛林式寺观园林的佳例之一。萝峰上数百古松苍劲挺拔、密密沉沉，夏日雨后初晴时，从涧谷生成的烟状气雾穿松叶而飘起，有若云腾，题景曰"萝峰晴云"，列入"峨眉十景"之一。

 景点3. 雷音寺

伏虎寺以西高冈上有明朝所建小四合院式庙宇观音堂，庙倚危崖，崖下瑜伽河，跨过河上解脱桥，谓之脱离险阻，意即脱离尘世，故清初改庙名为解脱庵。清朝末年改名雷音寺[①]，佛教认为雷音寺是如来佛祖的圣地，意为进入了佛地。所以，这是一处极为明晰地体现佛教圣地三阶观念的第一阶立意主题的实景所在。

 景点4. 纯阳殿

纯阳殿在赤城峰下，视其名，应属道观，而观殿内所列诸像，则又属佛教，是峨眉山佛进道退的最明显例证。纯阳殿原名吕仙行祠，是传说八仙之一的吕洞宾（又名吕纯阳）隐居修仙处，宋朝名新峨眉观，明朝改现名。道观建于陡坡上，沿地形高差作三层台式布置，以多级石阶贯连，周围古木参天，环境清幽（图6-1-5）。

 景点5. 神水阁

过纯阳殿，约1km抵神水阁。神水阁旧名大峨寺、福寿庵，始建于明朝初年，清朝扩建楼阁廊庑，改今名，现已废。寺前岩石下有泉水流出，水质清澈甘甜，名之神水，积而为池，名之神水池。自报国寺步行至此约历时半日，池水提供游者解渴最为适时。寺周有多处文人墨客题刻，相传其中有吕纯阳、陈抟等人所书，还有"棋盘石""升仙石"等道教传说，边饮水休息，边欣赏文物艺术，精神得到调节。

---

① "雷音"系取"佛音说法，声如雷震"之意。

景点 6. 清音阁

神水阁往东北，过中峰寺、广福寺，到达清音阁。清音阁距离报国寺约 15km，海拔 710m，兼风景点与交通节点的双重性质，是峨眉山第一阶微坡区的结尾和第二阶险境区的起始点，是登峨眉山绝顶的必经之地。（图 6-1-6、图 6-1-7）源于峨眉山主峰的两条急流，西侧一条源出九老洞下的黑龙潭，水色碧绿，名黑龙江；东侧一条源出弓背山下的三岔河，水色乳白，名白龙江，两急流汇合于牛心岭处却遇巨石挡道。牛心岭下巨石取名牛心石，飞泻的急流冲击牛心石，激起浪花飞溅，水流飞泻声和混合冲击声若乐声回荡。分跨黑白两水之上各建有一石拱桥，合其名曰双飞桥。牛心岭下牛心石上立有一亭翼然，初建于唐僖宗乾符四年（877 年），旧时为一殿宇，供奉释迦、普贤、文殊三像，名集云阁。清初重建，改名清音阁，再毁改建为亭。亭、桥、音，合成一景，名之"双桥清音"。"何必丝与竹，山水有清音"，以声传神，此为一绝。有诗云："杰然高阁出清音，仿佛仙人下抚琴。试问双桥一倾耳，无情两水漱牛心"，登清音阁，观青山绿水，听山水清音，身临其境，有飘然出尘世之感。

（二）第二阶，中层景区：清音阁至遇仙寺

自清音阁步入中层险境区，地势骤然升高千米，危崖深谷，无便捷通道可循。廊道分而为二，东路经万年寺、息心所、长老坪、初殿、华严顶；西路经黑龙江栈道、洪椿坪、九十九道拐、九老洞、仙峰寺、遇仙寺，与东路会合于九岭岗。自清音阁爬坡 1 小时余来到峨眉山佛教开山寺万年寺。

西路石道漫漫，八曲九拐，危情频频，是峨眉山最惊险境区。这一路以山峡、急流、深谷、峭壁、洞穴、珍贵名木等组成峨眉山特色的自然山林景色，以栈道、曲道、蹬道、坡道等构成峨眉山特色的山间路径景色，由鬼灵精怪的猕猴群引入深藏丛林的古庙宇景色，赴佛国极乐之途既步步显艰辛又处处有惊喜。

 景点 7. 万年寺与"白水秋风"

万年寺即始建于东晋时期的普贤寺，屡毁屡建，唐朝名白水寺，宋朝名白水普贤寺，明朝改现名。寺据高冈台地上，整座寺院坐西朝东，依山势建殿宇七进，依次为山门、观音殿（弥勒殿）、般若堂（"般若"是"般若波罗蜜多"的略称，是指一种大乘佛教的佛、菩萨所具有的不同于凡俗之人的智慧）、毗卢殿、无梁殿（即普贤殿）、三宝楼（行愿楼）、贝叶楼、巍峨宝殿和大雄宝殿，其间还有花园、亭榭、水池等。寺有三"宝"：砖结构无梁殿式普贤殿内所立铜铸普贤骑白象像系北宋

图 6-1-3　峨眉山报国寺

图 6-1-4　峨眉山伏虎寺外古楠木树

图 6-1-5　峨眉山纯阳殿

图 6-1-6　峨眉山清音阁

图 6-1-7　峨眉山清音阁后楼

（980年）遗物，乃其宝之一。寺外一片人造林系明朝高僧按佛经字数植树69777株，覆地达1km²，浓荫蔽日，后人称之"功德林"，乃其宝之二。寺侧有池一方，名白水池，相传唐朝僧人广浚曾在池边为李白弹琴，李白作诗，后人在池畔立廊亭纪念之。秋日，池中山影斜横，寺外的红叶映池，风起叶动，列为"峨眉十景"之一，题景"白水秋风"，乃其宝之三（图6-1-8～图6-1-10）。

 景点8．黑龙江栈道（又名"一线天"）

由西路登山首先须经一峡谷名白云峡，这里兼有峡谷秀美幽曲之惊奇与溪水晶莹洁净之清凉。溪水名黑龙江，源出九老洞下黑龙潭，流至清音阁，会白龙江后入峨眉河。峡谷长130m，两面险崖绝壁，斜插云空，壁高百余米，壁顶宽仅3～5m，山势如同斧劈，透过藤蔓叶尖，露出蓝天一线，名为"一线天"。攀越峡谷需借助栈道，过去栈道险窄简陋，游人时有坠落。此场景，有诗惊叹曰："上有青冥窥一线，下临白浪吼千川"[①]。而今修筑新栈道，已变通途，峭壁上残留有无数洞眼，为昔日僧人架设栈道所遗（图6-1-11、图6-1-12）。

 景点9．洪椿坪

沿黑龙江两岸萦回路转而至天池峰下洪椿寺，其地又名洪椿坪。洪椿寺古称千佛庵，明朝重建后成山中大寺。寺周群峰环抱，寺前洪椿古树，寺侧深谷水涧，环境清幽雅静，夏日气温如秋，清晨水气若小雨蒙蒙，故谓"山行本无雨，空翠湿人衣"，此景名为"洪椿晓雨"，为"峨眉十景"之一，清朝康熙皇帝曾赐额"忘尘虑"，"忘尘"者切合其绝优境况也（图6-1-13）。

 景点10."九老仙府"

过洪椿坪，山道曲折陡峭，名为九十九道拐，前面抵达"九老仙府"。"九老仙府"是仙峰寺与九老洞的合称。峨眉山八大佛寺之一的仙峰寺（海拔1680m），得名于背靠的仙峰岩（海拔1752m），宋朝时为小庙，元朝名慈延寺或仙峰禅院，明朝扩建后改现名，清朝乾隆四十四年（1779年）再重建。寺庙建于高台上，主体建筑有仙皇台、弥勒殿、大雄宝殿、舍利殿、餐秀山房，还有供道教赵公明神像的财神殿。殿宇屋面采用锡瓦，晴日阳光照耀下闪烁银光，因寺周松树、杉树

---

① 赵朴初《忆江南·峨眉山纪游》。

稠密，珍贵植物珙桐树成片，由莽莽苍藤古树衬托，获得"碧海圭玉"的称誉。山深林密，招来群猴栖息，"猴居士"们倍添山中和谐气氛，是难得的旅游情趣。

　　仙峰寺西侧半公里有一石灰岩溶洞，洞体错综深邃，全长1500m，有水晶洞、燕子洞、虎牙洞、石笋洞等大小洞穴交错重叠，状若迷宫，因其深奥神秘，引发神话传说。仙峰寺大殿石柱上一副楹联曰："寺号仙峰，洞邻九老；门迎佛顶，台栖三皇"，所谓九老，传说是指昔日轩辕黄帝游此洞时遇一老者，问其是否有侣，答以九人，即九皇仙人也①，遂洞以"九老洞"为名。神话传说提高了游洞的遐思，也间接说明道教曾经产生的影响力（图6-1-14、图6-1-15）。

图6-1-8　峨眉山万年寺无梁殿远景

图6-1-9　峨眉山万年寺无梁殿

图6-1-10　峨眉山万年寺大殿

图6-1-11　峨眉山黑龙江栈道

① 九老者，即天英、天任、天柱、天心、天禽、天辅、天冲、天芮与天蓬。

图 6-1-12　峨眉山一线天

图 6-1-13　峨眉山"洪椿晓雨"

图 6-1-14　峨眉山"九老仙府"

图 6-1-15　峨眉山仙峰寺外珍贵珙桐树林

（三）第三阶，高层景区：遇仙寺至万佛顶

东西两路会合于九岭岗之后进入高山陡坡区，自海拔 1680m 至海拔 3099m，即最后的"佛国"景区。高山区的路径由坡道与蹬道相组合，陡坡为主体形式，爬坡总高度达 1400m，登"佛国"十分费力。景区廊道间散置初喜庵、接引殿、梳妆台等规模不大的寺庙。

 景点 11.　洗象池

初喜庵也名洗象池，始建于明朝，位处海拔 2077m，清朝康熙年间（1662 ~ 1722 年）扩建为寺。寺旁有石池，佛教传说是普贤浴象处，故称洗象池。自洗象池起进入高寒带，适生大乔木树种只有冷杉，"五月峨眉需近火"，早晚必须取暖。山高气爽的云收之夜，一轮明月悬挂碧空，得景曰"象池夜月"，列为"峨眉十景"之一（图 6-1-16、图 6-1-17）。

景点 12. 金顶

峨眉山绝顶两座最高山峰：第一高峰海拔 3099m，其名"万佛顶"；第二高峰海拔 3077m，其名"金顶"。金顶上建有华藏寺，寺内一小殿整体以铜制构件营建，是为铜殿，铜殿又惯用金殿称之，铜殿内置普贤铜像一尊，用以代表峨眉山是普贤道场的深层意思。近世重建后的镏金普贤铜像被移至室外，通高 48m。信奉偶像崇拜仪式的宗教其显著特色之一是以雕凿或铸造方法生成佛像或神像，因而维护作为崇拜主体的佛像与神像当然成为古代宗教信仰者的责任所在，特别对于大型佛像或神像，均构建有楼阁或窟檐加以保护，著名者如敦煌、云冈、龙门、乐山等石窟，这已成为历史共识。当今不少宗教圣地兴造大佛像成风，却不考虑如何维护，任崇拜对象立于高处饱受日晒、雨淋、冰冻和雷击，那些热衷宗教性"政绩工程"的，实在需要多学习点中华传统宗教文化的精神。

"峨眉十景"之首的题景曰"金顶祥光"，由日出、云海、佛光、圣灯 4 项奇观组成，是出于对天象的借景。奇观产生于高山地域，并非峨眉山独有，只是峨眉山更壮观。四大奇观烘托出"佛国"的意境，在舍身崖这个巨型断崖之上展现，更能入木三分。特别是"佛光"现象，在阳光照射云雾表面时，形成人影映入彩虹般的光环，产生一种似立地成佛的极乐景象，使得游览或进香峨眉山佛教圣地观赏"金顶祥光"奇观的体验成为不可或缺的目标。新时代铺筑峨眉山盘山公路，由海拔 550m 的报国寺直抵海拔 2540m 的接引殿，更构筑高山缆车，由接引殿直达海拔 3077m 的金顶，对不谋求全程体验者而言，应是福音（图 6-1-18～图 6-1-23）。

由峨眉山山口低海拔的报国寺出发，需要越过三重明显的地势起伏、多道陡坡与峡谷、无数迂回曲折与费力攀登，方能到达海拔 3000m 以上的万佛顶。路径中高潮

图 6-1-16　峨眉山顶洗象池

图 6-1-17　峨眉山洗象池

图 6-1-18　峨眉山金顶

图 6-1-19　峨眉山上层景区惊险山道

图 6-1-20　峨眉山金顶鸟瞰

图 6-1-21　峨眉山金顶入口石阶

图 6-1-22　峨眉山金顶

图 6-1-23　峨眉山"金顶祥光"

迭出：报国寺的"庄严"、伏虎寺的"幽静"、神水阁的"甘露沁心"、清音阁的"琴韵雅趣"、万年寺的"壮观"、洪椿坪的"清新"、九老仙府的"神秘"、洗象池的"寂静"、舍身崖的"惊心动魄"，最后由金顶的"四大奇观"引入遐想的"佛国"意境，如是，佛教圣地"仙境观"被展现无遗。结合地形、地势、地貌，遵照宗教圣地"三阶观念"策划演绎总体布局，配合分散却疏密有致的寺庙与风景点合理布置廊道网络，按紧弛相间的旅游要旨创构意境蓝图，峨眉山无疑是佛教圣地中极具成功经验的一例。

第二节　五台山

一、沿革

山西省五台山位于山西省东北部的五台县境内，因其内由5座峰顶平坦若垒土之台的山峰所组成，故获此名。五台山包含东、西、南、北、中五台，海拔均超过2500m，其中尤以北台海拔高达3058m，素称"华北屋脊"。虽然五台山风景秀丽，生态环境优质，但在我国三千年以来气候呈冷暖周期交替格局中的曹魏西晋时期，正值气温寒冷期，加之又偏离那时的政治中心，故而人迹稀少，但"古来求道之士，多游此山"，长期是道家追寻的隐修之地，同时也流传不少异趣故事[①]。

五台山的佛寺兴造活动始于南北朝时期的北魏，而盛于唐。公元四世纪后期北方鲜卑族进入中原，立国北魏，建都山西省平城。鲜卑皇族拓跋氏信奉佛教，于平城北侧开凿云冈石窟，于南侧五台山建造如灵鹫寺、清凉寺、碧山寺等佛教寺院，开启五台山佛教圣地的前奏[②]。后因太武帝拓跋焘于太平真君年间（440～452年）

山西省五台县
风景区占地面积
607km²
海拔高度
624m~3058m

---

① 之一为小乘佛教与佛道斗法传说：《汉法本内传》是一本不知何人所编，也不知何时所印的佛教内传本。本中称，东汉永平十一年（68年）僧人迦叶摩腾和竺法兰（小乘佛教）自西域至洛阳；永平十四（71年）中国的五岳十八山道士向朝廷上奏，欲与佛教僧人斗法，结果因法力不及佛僧，愧愤而死！按史实，中国第一正宗道教"正一道"于东汉顺帝（126～144年）时始成立，其时五岳十八山尚无道教影子，何来佛道斗法？实属胡说八道！之二为仙人传说。高寒并秀美的五台山被道家视为仙人住地，如《仙经》云："五台山，名为紫府，常有紫气，仙人居之。"《大唐神州感通录》云"代州东南，有五台山者，古称神仙之宅也。"直至西晋末年，五台山仍被人们看成仙都，并传有避乱村民入山遇之。

② 唐朝高宗（650～683年）时释慧祥编撰的《古清凉传》是五台山佛教史迹中最古老的专著，指出："大孚图寺（即大孚灵鹫寺），寺本魏文帝所立"，又云"清凉寺，魏孝文帝所立，其佛堂尊像于今在焉"。

与之后孝武帝元修（532 年）的两次破佛事件，使五台山的北魏所建佛寺尽毁。

唐朝皇室崇奉道教，但也信奉佛教，于五台山兴建佛寺达到高潮，据传，唐朝五台山见诸记载的佛寺就有 70 余所，诸如显通寺（前灵鹫寺原址）、佛光寺、南禅寺、殊像寺、罗睺寺、金阁寺、碧山寺、竹林寺、尊胜寺等，或重建，或初创，兴旺之极。但晚唐时期又遭唐武宗破佛之灾，除了南禅寺与佛光寺地处偏远之外，其余均被拆毁。相传五台山自古就有文殊菩萨道场之说，由于佛教有一本经论名《华严经》，说文殊菩萨住处"名清凉山"[①]。这同山西五台山的地形环境相似，于是佛教徒们便把五台山当作是他们佛家世界里的文殊菩萨住地。唐朝武则天时灵鹫寺获名"大华严寺"，五台山的文殊信仰或始于此时，但缺少实物可证。并且从北魏开凿的云冈石窟和保留至今的唐朝南禅寺、佛光寺佛殿中所立的佛像中，所呈现的都是以释迦为中心，文殊与观音对等并重相设。而可间接说明五台山是文殊道场的是唐朝时期韩国来中国留学的僧尼，人数前后多达 300 多名。其中多人在记录中提到于唐朝中晚期到五台山参拜文殊菩萨像。

两宋辽金时期，长期处于交战状态，五台山几乎沉默了。

明朝皇帝朱元璋曾为禅僧，登上皇位后推崇佛教，五台山营造佛寺也兴起高潮，现存 40 多所佛寺，多半修建和创建于明朝时期。明永乐年间，蒙藏喇嘛教喇嘛进入五台山。清朝，喇嘛庙成为清皇室的家庙，多座喇嘛庙位据五台山的中心位置，从而组合成黄庙（喇嘛庙）与青庙（汉传佛寺）相混合的佛教圣地，也是我国极少的混合型佛教圣地。

其内包含有：显通寺、塔院寺、万佛阁、罗睺寺、圆照寺、万佛阁、广宗寺、菩萨顶、慈福寺、殊像寺、龙泉寺、镇海寺、南山寺、黛螺顶、寿宁寺、碧山寺、广仁寺、普化寺、文殊院、广化寺、望海寺、金阁寺、光明寺、梵仙寺、风林寺、集福寺、法雷寺、吉祥寺、竹林寺、金界寺、普济寺、栖贤寺、日照寺、白云寺、灵应寺、清凉寺、观音洞、善财洞、万佛洞和千佛洞。

其中 8 处为黄庙：菩萨顶、罗睺寺、广仁寺、万佛阁、镇海寺、广化寺、观音洞和善财洞[②]。

南禅寺和佛光寺这两座唐朝古寺保护保留于台外五台县。

---

① 《华严经》是大乘佛教建立后写著的经书。东晋佛驮跋陀罗的译本，题名《大方广佛华严经》，六十卷。《华严经》的编集经历了很长的时间，约在公元 2～4 世纪中叶之间，最早流传于南印度，以后传播到西北印度和中印度，传入中国之时已经到了 5 世纪，是在东晋义熙四年（408 年）佛驮跋陀罗来到长安之后，415 年至建康，416 年译出《华严经》。书中讲述，"释迦牟尼成道之后，于菩提树下为文殊、普贤等大菩萨所宣说，经中记佛陀之因行果德，并开显重重无尽、事事无碍之妙旨。"这应是提到文殊、普贤等菩萨的最早佛教经书。

② 喇嘛教亦名藏传佛教，喇嘛庙也称黄庙，是佛教中的一支，因非本文所涉内容，故不予着笔分析。

二、地域特点

北魏郦道元的《水经注》云："五台山五台巍然，故曰五台"。《五台山新志》指出："五台之名，北齐（550～577年）始见于史，北齐以前则称清凉山"。五台山由古老结晶岩构成，五峰耸立，五峰之内称台内，台内以台怀镇为中心。五峰之外称台外，五台县位于台外之南部。五台山地质古老，地貌奇特，具有25亿年的地质构造史，它完整记录了地球新太古代晚期—古元古代地质演化历史，具有世界性地质构造和年代地层划界意义，是全球地质科学界研究地球早期演化以及早期板块碰撞造山过程的最佳记录。在漫长的地球演进中，形成以"五台群"构成的"五台隆起"，东台望海峰，海拔2795m，东台顶上"蒸云浴日，爽气澄秋，东望明霞，如陂似镜"。西台桂月峰，海拔2773m，其峰"顶广平，月坠峰巅，俨若悬镜"。南台锦绣峰，海拔2485m，"顶若覆盂，山峰耸峭，烟光凝翠，灿若铺锦"。北台叶斗峰，海拔3058m，五台中最高，有"华北屋脊"之称，台"顶平广，圆周4里，其下仰视，犹似斗杓"。中台翠岩峰，海拔2894m，台"顶广平，圆周5里，巅峦雄旷，翠霭浮空"。五山均具有高亢夷平的台顶、发育的冰川地貌和高山草甸景观。五台山气候寒冷，山顶年平均气温－4.2℃，"岁积坚冰，夏仍飞雪，曾无炎暑"，每年4月解冻，9月积雪，台顶终年有冰，故又被称作"清凉山"。全年平均气温2℃，最低气温－30℃，最高气温30℃。

五台山与众不同的5个台顶形成了独特的自然奇观，地区性的整体垂直高差2400m，随之产生植物景观垂直向的自然变化。并且由于地质地貌的多样性，造就了五台山生物的多样性，区域内植物种类丰富，据调查研究，种子植物计有865种，92科，以温带植物占主体，其中中国特种植物286种。海拔2700m以下的郁闭林以落叶阔叶林占主体。海拔2700m以上以草地草甸为主体。草原景观内间杂着多种灌木（箭叶锦鸡儿、蓝锭果忍冬、金露梅、山刺玫等）。菌类有木耳、蘑菇、马勃、猪苓、茯苓，均可入药。野生动物种类有脊椎动物63科，149属，205种，有狼、狐狸、野猪、山羊、狍子、石貂、金钱豹、獾、黄鼠等。鸟类有142种，36科。其中有9种（黄斑苇鸡、栗苇鸡、红胸田鸡等）为山西省所罕见；飞禽中有国家一级保护动物金雕。

三、景区、景点、廊道

五台山佛教圣地占地面积宽广，地势地貌复杂多变，自然景点丰富，青庙、黄庙等宗教性建筑分散布置，交通路经难以有序布局。按地域构成特点，配置台内台外共10片景区，以台怀镇为中心，以放射式廊道连接各景区，形成大分散小集中的景点分布和以台怀镇为中心的放射型廊道布局模式（图6-2-1）。

五台山佛教圣地 10 片景区与其包含的景点如下：

① 台怀镇景区北片，含显通寺、塔院寺、菩萨顶、罗睺寺、万佛阁、广仁寺、圆照寺、殊像寺、黛螺顶、广宗寺（其中菩萨顶、罗睺寺、万佛阁、广仁寺、圆照寺为喇嘛庙）；

② 台怀镇景区南片，含镇海寺、南山寺、普化寺、万佛洞（其中镇海寺为喇嘛庙）；

③ 东台景区，含望海寺（图 6-2-2）；

④ 南台景区，含普济寺、白云寺、千佛洞（图 6-2-3）；

⑤ 西台景区，含法雷寺；

⑥ 北台景区，含灵应寺（图 6-2-4）；

⑦ 中台景区，含吉祥寺、风林寺、演教寺（图 6-2-5）；

⑧ 九龙岗景区，含竹林寺、龙泉寺；

⑨ 清凉寺景区，含清凉寺、金阁寺、日照寺；

⑩ 五台县景区，含南禅寺、佛光寺。

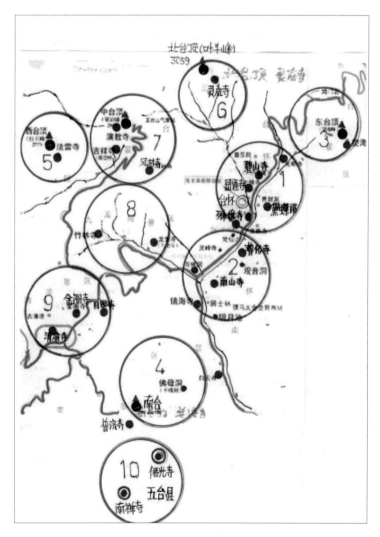

图 6-2-1　五台山景区与景点

图 6-2-2　五台山东台景区望海峰，望海寺

图 6-2-3　五台山南台景区锦绣峰，普济寺

图 6-2-4　五台山北台景区叶斗峰

图 6-2-5　五台山中台景区翠岩峰，演教寺

四、游览体验

山西五台山放射式廊道的游览组织形式其主要特点体现在游览过程的往返运动。由于五台山佛教圣地的占地面积极其宽广，景点间相隔最长距离达百里之遥，难以一次性把所有景点全部参观到位。所以，若限于时间或特殊原因，这种廊道形式在景区与景点的选择方面有机动余地。现择重点佛寺景点进行游观分析。

（一）台怀镇景区北片

 景点 1.　显通寺、塔院寺

显通寺又称大显通寺、大孚灵鹫寺、花园寺、大华严寺、大吉祥显通寺、大护国圣光永明寺、永明寺，位于山西五台山中心区的台怀镇北侧。五台山诸寺中，显通寺是五台山大禅寺之一，更因显通寺是其中最古老的佛寺，俗称"祖寺"。塔院寺原是显通寺的塔院，明朝重修大白塔（喇嘛塔）时独立为寺。北魏孝文帝于 494 年由平城迁都洛阳之前，在开凿云冈石窟之余，创建五台山灵鹫寺，此寺是五台山的开山佛寺。之后经过多次损毁与重建，其中于明朝初年重建后，明太祖赐名显通寺。清朝加以扩建，形成现状规模，占地面积 8 万 m^2，殿堂房舍 400 余间。全寺沿坡地建造，总平面布置按典型的四合院模式，中轴线贯穿全寺，多重院落，左右两侧建筑对称布置，殿堂等建筑随坡形地势逐级抬高设置。中轴线上从南而北，依次为观音殿、大文殊殿、大雄宝殿、无量殿、千钵文殊殿、铜殿和藏经殿，合计7进，逐级抬升。两翼配置钟楼、斋堂、各式配殿，及华严经字塔。七重主体建筑内的佛像尊设以释牟尼佛为主体，以观音与文殊两菩萨为重点。殿阁中最为精致的是3间式铜殿，建于明万历年间（1573～1620年），用近10万斤铜铸成，殿内供1m高小巧的铜制骑狮文殊像。砖结构无量殿面阔7间，进深4间，重檐歇山顶，砖雕精细，内供无量寿佛。巍峨殿阁之间，穿插苍松翠柏，整体环境优然（图6-2-6～图6-2-10）。

塔院寺位于显通寺南侧，大白塔立于寺中央，总高约60m。塔周配置廊屋禅院。白塔塔制是小乘佛教的崇拜主体，也是藏传佛教的崇拜对象，所以塔院寺是黄庙与青庙两种庙式的组合体（图6-2-11）。

 景点2. 殊像寺

殊像寺位据凤林谷口，面对梵仙山。寺创建于唐朝，唐、元、明诸朝多次毁后重建。明朝万历年间（1573～1620年）重修后成现状。殊像寺与显通寺、塔院寺、菩萨顶、罗睺寺并称为五台山"五大禅处"。寺位处坡地，占地面积2.7万m²（115m×200m），总体布置分前后两大部分，以文殊阁为界。文殊阁前部为正殿部分，布局严整肃穆；文殊阁（大殿）后部为岩庭部分，亦即接待部分，具浓郁园林景象；其西北角为静修部分，建客堂名善静室。殊像寺前部以影壁为起势，由山门导入。南北向中轴线上布置山门、天王殿与文殊阁。入山门，以35级石阶登上上部平台。上部天王殿置东西配殿，主殿文殊阁。文殊阁建于明朝弘治二年（1489年），阁面阔5间，进深3间，重檐歇山顶，盖绿色琉璃瓦。文殊阁供奉文殊坐狮像，高9.3m。阁四周松柏遮阴，禅堂与方丈室设置于两侧。文殊阁北侧地势再度升高，顺势叠砌假山，假山穿洞渡桥，曲径通幽。假山之上建宝相阁与东西配殿。第二层假山上立清凉楼。假山上高低错落地布置室、亭、所等园林小品建筑。这一区园林化岩庭部分是当年清朝乾隆皇帝与太后常临幸之处。山门前有泉眼一泓，名"般若泉"，"般若"，梵语意即智慧，饮此泉能长智慧，据传，昔日清帝来五台山也饮此泉水（图6-2-12、图6-2-13）。

 景点3. 黛螺顶

台怀镇位处五台山五山中央的谷地，而陡峭半山脊上又耸立一座形如大螺的小山，盛夏时小山草木茂盛，若蒙上一片青黛，故称黛螺顶。黛螺顶地势高约400m，顶上建造黛螺寺，人称"小朝台"。 五台山的东、南、西、北、中5座峰台上，各立有一尊文殊法像，佛教信徒们将转遍5座台顶朝拜5尊文殊法像称为"大朝台"。但要做到朝拜"大朝台"需要较强的体力和充足的时间。黛螺顶把5座文殊法像复制塑造后，集中到寺里，到这里朝拜5座文殊法像，意即转遍了5座台。五台山5座峰台上立"大朝台"本身是僧徒所为，现立"小朝台"代之，便利信徒。黛螺顶置台阶1080级，全长约500m，现今另建有索道，便于体弱者。黛螺寺规模不大，布局紧凑，沿东西向中轴线置牌楼、山门、天王殿、旃坛殿（旃坛殿）、五文殊殿和大雄宝殿，两侧有配殿。五文殊殿内供文殊像五式。寺区古柏参天，山花烂漫，远视五台峰顶隐约，景色秀美（图6-2-14）。

 景点4. 广宗寺

广宗寺俗称铜瓦殿，列为五台山十大青庙之一。广宗寺位于五台山台怀镇营坊村山腰菩萨顶的下边，紧挨着灵鹫峰菩萨顶，创建于明正德二年（1507年），属于皇家寺院，规模较小，但布局严谨。《清凉山志》载："正德初，上为生民祈福，遣中相韦敏建寺。铸铜为瓦，今称铜瓦殿，赐印，并护持。命秋崖等十高僧住。"寺内正殿背后立有明正德三年石碑，对创建广宗寺的情况作了较详细的叙述。

明孝宗朱祐樘（1488—1505年）的"弘治中兴"中后期，孝宗上五台山拜佛，有感灵山显迹，想在东台望海峰上建一所皇家寺院，但明孝宗年仅三十六岁时便已撒手人寰。孝宗卒，其长子明武宗朱厚照（1506—1521年）继位，年号正德。朱厚照看重父亲遗愿，登基伊始，就命御马监太监韦敏专司事务，将先帝在世时就想造的这所佛殿造好。韦敏领旨而行，到山西后，会同镇守太监、巡按御史、按三司掌印官、布政按察使、指挥检事、分巡分守官等一大批官员，并各色匠役，一起上东台顶实地考察，后因"峰顶极高，风势凶猛""无益于后"，斟酌再三，最后决定将铜瓦殿建在菩萨顶下边，于是才有了今日所见的这所皇家寺院。

主殿铜瓦殿，面阔三间，重檐歇山顶，原顶部为铜瓦铜脊，现留铜脊和少部分铜瓦。木结构大殿，上覆铜瓦，在五台山寺庙中仅此一处。正殿前内额挂有康熙御匾，上书"云嶍"二金字。广宗寺占地面积2900m²，有殿堂楼房38间，布局小巧紧凑。铜瓦殿刚建成时，全称为铜瓦铜脊文殊宝殿，尚无寺名。继此殿建成后，又陆续建造了山门、钟楼、鼓楼、僧房、藏经楼等建筑。明正德十年（1515年），御马监太监焦宁奏请寺额，明武宗亲赐"广宗"两字，意为广弘正宗佛法，这所寺院从此以广宗寺名昭天下。

详述此寺，意在说明其寺院虽小，但通过其仔细的实地调查、认真的讨论研究、详细的汇报和严格的施工，反映出古时有序的寺院建设过程（图6-2-15）。

景点5. 碧山寺

　　碧山寺创建于北魏，重建于明英宗年间，曾名普济寺、护国寺、北山寺等，清乾隆年间改名为碧山寺，现在全称"碧山十方普济禅寺"。全寺占地面积1.6万 m²，殿堂50余间，属十方禅寺的景园型佛寺园林。碧山寺中轴线上立四座大殿，以牌坊、山门为前哨，依次是天王殿、雷音宝殿、戒坛殿和藏经殿。两侧置钟鼓楼、东西配殿与厢房。方丈室、禅堂、客房等套院分布两翼。以垂花门分隔前后院，后院地势高起，后院内藏经殿左右配置经堂香舍。

　　雷音宝殿殿内正中供毗卢佛。大殿左山墙外壁嵌有一块明万历年间的石刻题诗，有诗四首，第二首写道："眼错不辨天花落，口说前朝事可凭。铁棒五郎曾护驾，铜台大显五台僧"。民间传说五台山是北宋杨家将活动过的地方，杨五郎出家就是在碧山寺[①]。戒坛殿殿内正中设有青石砌筑的戒坛，为明朝遗物。戒坛上供有一尊玉佛。玉佛来自缅甸，与上海玉佛寺的玉佛出自同一地。十方禅林碧山寺维持对出家僧尼和居士信徒食宿一律免费的传统，珍贵的缅甸玉佛由佛教徒捐献，是对碧山寺"广济十方僧人"精神的赞助。碧山寺殿堂古朴典雅，寺区遍植松柏，林荫蔽日，寺前流水潺潺，景色绝佳（图6-2-16）。

图6-2-6　五台山显通寺上层殿周边绿化

图6-2-7　五台山显通寺大殿

图6-2-8　五台山显通寺文殊殿殿庭绿化

图6-2-9　五台山显通寺无量殿殿庭绿化

---

① 北宋与辽战斗经历中的杨家将故事有多部京剧演出。

图 6-2-10　五台山显通寺中轴线后半部对称布置的殿堂与绿化　图 6-2-11　五台山塔院寺与黛螺顶

图 6-2-12　五台山殊像寺文殊阁　　　　　　　　　图 6-2-13　五台山殊像寺庭院绿化

图 6-2-14　远视五台山黛螺顶　　　　　　　　　　图 6-2-15　五台山广宗寺文殊宝殿

图 6-2-16　五台山碧山寺戒坛殿

（二）台怀镇景区南片

 景点 6.　南山寺

南山寺位据台怀镇南向 2km 的山巅，海拔 1700m，占地 3.7 万 m^2，殿阁房舍 300 余间，属五台山大寺之一。全寺沿山坡叠建房舍 7 层；下三层名为极乐寺，上三层名为佑国寺，中间层名为善德堂。寺院始建于元朝，重建于清朝末年，经 23 年连续施工，使两寺一堂合成整体，名为南山寺。由 108 级台阶，经石影壁，过石牌楼，而至三眼拱洞大钟楼形式的山门，登上平顶式山门屋顶，可凭栏眺望清水河谷风光。全寺拥有 18 处院落、7 座大殿。山门内大雄宝殿主奉释迦牟尼佛，侧像立普贤和送子观音，以及十八罗汉。上三层佑国寺是石雕的海洋，两进院落内共有石雕 360 幅，图案近千幅，可称一绝。寺区内以四合院相组合的殿阁房舍层层叠叠，诸殿之间迂回曲折，上下左右灵活穿越，18 处院落内外，古树掩映，泉水萦绕，具良好生态环境。寺内的石雕和泥塑极具特色，内容包括佛教传说、道教典故以及林木花草等图案，刀工细致，构图精妙，堪称五台山一绝（图 6-2-17～图 6-2-19）。

 景点 7.　普化寺

普化寺位于台怀镇内，原称玉皇庙、帝释宫，曾属道教，清末重修后改为佛寺。寺处地地势平坦，总体布局严整对称，中轴线作东西向设置，殿宇均坐东向西，并列 5 座院落，占地面积约 1.6 万 m^2，殿堂楼房 100 余间。全寺以中院为核心，沿中轴线布置天王殿、大雄宝殿、三大士殿，以原玉皇阁压轴。两翼院落布置禅堂、僧舍，还有道教的吕祖阁等建筑，组合成佛道两教结合型的寺庙，是其明显特色（图 6-2-20）。

（三）九龙岗景区

 景点 8.　龙泉寺

龙泉寺始建于北宋，原是北宋名将杨家将的家庙，山上建有杨令公塔与墓碑记，后无由改为佛寺，于明朝重修，清朝末年扩建，并成为南山寺的下院。寺东侧山凹内一处山泉，清似玉液，称之龙泉，寺以泉为名，岗称九龙岗。九龙岗环抱龙泉寺，入寺先抵砖雕大照壁，再登 108 级石台阶，龙泉寺占地 1.6 万 m²，殿堂房舍 160 余间，寺内 3 座横向排列内部相通的独立院落，并设置 3 座山门。108 级石阶结束处树立高大华丽的、精雕细刻的汉白玉石牌楼，这是国内石牌楼中的精品之一。入寺中端山门，中轴线上布置天王殿、观音殿和大雄宝殿三座。观音殿内正中供奉观音，左右供奉文殊和普贤。大雄宝殿内供奉释迦牟尼佛和十八罗汉。所以，龙泉寺内的佛像布局仍然以释迦牟尼佛与观音为主体，与唐朝的南禅寺、佛光寺一致。而龙泉寺真正值得珍视的则是其建筑艺术和雕刻工艺的高度成就（图 6-2-21、图 6-2-22）！

（四）清凉寺景区

 景点 9. 金阁寺

金阁寺所处海拔高度达 1900m，是五台山山麓型佛寺园林中海拔最高者。寺创建于唐朝，为建此寺，唐代宗（762～779 年）下诏令全国 10 个节度使助缘，化缘僧赴全国各地募集布施，工程历时 5 年始成。全寺规模宏伟，富丽堂皇。金阁高百余尺，内部上、中、下三层，阁顶"铸铜涂金为瓦"，"照耀山谷"，以不空和尚为开山祖师[①]。金阁寺全盛时期有 8 大院，主客僧众达万人，惜毁于 12 世纪。

金阁寺重建于明嘉靖四年（1525 年），现存建筑与塑像均为明朝、清朝与民国初年所再建并修复。寺前三间四柱式木牌坊，以百步石阶引导，沿中轴线布置山门、天王殿、大雄宝殿与观音殿，沿地势逐级升高，全寺占地面积 2.1 万 m²，殿堂楼房 169 间。

两层高的观音殿面阔 7 间，重檐歇山顶，内部所尊观音做 3 头 42 臂立式像，高 3 丈 3 尺（11m），是五台山最高的佛像。观音殿后置 19 间式大殿，内部设凌霄宝殿（儒）、华藏海会殿（道）与毗卢殿（佛），是体现儒、道、佛三教合一思想的遗迹（图 6-2-23）。

---

① 唐玄宗开元二十九年（741 年）不空奉命率弟子僧俗 37 人远赴印度，受学密法达 3 年，回国时获《金刚经》等 80 部，经论 20 部，共 1200 卷，于 746 年回到长安，传扬密法。766 年至五台山创建金阁寺。不空生历玄宗、肃宗、代宗三代，极受尊重。唐大历九年（774 年）圆寂，赠"司空"，封"肃国公"、"三藏和尚"。

图 6-2-17 五台山南山寺鸟瞰

图 6-2-18 五台山南山寺照壁

图 6-2-19 五台山南山寺上层建筑群

图 6-2-20 五台山普化寺大殿

图 6-2-21 五台山龙泉寺108级石阶

图 6-2-22 五台山龙泉寺观音殿

图 6-2-23 五台山金阁寺观音殿

（五）五台县景区

 景点 10. 南禅寺

南禅寺是我国保存的第一号最古老的古典木结构殿堂建筑，始建年代不详，唐德宗建中三年（782年）重建大佛殿。殿内一根大梁上记有："因旧名，大唐建中三年，岁次壬戌，月居戊申，丙寅朔，庚午日，癸未时，重修殿，法显等谨志"。大佛殿面阔与进深均3间，平面近方形，殿内无柱，梁架结构简练，斗栱雄大，使出檐深远，举折和缓，单檐歇山顶，外观端庄轻快秀美，展示了中唐时期木结构殿堂建筑风格。殿内置大佛坛，主尊释迦牟尼佛，其左右陪奉阿难和迦叶两弟子，文殊、普贤与胁侍菩萨等分列两侧，殿内共17尊佛像，大部分为唐朝原作。南禅寺被列为我国第一批国家重点文物保护单位，多次拨款，加建与维修山门、龙王殿、菩萨殿和大佛殿等主要建筑，并配植绿化景观，使千年古刹重放光彩（图6-2-24～图6-2-27）！

 景点 11. 佛光寺

五台山佛光寺始建于北魏孝文帝时期（471～499年），其总平面布置为东西向中轴线，初建时中心部位以3层7间式的弥勒大阁为主体，观音殿与文殊殿分置两翼，但佛寺于唐武宗会昌（841年）灭法时被毁。唐大中十一年（857年）重建大殿，大殿的位置向东移入高台，面向朝西，亦称东大殿，是寺的主殿。高台下北侧的文殊殿重建于金天会十五年（1137年）。东大殿南侧保存六角形祖师塔，为北魏孝文帝时的遗物。高台前一列窑洞式建筑内置伽蓝殿、万善堂等，皆清朝作品。

佛光寺背倚佛光山，三面环山，西向疏阔开朗，绿野景色绝佳。庭院内植物配置井然有序，苍松翠柏对称栽植，环境清幽静谧。佛光寺东大殿是我国保存的第二号古代木结构建筑，殿面阔7间，进深4间，金箱斗底槽结构，庑殿式屋顶，一等材七铺作斗栱，宏大斗栱使出檐深达4m，反映出唐朝的木构建筑已达到相当成熟的水平。殿正中供奉释迦、弥勒与阿弥陀佛作为主体佛像，文殊、普贤为释迦佛的胁侍，全是唐朝塑像的经典创作。佛光寺可称作中国佛寺园林中的古典最精品。

佛光寺前院北侧所立文殊殿，面阔7间，进深4间，内部结构采用减柱法，加长内额和人字枊架屋架，单檐歇山顶，殿内主奉文殊及侍者6像。前院内保存有北魏初期所立的初祖禅师塔和唐朝石经幢两座，均具很高的文物价值和艺术价值（图6-2-28～图6-2-34）。

图 6-2-24 五台山南禅寺建于高坡台上

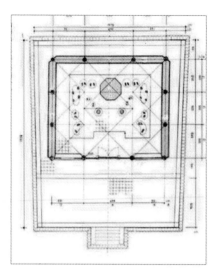

图 6-2-25 五台山南禅寺大佛殿平面

图 6-2-26 五台山南禅寺大佛殿

图 6-2-27 五台山南禅寺大佛殿内景——唐塑诸佛像

图 6-2-28 五台山佛光寺山门

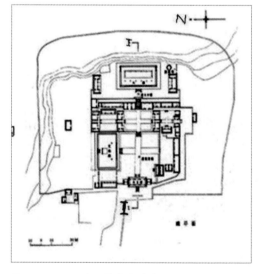

图 6-2-29 五台山佛光寺总平面

图 6-2-30　绿丛中的五台山佛光寺

图 6-2-31　五台山佛光寺东大殿与殿前经幢

图 6-2-32　五台山佛光寺东大殿立面

图 6-2-33　五台山佛光寺东大殿内景——梁架结构与诸佛像

图 6-2-34　五台山佛光寺文殊殿

山西五台山是我国开发最早的佛教圣地之一。就国内佛教建置史而言，五台山是具有两方面特别意义的佛教圣地：其一，这里是一处青庙与黄庙共同和谐开发和开展宗教活动的地区；其二，这里保存有唐朝时期所建的南禅寺与佛光寺的殿堂建筑，是我国保存最古老的古典建筑。佛教圣地五台山所处地域偏北，地势偏高，气温偏凉，因地制宜地创造了相适应的多种形式的佛寺园林，诸如：山巅式的黛螺顶、南山寺；山麓式的佛光寺、金阁寺、碧山寺、普化寺；山坡式的南禅寺、殊像寺、龙泉寺；平原式的显通寺、塔院寺；洞府式的万佛洞等。为适应偏凉的气温环境，除崇拜部分为容纳信众礼佛采取大殿庭之外，内部院落多数采取四合院形式，及内部相通的四合院组合体。院落内的植物种植偏向采用常绿树种，以松树、柏树类为最多。五台山山区多河流与山泉，佛寺周围常被森林或树丛包围，总体上五台山佛寺园林的生态环境优越。而其不足之处在于偏向建筑艺术的丰富性，而不够重视佛寺院落内部植物品种的多样性！

第三节　普陀山

一、沿革

浙江省

风景区占地面积

13km²

海拔高度 288m

　　大乘佛教"普度众生"的宏愿极大程度上寄托于观音身上，称之"大慈大悲救苦救难观世音菩萨"，在佛教诸菩萨中观音菩萨是中国佛教信徒最崇奉的菩萨，拥有的信徒最多。故而，作为观音道场的普陀山的占地面积与规模虽然于"佛教四大名山"中均归于最小的一座，可是其香火的旺盛却常居前列。加之其山水兼备的"海天佛国"的旖旎风光，又交通便捷，除香客外，也招徕大量游客光顾，而成为旅游胜地。

　　普陀山属舟山群岛 1390 个岛屿中的小岛之一，与沈家门隔海相望，岛上遗留有古炼丹遗迹，显示早期道家与道教人士已登岛隐修。观察唐朝司马承祯编制的《上清天地宫府图经》和唐末杜光庭编制的《洞天福地岳渎名山记》分解道教的"洞天福地"中，均未列普陀山之名，可证唐朝以前普陀山只是普通一海岛，其名尚未彰显。有一说，对观世音的崇拜和信仰于东晋十六国时期已在中国流行，但其时尚无专门道场。清康熙《定海县志》转引《普陀志》云："宋元丰中，倭夷入贡，见大士灵异，欲载至本国，海生铁莲花，舟不能行，倭惧而还之"，居民张氏舍宅为院于双峰山下，以奉观音，称"不肯去观音院"。

　　北宋神宗年间（1067 ~ 1085 年），赐银不肯去观音院，扩建为寺，并改名宝陀观音寺（即今普济寺，亦名前寺）。南宋高宗绍兴元年（1131 年）宝陀观音寺改律宗为禅宗。南宋宁宗嘉定七年（1214 年），朝廷赐钱修缮圆通殿（普济寺正殿），并指定普陀山为专供观音的道场。元朝，岛上佛事活动场所除宝陀观音寺之外，还有真歇庵、潮音洞、善财洞等处。明清两朝期间，普陀山佛寺呈兴盛之势，宝陀观音寺时毁时建，明神宗万历三十三年（1605 年）迁寺址至灵鹫峰山麓（即今址），清康熙三十八年（1699 年）易名普济禅寺，现存殿堂为清雍正九年（1731 年）扩建。明万历年间（1573 ～ 1620 年），除修建普济禅寺，又创建法雨寺（亦称下寺）于光熙峰下。佛顶山慧济寺是普陀山三大禅寺（普济寺、法雨寺、慧济寺）中兴建最晚的一座，清乾隆五十八年（1793 年）始由庵扩建为寺。清中叶之后的鼎盛时期全山共有四大寺、近百庵堂、百余茅蓬、4000 余僧尼，有诗云"山当曲处皆藏寺，路欲穷时又遇僧"，是极好的写照。观音道场的开创促进进香者与观光览胜者大量增加，历朝名人雅士、文人墨客，如宋朝陆游、明朝董其昌等留下不少珍贵的诗文碑刻，为普陀山文物古迹的丰厚性提供了历史资源。

二、地域特点

"海上有仙山，山在虚无缥缈间"，中国佛教四大名山之一的普陀山素有"海天佛国""南海圣境"之称，此海岛又因其山海相连，兼备山与海的自然美，所以亦是以山、水并美著称的海上名山。普陀山东南紧邻一更小的岛，名洛伽山，两岛合称"普陀洛伽山"，是普陀山的全称。普陀山全岛呈菱形，长宽之比约 2：1，中部山地连绵起伏，以海拔 288m 的佛顶山为最高；岛周边为海积地、海蚀地，岸线总长 30km。普陀山山势不高，坡势平缓，逶迤连绵之山共 10 余座，最高佛顶山，其左锦屏山，其右雪浪山，属岛上诸山之主体。全岛 18 峰，不以险胜，而以奇趣见长，或若莲花，或若踞狮，或若祥鹤，或若凤凰翔翅，还有映射佛教故事的，增添若干神奇色彩。山上怪石嶙峋，统称为"岩"，以形象取名，如龙岩、鹰岩、佛手岩、狮象岩、玲珑岩等。岛屿海岸一带，或岩壑奇秀、洞窟精巧，或金沙如涛、磐石有灵，构成灵动幽幻边界。普陀山岩洞多达数十处，洞窟容积有限，但内部幽奇，多数以佛教用语取名，如观音洞、善财龙女洞、古佛洞、弥勒洞、梵音洞等。

普陀山地质以花岗岩为基础，其上所覆土层深厚，全岛植被覆盖率达 70％（据 1991 年海岛植被资源调查），为浙江省海岛植物资源最丰富的岛屿之一。岛上林木茂盛，全山保留有樟树、罗汉松、银杏、合欢等大乔木，以古樟树为主体的百年以上大树合计 60 余种、1200 余株，其中普陀鹅耳枥树更属中国特有的珍稀濒危物种。还有普陀佛茶，产于佛顶山，又称佛顶山云雾茶，其质奇优，具药用价值曾在 1915 年巴拿马万国博览会上获奖。普济寺内有龙眼泉、菩提泉，均为煮普陀佛茶的上品泉水。

三、景区、景点、廊道

（一）景区

海岛地形促成普陀山的景区特点，南北走向的山体，以其分水岭分隔出东片与西片两大景域，南北以欢喜岭为界，结合海岛周边的港湾与沙滩，形成普陀山的四个景区：东片南景区、东片北景区、西片南景区与西片北景区。

1. **东片南景区：**以普济寺为核心，包含南天门、紫竹林、潮音洞、朝阳洞、白华庵、永福庵、龙沙庵、常乐庵、隐秀庵、普门庵、三圣堂、龙寿庵、大乘庵等。

2. **东片北景区：**以法雨寺为核心，包含杨枝庵、法雨寺、羼提庵、宝月庵、祥慧庵、梵音洞、古佛洞、善才洞、海澄禅院等。

3. **西片北景区：**以慧济寺为核心，包含佛顶山、弥陀庵、芦十庵、普陀寺旧址等。

4. **西片南景区：**以梅福禅院为核心，包含芥瓶庵、观音古洞与观音寺、盘陀石、圆通禅院等。

山上的主要庵堂尚有妙峰庵、悦岑庵、鹤鸣庵，长生庵、双泉庵、逸云庵、药师庵、息来庵、伴云庵、澄心庵、常明庵、锡麟堂、洪筏堂等（图6-3-1）。

（二）景点

明清两朝的一些文人概括普陀山胜景，有谓十景者，有谓十一景者，有谓十二景者和有谓十六景者，合计有景24处：莲洋午渡、短姑圣迹、梅湾春晓、磐陀夕照、磐陀晓日、莲池夜月、法华灵洞、古洞潮声、朝阳涌日、千步金沙、天门清梵、茶山凤雾、龟潭寒碧、大门清梵、香炉翠霭、洛迦灯火、静室茶烟、钵盂鸿灏、佛指名山、两洞潮音、华顶云涛、梅岑仙井、光熙雪霁与宝塔闻钟。作为佛教圣地的普陀山虽然占地面积不很大，却以景象的多元性而闻名于世，现取最有代表性的清朝裘班所编的《普陀山志》所载十二景："短姑圣迹、佛指名山、两洞潮音、千步金沙、华顶云涛、梅岑仙井、朝阳涌日、盘陀夕照、法华灵洞、光熙雪霁、宝塔闻钟、莲池夜月"为基础，更换其中两处呈不确定倾向的景（"佛指名山"与"华顶云涛"），组成"普陀山十二景"。

1. **"莲洋午渡"：**莲洋即莲花洋，昔日运送观音像去日本的舟船行至莲花洋，海生铁莲花，舟不能行，遂信观音不肯东渡，乃留佛像于民宅中供奉，观音于是首次上普陀山。

2. **"短姑圣迹"：**普陀山旧码头位于山门东南处，传说有姑嫂两人来朝山进香，嫂子上岛，小姑因故留于船中，但觉甚饿，观音发善心，在岸边向海中投下石块，踩着石块来船上送食，那些用以踩脚的石块，称为"短姑圣迹"（"短姑"意为嫂子责怪小姑）。

3. **"两洞潮音"：**"两洞"指的是梵音洞与潮音洞，均是普陀山上听潮观海的最佳处。

4. **"千步金沙"：**沙色如金，纯净松软。到普陀山，日间可沙滩戏水，晚上能听到沙滩传来的雷轰般海潮声。

5. **"茶山凤雾"：**凤为"早晨"之意。佛顶山后背的茶山中多溪涧，产茶，雨前采摘加工的茶具有药效，有"神茶"之称，山中又多山茶花，晨雾中的茶山，茶香、景美。

6 **"梅岑仙井"**：普陀山也称梅岑，又称前湾。以往此地多野梅，极利僧众养梅怡性。早春季节，遍山野梅，香满山谷。

7. **"朝阳涌日"**：朝阳洞是象岩以东临海处的一处天然洞窟，是晴日清晨看日出、观海景的最佳处。

8. **"磐陀夕照"**：梅岑的梅福庵侧有一天然奇石，名为磐陀石，两巨石相叠，接缝处间隙如线，似一石空悬于一石之上，"磐陀夕照"指磐陀石一带的傍晚景色。

9. **"法华灵洞"**：自然风化后的方圆巨石互相叠架，形成洞穴数十余处，组合奇妙，洞内有泉水滴漏，并流出积而成池，洞外石壁有题刻，呈现法华灵洞的奇特景观。

10. **"光熙雪霁"**：光熙峰峰石色白，形似莲花，亦名莲石花，远望此峰似白雪积顶，峰下丛林翠绿，"光熙雪霁"指的是光熙峰如白莲花般凸显于翠绿丛中的状似雪后景色。

11. **"宝塔闻钟"**：普济寺东南，海印池旁立有普陀山三宝之一的多宝塔，又名太子塔。

12. **"莲池夜月"**：普济禅寺内的海印池建于明朝，因于放生池中栽植荷花，佛教也称荷花为莲花，荷池也称莲池，盛夏傍晚，明月映池，荷香袭人。

（三）廊道

普陀山的主要寺庵多半错落布置于分水岭两翼的山麓山腰，自然地形成东片与西片两条曲折廊道，而在两廊道末端又以爬坡山道连接普陀山海拔最高点佛顶山巅，从而组成一条不够规范的环形廊道（图6-3-2）。

图6-3-1 普陀山景区

图6-3-2 普陀山景点分布与廊道

四、游览体验

佛教圣地普陀山对其信仰对象观音的膜拜方式十分吻合观音的本性：观音是大慈大悲的，观音是救苦救难的，观音是法力无边的（她有 33 个化身）[①]，观音是"佛"的替身，所以，观音会出现在任何一个希望获得救助者的身边，观音不是神秘的，观音是随时都在的……。对观音的这般认知反映在普陀山就是未设置崇拜的"三阶梯"，观音像敬立在岛上大大小小的主要寺庵与景点，"人人阿弥陀，户户观世音"，以此使普陀山的膜拜方式有别于其他佛教圣地。

 景点 1．"莲洋午渡"

未上普陀山岛，先抵主岛南侧小岛上面的南天门，指出至此已入"法界"。朝拜、游览普陀山首抵"普陀山十二景"之一的"短姑圣迹"，"圣迹"就是指佛家所说昔日观音送食时投向潮水里用以踩脚的石块。"普陀山十二景"的第一景"莲洋午渡"位于"短姑圣迹"之东约 1km，沿莲花洋海岸，含"不肯去观音院"与潮音洞，是首次迎观音像上岛处。遇午潮或大风，莲花洋洋面所现波涛状似万朵莲花起伏于海面，有渔歌形容："莲花洋里风浪大，无风海上起莲花。一朵莲花开十里，花瓣尖尖像狼牙。"潮音洞在龙湾之麓，岩石高数丈，岩面如犬牙利齿，洞顶有穴如天窗，海潮拍击，起风时声若雷轰。据传宋元时，曾有僧人于此叩求观音大士现身，使信仰者产生遐想。

 景点 2．普济寺

离"不肯去观音院"原址沿东部廊道向北，所达第一座大寺是普济寺。普济寺又名前寺，始建于北宋，先后名"不肯去观音院""五台圆光寺""宝陀观音寺"，南宋嘉定七年（1214 年）宁宗赵扩亲书"圆通宝殿"匾额，定为专门供奉观音的佛寺。明神宗万历三十三年（1605 年）由"不肯去观音院"迁址到白华顶灵鹫山山坳（即现址），加以扩建，规模宏大，一时甲于东南。之后屡招损毁，清康熙三十八年（1699 年）重建，赐额"普济群灵"，才更名"普济禅寺"，清雍正年间（1722 ~ 1735 年）又加扩建，形成现今规模。

普济寺是由康熙下诏重建，其规格严谨，占地面积 3.7 万 m²，殿宇 200 余间，

---

① 观音 33 个化身：常见的有千手观音、送子观音、杨枝观音、白衣观音、鱼篮观音、水月观音、合掌观音、持莲观音、洒水观音；少见的有龙头观音、青头观音、延命观音、众宝观音、叶衣观音、蛤蜊观音、马郎妇观音、泷见观音等。

共有 10 殿、12 楼、7 堂、7 轩，计 231 间，建筑面积 1 万余平方米。寺有 3 座山门，沿中轴线前有御碑亭与石牌坊，内部殿堂六进（山门、天王殿、大圆通殿、藏经楼、方丈殿、功德殿），主殿大圆通殿是供奉观音大士的专殿，殿面阔 7 间，进深 6 间，重檐歇山顶，黄色琉璃瓦，九踩斗栱，享佛寺殿宇的最高规格。圆通是观音的别号，按《法华经》所说，观音有"三十三身"，以不同形象化度众生，其女身就有送子观音、千手观音、杨柳观音等 7 式，大殿两壁置 32 式观音像，加上中央观音坐像，合计 33 身，立意巧妙。大殿四周以香樟树为主体的古树参天，黄瓦绿叶相映，严肃同亲和相融合。

"普陀山十二景"中的"宝塔闻钟"与"莲池夜月"两景选自普济寺。普济寺正山门前置一大水池，始辟于明朝，名为海印池，池内广植荷花。佛家又称荷花为莲花，故海印池亦名莲池，其广约 1 万 m²，池上建桥 3 座，位于中轴线的主桥上立一八角亭，名为湖心亭。夏日满池荷花盛开，清香沁人，有月之夜，倚栏观赏，红花月影，形成"莲池夜月"佳景，此为由放生池演化为以荷花为主题的水景园的典型范例之一（图 6-3-3～图 6-3-7）。

 景点 3. 梵音洞

出普济寺向北，沿海岸诸景又一一展现，选入"普陀山十二景"的有朝阳洞、千步沙与梵音洞，即取名"朝阳涌日""千步金沙"与"两洞潮音"的三个题"景"。梵音洞又名"天门清梵"，隔莲花洋与潮音洞南北遥遥相对，是一处自然景观与人工构筑极妙结合的佳例。梵音洞洞外峭壁耸立，陡壁高约 60m，裂而为二，两壁腰部有横石相连，状如拱桥。天然石拱桥桥根处构筑有石台，台下屈曲通海，台上立双层楼阁，取名"观佛阁"，前可望海，后可观洞，峭壁下海潮昼夜翻滚，观佛阁是观潮最佳处（图 6-3-8）。

 景点 4. 法雨寺

普陀山第二大寺法雨寺，亦称后寺，藏于千步沙西面上方光熙峰山麓，创建于明万历八年（1580 年），原名海潮庵，后改名海潮寺、护国镇海禅寺。战火中损毁后于清康熙年间重建。康熙三十八年（1699 年）赐"天华法雨"和"法雨禅寺"匾额，因而更名法雨寺。清朝晚期扩建后，其规模与规格相近普济寺，占地面积 3.3 万 m²，现存殿宇近 200 间，建筑面积 9000m²。

光熙峰峰石色白，形同莲花，似白雪盖顶般耸立于丛林之上，组成"光熙雪霁"

图 6-3-3 普陀山普济寺鸟瞰（南侧海印池）

图 6-3-4 普陀山普济寺荷池（海印池）

图 6-3-5 普陀山普济寺荷池（海印池）

图 6-3-6 普陀山普济寺荷池（背景为多宝塔）

图 6-3-7 普陀山普济寺大殿

图 6-3-8 普陀山梵音洞

一景。法雨寺位处光熙峰山腰幽深处，其地坡势稍陡，分层筑台，整体布局严谨，中轴线上7座殿宇（山门、天王殿、玉佛殿、观音殿、御碑殿、大雄宝殿、方丈殿）分建于6层台基上。主殿名为九龙观音殿，亦名圆通殿，面阔7间，进深5间，黄色琉璃瓦顶，内槽置九龙藻井。山门前放生池内植莲花，名曰莲池。山门内天王殿前古樟成林。天王殿后玉佛殿前的一株古柏和一株古罗汉松苍老劲健，衬托出古寺历史（图6-3-9～图6-3-12）。

 景点5. 慧济寺

普陀山海拔最高点佛顶山位据岛的北部中心，法雨寺侧一羊径古山道直通山顶。佛顶山又称"白华顶""菩萨顶"，山上植被丰满，多古树异卉，森林之中深藏一古寺，名为慧济寺。慧济寺创建于明朝，初名慧济庵，其原址是一供石佛的古石亭。清乾隆年间建圆通殿、玉皇殿、斋楼等殿宇，改庵为寺。清光绪末年再行扩建，遂成巨刹，为普陀山三大禅寺之一。一度荒废，20世纪80年代全面恢复，现全寺占地约1.3万 m²，建筑面积6000余平方米。重建中按佛教的正统观念，彩色琉璃瓦顶的主殿大雄宝殿供奉佛祖释迦牟尼像，菩萨再灵也不可超越佛祖，在佛教教义中慧济寺担当起普陀山主导寺院的作用。

慧济寺高踞于佛顶山山巅，在布局形式上归于山巅式寺观园林类，但又显示出自身特色。整个寺院深藏于森林之中，以清幽称绝，整体布局因地制宜，依山势构筑，限于基地狭窄，几座主体殿宇作横向排列，打破惯例，自成一格。佛寺内庭院深深，呈浙东园林风格，环境幽雅，出了山门则海阔天空，蔚蓝大海，点点帆影，远山近礁，环列足下，若获机遇还可观赏旭日东升、云海翻腾，甚至海市蜃楼。周边古木香花，更以保存两株稀世植物——普陀鹅耳枥树与新姜子术树（又称佛光树）——而获赞誉（图6-3-13～图6-3-16）。

 景点6. 摩崖石刻

连接慧济寺与法雨寺的一条古山道名香云路，长1km，石阶千级，沿山路伴有涧水名青玉涧，立亭名香云亭，山体石壁保存摩崖石刻多处，其中以一方"海天佛国"最为著名。"海天佛国"又石上叠石，题刻"云扶石"三字，两石合一，组成"名石"。

自慧济寺下山，现今在普陀山西片建有索道和车行道，方便回到普济寺。由普济寺向西，一条古山道越过白华山，可抵"普陀山十二景"中的"梅岑仙井"，其周围有梅福古庵、二龟听法石、磐陀石、观音洞等景点。二龟听法石、磐陀石与云扶石合称"普陀三奇石"，都是山体经天然风化后所形成的呈现特殊形象的自然物，加上富有历史的书法技术，或者传说故事，成为自然与人文合一的奇观（图6-3-17、图6-3-18 ）。

普陀山山系景观内容丰富，水系景观生动奥妙，人文景观典范质朴，植物景观以古木异卉著称，佛教圣地普陀山可称是自然与人文复合景观中山水兼备的最佳经典。

图6-3-9　普陀山法雨寺鸟瞰

图6-3-10　普陀山法雨寺大殿

图 6-3-11　树丛中的普陀山法雨寺大殿

图 6-3-12　普陀山法雨寺正殿

图 6-3-13　普陀山佛顶山慧济寺鸟瞰

图 6-3-14　高踞山巅的普陀山慧济寺

图 6-3-15　普陀山慧济寺正殿

图 6-3-16　普陀鹅耳枥树

图 6-3-17　普陀山云扶石

图 6-3-18　普陀山磐陀石

道教佛教混合的宗教圣地
——嵩山

一、沿革

嵩山被道教《天地宫府图》列为三十六小洞天中的第六洞天，名中岳嵩山洞—司马洞天，位于古洛阳城西北的登封县境内[①]。嵩山古称外方，夏禹和商汤时称嵩高，其名源于《诗经》："嵩高维岳，峻极于天"，西周时称岳山。嵩山紧邻洛阳，洛阳古名洛邑、神都，是中国四大古都之一[②]，有 4000 年的建城史。在古代中原地区，洛阳"东压江淮，西挟关陇，北通幽燕，南系荆襄"，自古被华夏先民认为是"天下之中"。东周平王元年（公元前 770 年）迁都洛阳，以"嵩为中央、左岱、右华"[③]，定嵩高为中岳。

嵩山邻近古洛阳，是"五岳"中开发最早的一座名山，遗留下极丰富的历史遗迹与古文物。据古书《竹书纪年》和《世本》记载：上古舜禹时期，舜曾命禹主祭嵩山。说明，古时祭祀山岳之典是以嵩山为始，早于祭祀泰山。夏朝自禹至桀（约公元前 2070 年～公元前 1600 年），共有 17 个王建都于嵩山周围。周朝（公元前 1046 年）至汉朝（220 年），紧临古都洛阳的嵩山是帝王游赏和士大夫们登临的圣地。

分地建立至融合一体的中国道教出现过多处发祥地，道教创立人张陵曾隐居于洛阳北邙山，于嵩山修炼"黄帝九鼎，太清丹经"，然后去四川鹤鸣山创建道教第

河南省
占地面积 450km²
主峰连天峰
海拔 1512m

---

① 登封现属郑州市行政区。
② 中国四大古都：洛阳、西安、南京、北京。
③ 左岱者，东岳泰山；右华者，西岳华山。

一个教派正一道（天师道），所以嵩山是继终南山老子讲经台之后的道教又一处最早发祥地。道教宫观建筑的原型中包含上古的坛庙，秦汉时期盛行山岳祭祀，登封中岳庙前身即秦朝祭祀嵩山太室山的太室祠，于西汉武帝元封元年（公元前110年）与东汉安帝元初五年（118年）两次增建，南北朝北魏时改名中岳庙，由祠改为道庙。嵩山所保留的作为祀庙大门的"汉三阙"——太室阙、少室阙和启母阙①，属中国现存最古的门阙遗物。北魏太平真君年间（440~450年），嵩山道士寇谦之谎称老君授予他"天师"之位，以"清整"为名，"以礼度为首"，排除张陵，由民间道教变为官方道教，称"北天师道"。

　　隋唐之际，嵩山为北地道教中心。上清茅山派第十一代宗师潘师正隐居嵩山逍遥谷修道20余年，唐上元三年（676年）与唐调露二年（680年）受唐高宗两次召见，于潘师正居所敕建崇唐观。唐玄宗时敕修中岳庙。之后，宋太祖开宝六年（973年），又敕修中岳庙，并下诏由县令兼任庙丞。宋太宗赵光义赠五岳奉号，名中岳之神为"中天崇圣帝"，致中岳庙和崇福宫②（供奉真宗御容像）成为宋朝嵩山地区道教的两大最重要宫观。元朝时全真道派进入嵩山，掌管崇福宫。

　　佛教传入中国后，中原地区的河南洛阳白马寺开创了中国佛寺的首例。南北朝的北魏是由境外民族进入中原后建立的北地政权，其皇室笃信佛教，经汉化的北魏孝文帝开凿云冈石窟之后，以此供天竺僧人跋陀作修炼之所，还特地为他建造嵩山少林寺作静修之处。继之，南天竺僧人菩提达摩于少林寺立达摩宗，为以后兴盛的禅宗打下基础。南北朝时期又建嵩阳寺[北魏太和八年（484年）]、嵩岳寺[北魏永平元年至正光元年（508~520年）]、明练寺[北魏孝明帝正光二年（521年）建，后改名永泰寺]、闲居寺[北魏正光元年（520年）建，隋改名会善寺]、护国寺（前身法王寺）、法华寺（唐改名功德寺）、灵峰寺（元时称白芽寺）等著名佛寺。嵩阳寺院内原保留有古柏3株，于西汉元封六年（公元前105年）受汉武帝刘彻封为"大将军""二将军"和"三将军"，现尚存2株，是国内现存早于汉朝的古柏③。隋末唐初少林寺僧以武参政，为唐王朝的建立立下了大功，唐太宗李世民特别允许少林寺和尚练僧兵，受朝廷支持，少林寺成为"天下第一名刹"。

　　明清时期嵩山地区的寺观园林整体上呈保持现状状态，唯两件盛事当载入史册。其一，背倚黄盖峰的中岳庙，于唐宋时期打下宏伟规模的基础，明朝末年，大部分建筑毁于大火，清高宗乾隆初年按殿庭型制修复中岳庙，使中岳庙成为"五岳"中规模最大的保存完整的殿庭型景园寺观园林；其二，少室山密林深处

---

① 祭祀禹之妻涂山氏，建有启母祠。

② 宋朝崇福宫，唐朝名太乙观，据传创建于汉朝，原名万岁观。

③ 三将军柏毁于明末。

的少林寺，自北魏建寺，经历代扩建修缮，至明清两朝，受明朱元璋，清康熙、雍正、乾隆诸皇帝优厚，屡拨巨资大肆整修。康熙还御书"少林寺"匾额，雍正亲操寺图，乾隆夜宿方丈室亲笔题诗立碑，以及历代少林方丈精心治理，使少林寺成为中国寺观园林中组合最多的、具有佛地园林以及历史文物性景点的佛教名胜。

二、地域特点

中岳嵩山属伏牛山山系，嵩山的地质构造形态不仅国内罕见，即便全球也属稀见，其"五代同堂"的地质现象可以反映地球的进化史。地球进化的5个时期——太古宙、远古宙、古生代、中生代和新生代的岩浆岩、变质岩和沉积岩，20多亿年的地壳运动铸成嵩山特殊的地貌，显现为：地质年代层次分明，三分式的地形斜向展开，地表瑰丽多姿、怪石林立的中国最古老的山。

嵩山地区包括太室山、少室山、箕山、登封盆地与低丘区，太室山与少室山是嵩山的主体，两山相隔10km，登封市位于两山南端的交接点，少林河流趟于两山之间。嵩山峰峦峻峭，沟壑深奥，太室山与少室山各拥险峰36座，合计72峰[①]。嵩山最低海拔350m，主峰峻极峰位于太室山，海拔1492m，最高峰连天峰位于少室山，海拔1512m，整体高差达1150m。以石英岩岩层为基，以岩浆岩、沉积岩、变质岩露头的嵩山地貌，由峰、岩、洞、台、溪、瀑、潭、林等构成自然景观，展现出嵩山山岳景象的独特性。

嵩山地区的植物资源虽经封建时期人为的大量砍伐，原始森林所剩无几，但据调查，至今尚有木本植物330余种、观赏植物300余种、药用植物1000余种（包括藻类、菌类、苔藓类）。以温带植物为主，并在植物的竖向结构上（1000m以下与1000m以上）具有差异性，反映了嵩山植物区系具有南北交汇过渡的特点。

嵩山地区的动物资源，据古籍记载有兽类、鸟类、昆虫类近50种，其中包括虎、豹、狼等猛兽。明清时期嵩山不少地区林毁地荒，但寺观地带仍然是"禅寺横林际，白云拥翠深"（三祖庵），"森森门前松，古色照四野"（会善寺），"晴晖运连绵，层岚青簇簇"（少室山），显示出寺观周边的自然环境受到当事者的有效保护。

---

① 嵩山太室山36峰：黄盖峰、浮丘峰、遇圣峰、卧龙峰、狮子峰、虎头峰、万岁峰、玉镜峰、周道峰、石幔峰、胜观峰、青童峰、凤凰峰、悬练峰、鸡鸣峰、起云峰、桂轮峰、玉柱峰、松涛峰、金壶峰、老翁峰、玉女峰、三鹤峰、玉人峰、会仙峰、峻极峰、春震峰、玄龟峰、河带峰、独秀峰、积翠峰、立隼峰、观香峰、子晋峰、太白峰、望都峰；嵩山少室山36峰：迎霞峰、朝岳峰、宝胜峰、瑞应峰、清凉峰、药堂峰、紫薇峰、宝柱峰、来仙峰、白道峰、琼璧峰、灵隐峰、紫霄峰、连天峰、香炉峰、紫盖峰、玉华峰、翠华峰、卓剑峰、白云峰、望洛峰、系马峰、檀香峰、凝碧峰、白鹿峰、金牛峰、太阳峰、明月峰、罗汉峰、石笋峰、石城峰、丹砂峰、七佛峰、钵盂峰、少阳峰、天德峰。

三、景区、景点、廊道

嵩山地质史上的断裂产生了瓣状裂块的山体和中央的登封盆地，及放射状走向的谷地和河溪。嵩山山势起伏，峰峦叠嶂，峻峭巍峨，阻碍跨山交通，促使寺观择地或沿河谷，或旁山麓，或登山巅，或于盆地边缘，组成多个景区，可区分为：少室山北部景区、少室山南部景区、太室山中部景区、太室山中南部景区、太室山东南部景区和箕山景区，形成"大分散、小集中"的景点分布和以登封县城为中心的放射式廊道模式：

1. **少室山北部景区，或称少林寺景区**，含少林寺常住院、塔林、达摩洞、初祖庵、二祖庵和太室山西北部的永泰寺等景点。

2. **少室山南部景区，或称三皇寨景区**，含三皇寨、清凉寺、莲花寺、安阳宫等景点。

3. **太室山中部景区，或称峻极峰景区**，含嵩岳寺（塔）、法王寺、峻极宫、老君洞、会善寺、白鹤观、峻极峰等景点。

4. **太室山中南部景区，或称嵩阳寺景区**，含嵩阳寺（后改嵩阳书院）、启母石、启母阙等景点。

5. **太室山东南部景区，或称中岳庙景区**，含中岳庙、太室阙、卢崖瀑布等景点。

6. **箕山景区，或称观星台景区**，含观星台、古阳城遗址等景点（图7-1-1、图7-1-2）。

四、游览体验

河南嵩山放射式廊道的游览组织形式主要特点体现在游览过程的往返运动，若限于时间或特殊原因，这种廊道形式在景区的游览选择上有机动余地。笔者回忆20世纪50年代时的考察，于保证考察了少林寺、中岳庙、嵩岳寺、嵩阳寺、观星台等诸主要景区之余，因降雨不得不放弃三皇寨景区与峻极宫景点，虽有遗憾，但仍存满足感。

游览嵩山宗教圣地，两个主要景区不可忽略：1.少林寺景区，这是本地区最具代表性的佛教圣迹；2.中岳庙景区，这是本地区最具代表性的道教圣迹。

（一）少林寺景区

 景点 1. 少林寺

出登封县城，沿少林河向北，于少室山北麓的密林中，一组佛寺组群呈现在眼前，

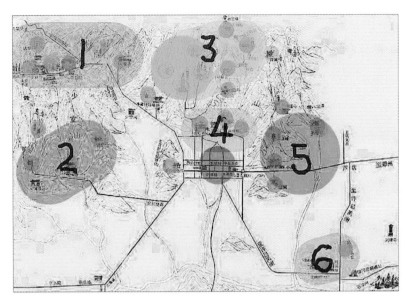

图 7-1-1　嵩山景区分布

1. 少室山北部景区
2. 少室山南部景区
3. 太室山中部景区
4. 太室山中南部景区
5. 太室山东南部景区
6. 箕山景区

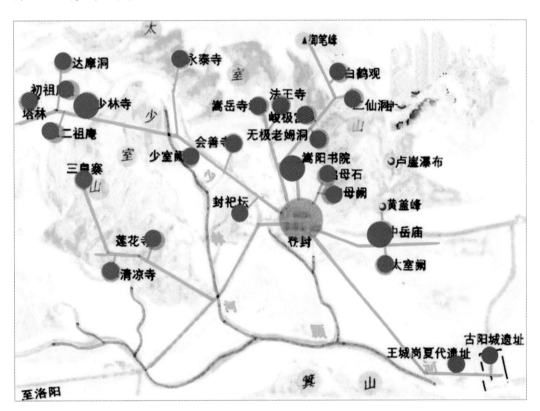

图 7-1-2　嵩山廊道景点分析

那就是负有盛名的少林寺。少林寺以少林寺常住院为主体，还包含初祖庵、二祖庵、达摩洞、塔林、甘露台和广慧庵等诸外延景点。少林寺初创于北魏，跋陀是早期的佛教传播者之一，系天竺僧人，到北魏的洛阳传法。南北朝时期的北魏由北方境外民族（鲜卑族）皇族统治，北魏皇族笃信佛教，孝文帝太和十九年（495 年）在少室山北麓敕建少林寺，供跋陀传授小乘佛教。其后，南天竺僧人菩提达摩来洛阳，在少室山少林寺一石洞中面壁苦修 9 年，并继位为少林寺第二任方丈，创立达摩宗。

历史长河中少林寺数度兴废，唐朝时最为兴旺，据《少林寺碑》记载，当时拥有土地多达 14000 多亩，寺基 540 多亩，寺庙建筑 5400 余间，僧人 2000 多名，谓之："妙楼高阁，俯瞰为林，金刹宝铃，上摇清汉"。之后虽遭数次战火焚毁，但受宋、元、明、清诸朝皇室的呵护，少林寺获多次大规模整修重建，少林寺常住院院内现保存有山门、白衣殿、千佛殿、达摩亭、客堂等清式建筑，千佛殿内保留明朝五百罗汉壁画，以及许多唐朝以来所刻碑碣。寺域内外，古木参天，"林中少林"，名实相符。

寺址之外，保存最完整的是旁侧埋葬历代少林寺高僧的塔林，第一座墓塔始建于唐贞元七年（791 年），塔林内共有墓塔 220 余座，属国内规模最大、最有代表性的塔院类人文景观型佛寺园林。由弘忍与慧能创始的禅宗，因尊达摩祖师为东方初祖，故禅宗以达摩宗为前身。为纪念达摩面壁之绩，宋人建初祖庵，又称"达摩面壁之庵"，庵内曾建有"面壁之塔"。庵位处塔林之北，环境清幽隐蔽，因受战火所损，仅保存建于宋宣和七年（1125 年）的大殿与一株古柏树（图 7-1-3～图 7-1-9）。

 景点 2.　永泰寺

少林寺之东，与少林寺遥遥相对的另一古寺为永泰寺，原名明练寺，创建于北魏正光二年（521 年），因北魏孝明帝的妹妹永泰公主入寺为尼，唐代更名为永泰庙，康熙更名为永泰寺，距今已有 1480 年的历史。永泰寺是中国佛教禅宗营建的第一座女尼寺院，寺位于太室山西北山麓，坐东朝西，背倚子晋峰，面对少林寺。永泰寺所立山麓地形，其坡势呈东西向，坐东朝西实系因地制宜之策。佛寺后山坡保留的唐永泰寺塔能说明其久远历史。初祖庵、少林寺塔林与永泰寺塔列入全国重点文物保护单位（图 7-1-10、图 7-1-11）。

图 7-1-3　嵩山少林寺鸟瞰

图 7-1-4　嵩山少林寺寺院部鸟瞰

图 7-1-5　嵩山少林寺山门与门前丛林

图 7-1-6　嵩山少林寺千佛殿

图 7-1-7　嵩山少林寺初祖庵修复前原态

图 7-1-8　嵩山少林寺初祖庵修复后现状

图 7-1-9　嵩山少林寺塔林

图 7-1-10　嵩山永泰寺

（二）三皇寨景区

少室山南部的主体景点三皇寨位处少室山山腰西侧，古时受高峻山岭阻隔，必须绕道从少室山南麓进入，现代辟栈道，建缆车，可翻山越岭。三皇寨祭祀的对象为人祖"三皇"，即史籍记载的开启中华文明之门的伏羲氏、神农氏与轩辕氏（黄帝）所合称的"三皇"。

嵩山褶皱地质构造产生的断裂形成少室山山南峰峦突兀峻峭、危崖高耸、壁立千仞的地貌，险胜华岳，难似蜀道，满山覆盖多色植被，秀如峨眉，磴道、栈道和现代大悬吊桥是山间主要通行方式。景区内的三皇寨、清凉寺、莲花寺、安阳宫等寺观均似从山岭缝隙间硬挤出来，规模狭小。

 景点3. 三皇寨禅院

三皇寨原有道院两处，保存有三皇殿、盘古洞、观音殿等殿宇、洞窟与碑碣。自清康熙年间至清末，佛教进入三皇寨，变道观为佛寺，多次重修，改名为嵩山三皇寨禅院，近年更予大修。三皇寨禅院遵循"四灵模式"，坐落于少室山山腰，坐东朝西，背倚少室岩壁，面向琼璧峰。禅院山门与无量圣殿、文殊殿、观音殿、普贤殿诸殿堂因地就势，按台阶式层叠，石结构建筑同岩石融为一体，并淹没于周围林海之中，从而组成一组峭壁式佛寺园林（图7-1-12、图7-1-13）。

（三）峻极峰景区

海拔1492m的太室山主峰峻极峰位于太室山中部，峻极峰景区是一区道教佛教融合发展的区域，道观类景点有峻极宫、老君洞、二仙洞、白鹤观等；佛寺类景点有嵩岳寺（塔）、法王寺、会善寺等；自然景观类景点有石船、天梯、三皇口、峻极峰等；其中会善寺、嵩岳寺塔和法王寺塔列入全国重点文物保护单位。

 景点4. 会善寺

会善寺位于嵩山太室山积翠峰南麓，山明水秀的自然环境和历代高僧的智慧积育使会善寺成为拥有72寺观的嵩山地区三大著名寺观之一。据寺内历朝古碑记所载，会善寺原为北魏孝文帝（471～499年）之夏季离宫，后舍宫为寺，隋开皇年间（581～600年）名会善寺，寺因道安（慧安）禅师而得盛名。据传，道安（慧安）禅师寿达128岁，历经隋、唐两朝8位皇帝。其后又有20余名高僧出自会善寺，最有名者是唐天文学家一行禅师，据传曾主持建造观星台。寺内保存的

图 7-1-11　嵩山永泰寺塔

图 7-1-12　嵩山三皇寨禅院后院

图 7-1-13　嵩山三皇寨禅院正殿

大殿建于元朝，是按元朝建筑型制建造，面阔五间、进深三间，五铺作重栱，单檐歇山顶，木结构施以彩绘，装修简朴（图7-1-14）。寺外清泉细流，寺内古柏银杏参天，古柏计60余株。大殿月台前两株桧柏，树龄千年，高30m，树干挺拔（图7-1-15）；山门前一株龙柏，躯干弯曲如龙；寺外一株千年侧柏，高20余米。寺内外3株千年银杏，均高20余米，围达4米，树叶浓密，犹如巨伞遮空（图7-1-16）。会善寺附属文物尚有唐塔和碑刻（东魏《中岳嵩阳寺碑》、北齐《会善寺碑》、唐《道安禅师碑》《会善寺戒坛记》等）。

会善寺规模适中，吻合佛家"伽蓝七堂制"原则，建筑型制规整，整体风格朴实，小品建筑丰硕，绿化环境绝优，历史面貌保存良好，是嵩山地区人文景观与自然景观优化组合的典范之一。

会善寺东北上方为嵩岳寺。

 景点5. 嵩岳寺

嵩岳寺古名闲居寺，北魏宣武帝永平元年至正光元年（508～520年）之间始建，曾作为北魏皇家寺院，规模宏大，堂宇1000余间，纳僧人700余众。隋末寺被"劫火潜烧"，唯存15层密檐砖塔。嵩岳寺塔是中国现存最早的砖塔，塔高40余米，平面12角形，外廓呈抛物线形，轻快秀美，其型制为国内唯一。嵩岳寺塔矗立于群山环抱、苍翠绿屏之中，成为嵩山的地域标志。

嵩岳寺东侧有法王寺。

 景点6. 法王寺

古时僧人喜把佛寺始建年代向前延伸，以证其更久远的历史，《会善寺记》与《法王寺记》都反映这种倾向。据《法王寺记》，嵩山玉柱峰下法王寺始建于东汉末年，而据可查的历史记录，两晋南北朝应是该寺初创时期，隋唐两朝增建殿堂楼阁，造塔，并受赐庄园，更名文殊师利广德法王寺。五代时废寺，分为五院，北宋重建，改称"嵩山大法王寺"。法王寺现状系20世纪末扩建，占地6万m²，建筑5000m²，七进院落，金碧辉煌。对比会善寺遵循历史形态，保持古拙朴实风格，法王寺则突破了传统佛寺规制，给人视觉上假古董的印象。唯佛寺背面兴建于隋末唐初的法王寺塔（图7-1-17）与大殿前一对千年银杏（图7-1-18），传递出佛教寺院的原始精神。

顺法王寺寺南山道向上，首抵老君洞。

景点 7. 老君洞

老君洞也名老母洞，河南省第四批文物保护单位认定其名为"老君洞"。唐朝茅山宗著名道士潘师正（586～684 年）隐居嵩山，于太室山逍遥谷就山势开凿一人工洞窟，用作他的隐休处，内部供奉道祖太上老君，故名之老君洞（洞深 4m，高 2m，宽 3m），后经多次扩建，形成三进院落的组合式道观。唐高宗敬重潘师正，于调露元年（679 年）为之在逍遥谷建造隆唐观，又建精思院。潘师正迁居隆唐观后，老君洞内按当地民间信仰习俗又奉祀道教另一尊神无极老母（指女娲或九天玄女），老君洞遂又称老母洞。此座三进院落的道观中轴线上依山势台阶式置山门、老君洞和无极老母殿。整座道观若嵌入山谷之中，百步踏级以穿越式登堂入室，是洞窟与道院建筑相组合的道观，此为一特例（图 7-1-19）。

 景点 8. 峻极峰

由老君洞北上，沿石阶磴道，过新建的殿阁廊台，登上太室山最高点海拔 1492m 的峻极峰，远处箕山可入眼帘。唐天授元年（690 年）武则天登帝位，自称大周皇帝，之后多次登嵩山，并封嵩山中岳大帝为天中王。晚年，自思一生处事凶狠有罪，遂采纳一道士的进言，又去嵩山祭祀，求神除罪，此一轶事于 1982 年在峻极峰顶因挖掘得一古祭祀金简而得以证实。该时祭祀天、地、水三官用金简三块，峻极峰顶所得为祭天官金简，金简长 36cm，宽 8cm，上阳刻 39 字，内容为："上言大周国主武曌好乐真道，长生神仙，谨诣中岳嵩高山门，投金简一通，乞三官九府，除武曌罪名"，故金简名"除罪武曌金简"，内含武则天自创的 5 个汉字，其中曌（音照）字即指武则天本人，据传祭祀后她狠性大减，从信仰角度，道教起了作用。

（四）嵩阳寺景区

 景点 9. 嵩阳寺

嵩阳寺位于登封市北太室山山麓，始建于北魏大和八年（484 年），是嵩山最早建置的佛寺之一，曾纳僧众数百名。隋大业年间（605～616 年）改为道观，名嵩阳观。其后，唐朝闭为行宫，五代改为太乙书院，宋景佑二年（1035 年）更名嵩阳书院，延续至今。自嵩阳寺至嵩阳书院，虽然历史上多次变更使用性质，但保留下的珍贵"纪念品"则告诉人们重要史实。院内三株古树是西汉元封六年（公元前105年）汉武帝刘彻游嵩岳时受封为"大将军""二将军"和"三将军"的三株古柏。树木受皇帝封号，应是汉朝之前就已存在的有姿有态的古树名木。嵩阳寺初建时与汉武帝游嵩岳时相隔600年，三株古柏应远超千岁，保留至今的大将军柏树，树高12m，围粗5.4m；二将军柏树，树高18.2m，围粗12.5m，树龄均达3000岁，应属中国寺观园林中最古老的柏树（图7-1-20、图7-1-21）。书院内另保存有唐碑一座，其名"大唐嵩阳观纪圣德盛应以颂碑"，唐天宝三年（744年）刻立。碑高9m，宽2m，厚1m，重80余吨，碑的形制宏大雄浑，碑首与碑座雕刻精美，撰文隶书端正遒雅。宰相李林甫所撰碑文的内容主要叙述嵩阳观道士为唐玄宗炼丹九转的事实，从中反映出嵩阳观当时在诸道观中的显要地位。嵩阳观碑俨然是全国寺观园林中建筑小品的一极品（图7-1-22）。

（五）中岳庙景区

 景点10. 中岳庙

惯常选址于城郊的上古时期的坛（祭坛）庙（祀庙），后世改变为道观，嵩山中岳庙是其中典型之一。始建于秦朝（公元前221～公元前206年）的祭祀太室山神的太室祠位处古阳城之北太室山南麓，西汉汉武帝元封元年（公元前110年）与东汉安帝元初五年（118年）均予扩建，保留有汉太室阙于旧址。中岳庙前身为汉朝扩建的太室祠，北魏时迁址于黄盖峰南侧，归属道教管理。道士寇谦之投靠北魏朝廷，借托太上老君授予"天师"之位，嘱其辅佐北方"太平真君"，改造早期道教，自称新天师道首领，获得北魏皇室支持，建置了道场。唐开元年间增建殿宇，北宋初观内外遍植松柏，奠定中岳庙旧时规模。清乾隆时按殿庭型制复建中岳庙，形成占地总面积达11万m²的宏

图7-1-14　嵩山会善寺大殿

图7-1-15　嵩山会善寺千年桧柏

第七章　道教佛教混合的宗教圣地——嵩山

图 7-1-16　嵩山会善寺山门前龙柏、侧柏

图 7-1-17　嵩山法王寺塔

图 7-1-18　嵩山法王寺殿前千年银杏

图 7-1-19　嵩山老君洞

图 7-1-20　嵩山嵩阳寺大将军柏树

图 7-1-21　嵩山嵩阳寺二将军柏树

伟建筑群。

泰山东岳庙（岱庙）、华山西岳庙、衡山南岳庙、恒山北岳庙[①]与嵩山中岳庙五座祭山神大庙，其中按殿庭型制建造的有东岳庙、西岳庙和中岳庙，但西岳庙于历史上遭严重破坏，虽经修复，但多数殿阁实属假古董性质，且规制上存在超越旧制之弊，只有泰山岱庙与嵩山中岳庙保留下完整的历史面貌。现存的五座大庙中，又以嵩山中岳庙规模最大，故而可称是中国清式殿庭型宫观园林一典型。

图 7-1-22　嵩山嵩阳寺唐嵩阳观碑

中岳庙位据黄盖峰前山麓坡地，按殿庭规制，四周围以宫墙，中央置中轴线，庙内主要建筑，从南向北，由低至高，顺次为中华门、遥参亭、天中阁、配天作镇坊、崇圣门、化三门、峻极门、峻极坊、峻极殿、寝殿、御书楼，前后共 11 重，长达 650m。峻极门内增置内宫墙一道，内以中岳大殿为主体。最北以黄盖亭为终端。中轴线两侧的配殿有太尉宫、火神宫、祖师宫、神州宫、小楼宫等。全庙拥有宫、殿、楼、阁、亭、廊、庑等共 400 余间，除中岳大殿覆盖黄色琉璃瓦，其余殿堂、楼阁均按清制覆盖绿色琉璃瓦，气势恢宏。中岳庙最为壮观的不仅是"台阁连天，甍瓦映日"，自宋朝开始遍植松柏，又经明清两朝保护增植与后期补植，至今保留古柏 300 株，呈"古柏参天"浓荫蔽日景象，是全国道观中面积最大的乔木林之一（图 7-1-23～图 7-1-29）。

（六）观星台景区

 景点 11. 观星台

登封观星台是中国现存最古老的天文台，也是全球重要天文古迹之一，元朝至元十三年（1276 年）由天文学家郭守敬设计建造，保留至今（图 7-1-30），因不归属寺观园林范畴，从略。

---

① 中国宫观建置史显示，北岳庙曾有两座，之一在山西省恒山，之二在河北省曲阳县。曲阳县北岳庙始建在先，采取遥祭形式，规模很大（原占地 17 万 m^2，现保留 4.4 万 m^2）；恒山北岳庙坐落在恒山，虽建在后，规模较小，但既称恒山北岳庙，当确定为正宗。

图 7-1-23 嵩山中岳庙全景

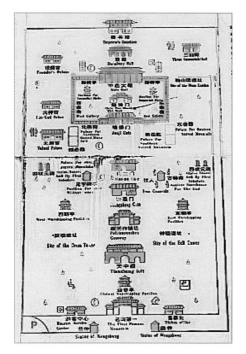

图 7-1-24 嵩山中岳庙平面

图 7-1-25 嵩山中岳庙中轴线

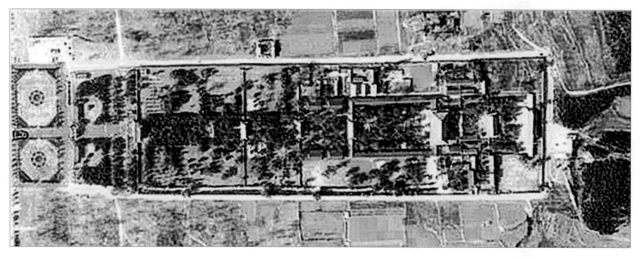

图 7-1-26 嵩山中岳庙绿化全景

图 7-1-27　嵩山中岳庙柏林

图 7-1-28　嵩山中岳庙峻极殿

图 7-1-29　嵩山中岳庙文昌殿

图 7-1-30　嵩山观星台

　　察"五岳"之品，以"泰山之雄、华山之险、衡山之秀、恒山之幽、嵩山之峻"为最佳概括。"嵩山之峻"的基础是其特殊地质，嵩山五个时期的地质现象保存着地球的三次构造运动的遗迹。嵩山景观以此独特的地质、地形、地貌为背景，引导产生"大分散、小集中"的景点布局和特殊的景区游览路线。嵩山是华夏文明的重要发祥地之一，展示出自然景观与人文景观完美融合，其道教文化与佛教文化和谐共处，自嵩阳观改为嵩阳书院后，儒学文化亦成为嵩山主体文化之一，构成"三教文化一体"的宗教圣地一佳例。嵩山地区寺观园林喜植柏树，"林中少林"，中岳庙柏林、嵩阳寺将军柏等，从自然景观中也体现出三教文化一体精神。

结 语

在偶像崇拜型宗教领域，多数神灵的形态初期通常是虚空并抽象的，随时光流转，虚体被逐渐填充成实体，抽象渐变具体，最终升腾为"真实的神"。这种现象中外一致，而中国古代多种宗教并列的政事土壤使呈叠加效应：各教派"经书"的夸张宣扬，膨胀了神功能力；封建帝王的随性封赐，增强了神权威性；百姓们祀神明拜菩萨，为求今生来世避凶得福保平安佑康宁，普遍的崇信对神灵地位产生稳固作用。随着历史推进，神灵不断增加，加之佛道两教众多的教派门派，则宫、观、寺、庙、庵、院也呈超量增多的状况，是构成中国寺观园林兴旺发展的主要基础。

综观中国寺观园林建置史，公元二世纪的东汉是本土的道教和移植的佛教的诞生时期。道教与佛教的创始人的原始哲理使其培植的土壤落实于郊野大自然，从而推动中国寺观园林的建置在其萌芽状态即已倾向于自然化。"天人合一"哲学思想基础上孕育的中国寺观园林天人合一、融合自然的规划思想当是这种倾向展开后的必然结果。早在东汉时期，四川青城山天师洞即已开启天人合一的自然景观型寺观园林之门。

两晋南北朝时期，道教的"洞天福地"之说结出实际果实，创造出一大批自然风景型道教宫观园林。几乎与此同时，佛教于东晋太元十一年（公元386年）营建庐山东林寺，开创中国自然人文复合景观型佛寺园林的先例。

唐朝是道教与佛教共同的鼎盛时期，道教宫观参照朝廷的礼制模式，凡被皇帝册封为"帝君"者，其宫观规格按殿庭制配置，产生殿庭景园型道教宫观园林的新形式。唐朝佛教以禅宗创立十方丛林制，使佛教回归释迦牟尼本来宗旨，从而出现江西洪州百丈山丛林模式的自然人文复合型佛寺园林的范例。

自五代十国、北宋、南宋、辽代，至金朝，是又一个多民族皇权纷争的时代，民族间既争斗又融合，道佛两教教事的开展出现新动向。北宋崇道，促成道教宫观的发达。金朝王重阳组织道教新教派——全真教派。全真教派推动中国北方道教的扩展，并在借袭佛教十方丛林制的基础上建立道教的十方丛林制模式。两宋时期佛教内部出现"三学一源"融合论，进而推崇释、道、儒"三教一致"。其时南北政权对峙，"三教一致"的实质是把宗教从政事争斗中解脱出来，虽具功利性，但有利于促进寺观园林的繁荣兴旺。佛教完成"四大名山"（安徽九华山、浙江普陀山、四川峨眉山、山西五台山）与"五山十刹"的宏观布局就是最有力的一笔。明朝是中国寺观园林建置史中最后一次高潮，但因文化信仰下移，地方政府与民间筹建的寺观和寺观园林以小型为多，清朝基本顺延明朝轨迹。

移植的佛教在适应中国社会的过程中屡出改进之思，如以释氏"初转法轮"为基础，以佛家之"悟"为动力，"悟"出"禅农经济"更新思路，不仅经济方面取得实效，精神层面也得到提高。但自宋朝起，在皇帝和朝廷的干涉下，"十方丛林制"大受冲击，寺院式庄园经济产生剥削行为，兴旺的表象下掩盖了内核的变味。

虽然明清两朝时期在道观寺院建设方面没有大张旗鼓的声势，但是于重建重修方面作出大量功绩，特别是园林工程，除去古树名木与结构性树木之外，养护过程中的调整是必不可少的，清朝时期尤其是民间的最大功绩就在于对修缮工程（包括环境维护）的尽力投入，这才使得如此众多的古刹古园得以保存或维持，使今日还能观赏它们的风采。

老子的哲学著作《道德经》是饱含朴素唯物主义的道家文化，是道教教义的核心和主心骨，道教作为道家文化的继承者将之发展成后世的堪舆学（地理学、风水学）、丹道学（药物学）、养生学（中医学、植物与营养学）、生态学等学术，对寻觅和维护中国寺观园林的优质生态环境、丰富寺观园林植物品种、优化寺观园林植物配置等，有直接明显的提升效果，对中华文化作出重大贡献。那里也包含有佛教的成果，并且，佛教的思维意识还影响着中华的文学与艺术，对寺观园林的环境营造也添加了文化内涵。中国佛道两教宗教文化促成创造出富有中国特色的寺观园林营建程序，以及文化学术等人文与科学技术内容，它对现代生态环境和景观园林的规划设计与建设，以及文明旅游等，可产生有益的借鉴作用。

附录

附录 1：三十六小洞天

《天地宫府图》云："太上曰，其次三十六小洞天，在诸名山之中，亦上仙所统治之处也"。

序号	"小洞天"	名	所 在 地
1	霍桐山洞	霍林洞天	福州长溪县（今福建霞浦县）
2	东岳泰山洞	蓬玄洞天（海拔1532m）	兖州乾封县（今山东泰安市）
3	南岳衡山洞	朱陵洞天（海拔1290m）	衡州衡山县（今湖南衡山县）
4	西岳华山洞	总仙洞天（海拔2160m）	华州华阴县（今陕西华阴市）
5	北岳常山洞	总玄洞天（海拔2016m）	恒州曲阳县（今河北曲阳县）
6	中岳嵩山洞	司马洞天（海拔1516m）	河南登封县（今河南登封市）
7	峨眉山洞	虚陵洞天（海拔3099m）	嘉州峨眉县（今四川峨眉山市）
8	庐山洞	洞灵真天（海拔1474m）	江州德安县（今江西九江市）
9	四明山洞	丹山赤水天	越州上虞县（今浙江宁波市）
10	会稽山洞	极玄大元天	越州山阴县（今浙江绍兴市）
11	太白山洞	玄德洞天	京兆府长安县（今陕西周至县）
12	西山洞	天柱宝极玄天	洪州南昌县（今江西南昌市）
13	小沩山洞	好生玄上天	潭州醴陵县（今湖南醴陵市）
14	潜山洞	天柱司玄天	舒州怀宁县（今安徽潜山市）
15	鬼谷山洞	贵玄司真天	信州贵溪县（今江西贵溪市）
16	武夷山洞	真升化玄天（海拔2158m）	建州建阳县（今福建崇安市）
17	玉笥山洞	太玄法乐天	吉州永新县（今江西永新县）
18	华盖山洞	容成大玉天	温州永嘉县（今浙江温州市）

序号	"小洞天"	名	所 在 地
19	盖竹山洞	长耀宝光天	台州黄岩县（今浙江台州市黄岩区）
20	都峤山洞	宝玄洞天	容州普宁县（今广西容县）
21	白石山洞	秀乐长真天	云和州含山县（今安徽含山县）
22	句漏山洞	玉阙宝圭天	容州北流县（今广西北流市）
23	九嶷山洞	朝真太虚天	道州延唐县（今湖南宁远县）
24	洞阳山洞	洞阳隐观天	潭州长沙县（今湖南浏阳市）
25	幕阜山洞	玄真太元天	鄂州唐年县（今湖北嵩阳县）
26	大酉山洞	大酉华妙天	辰州（今湖南沅陵县）西北
27	金庭山洞	金庭崇妙天	越州剡县（今浙江嵊州市）
28	麻姑山洞	丹霞天	抚州南城县（今江西南城县）
29	仙都山洞	仙都祈仙天	处州缙云县（今浙江缙云县）
30	青田山洞	青田大鹤天	处州青田县（今浙江青田县）
31	钟山洞	朱日太生天	润州上元县（今江苏南京市）
32	良常山洞	良常放命天	润州句容县（今江苏句容市）
33	紫盖山洞	紫玄洞照天	荆州当阳县（今湖北当阳市）
34	天目山洞	天盖涤玄天	杭州余杭县（今浙江杭州市）
35	桃源山洞	白马玄光天	玄洲武陵县（今湖南桃源县）
36	金华山洞	金华洞元天	婺州金华县（今浙江金华市）。

附录 2: 七十二福地

《天地宫府图》云:"七十二福地,在大地名山之间,上帝命真人治之,其间多得道之所"(下方括号内为北宋道士李思聪所编《洞渊集》版本)。

序 号	"福 地"名	所 在 地
1	地肺山(即茅山)	江宁府句容县(今江苏句容),昔陶弘景隐居幽栖处
(第一福地地肺山,一名太乙山,在江苏江宁府句容县。汉四皓高士隐此不受高祖召)		
2	盖竹山	台州黄岩县(今浙江黄岩),真人施存治之
(第二福地盖竹山,在浙江台州府临海县。施真人得道处)		
3	仙磕山	温州梁城县(今浙江乐清),真人张董华治之
(第三福地仙岩山,在浙江温州府瑞安县,宋陈傅良读书于此,朱子尝访之)		
4	东仙源	台州黄岩县(今浙江黄岩),地仙刘奉林治之
(第四福地大涤山,在浙江杭州府余杭县。大涤语何法仁曰汝居此可逃世成真)		
5	西仙源	台州黄岩县(今浙江黄岩),地仙张兆期治之
(第五福地仇池山,在甘肃阶州成县。唐罗公远真人修道处)		
6	南田山	东海东(今浙江青田南田),刘真人治之
(第六福地具茨山,在河南许州府临颍县。昔黄帝尝登此山。唐卢照邻隐于此)		
7	玉溜山	东海蓬莱岛上,地仙许迈治之
(第七福地高盖山,在福建福州府侯官县西南刘彝诸贤尝隐于此)		
8	青屿山	东海之西,与扶桑仙境相接,真人刘子光治之
(第八福地青屿山,在山东沂州府东海中。姜一真真君隐于此)		
9	郁木洞	玉笥山(今江西永新境内)南,地仙赤鲁斑主之
(第九福地都水洞,一名玉笥山。在江西吉安府永宁县。南北朝萧子云侍郎栖隐处)		
10	丹霞山	麻姑山(今江西南城境内)西,蔡真人治之
(第十福地丹霞山,在江西建昌府南城县。蔡经真人成道处)		
11	君山	洞庭青草湖(今湖南洞庭湖)中,地仙侯生治之
(第十一福地君山,在湖南岳州府巴陵县西南洞庭湖中。湘君游憩之所)		
12	大若岩	温州永嘉县(今浙江温州),地仙李方回治之
(第十二福地赤水岩,在浙江温州府永嘉县。地仙李方回先师栖隐处)		
13	焦源	建州建阳县(今福建建阳)北,尹真人隐处
(第十三福地姑射山,在山西平阳府临汾县西。庄子所谓藐姑射之山即此)		

序 号	"福 地"名	所 在 地
14	灵墟	台州唐兴县（今浙江天台）北，白云先生隐处
		（第十四福地灵墟山，在安徽太平府当涂县东三十里。白云先生栖隐处）
15	沃州山	越州剡县（今浙江嵊州）南，真人方明治之
		（第十五福地沃州山，与天姥山对峙，在浙江绍兴府新昌县。晋支遁真人放鹤处）
16	天姥岭	越州剡县（今浙江嵊州），真人魏显仁治之
		（第十六福地天姥山，在浙江绍兴府新昌县东。李凝姬修道处）
17	若耶溪	越州会稽县（今浙江绍兴）南，真人山世远治之
		（第十七福地若耶溪，在浙江绍兴府会稽县。越西施采莲于此。南北朝何允栖隐处）
18	金庭山（别名紫微山）	庐州巢县（今安徽巢县），马仙人治之
		（第十八福地金庭山，一名紫微山。在浙江绍兴府嵊县。上有金庭洞，马仙翁栖隐处）
19	清远山	广州清远县（今广东清远），阴真人治之
		（第十九福地峡山，一名中宿峡。在广东广州府清远县。相传黄帝二少子太焕太英隐居于此）
20	安山	交州（今广东）北，安期先生治之
		（第二十福地安山，一名白云山。在广东广州府城东北。汉安期生真人冲举于此）
21	马岭山	郴州（今湖南郴县），真人力牧主之
		（第二十一福地焦源山，在福建建宁府建阳县北真人霍童所居）
22	鹅羊山	潭州（今湖南长沙），娄驾先生隐处
		（第二十二福地鹅羊山，在湖南长沙府长沙县仪封人方回桀溺秦不虚隐于此）
23	洞真墟	潭州长沙县（今湖南长沙），西岳真人韩终治之
		（第二十三福地合皂山，在江西临江府清江县。晋许逊真君栖隐处）
24	青玉坛	南岳祝融峰西，青鸟公治之
		（第二十四福地青玉坛，在湖南衡州府衡山县。乃祝融君游憩之所）
25	光天坛	南岳衡山西源头，凤真人治之
		（第二十五福地马岭山，一名苏仙山。在湖南郴州东北。晋苏耽入山修道，其母窥之见乘白马飘然）
26	洞灵源	南岳衡山招仙观西，邓先生隐处
		（第二十六福地洞灵源，在湖南衡州府衡山县招仙观西。唐李邺侯读书于此）
27	洞宫山	建州关隶镇五岭（今福建政和），黄山公主之
		（第二十七福地洞宫山，在福建建宁府浦城县。晋魏夫人华存以洞宫为栖真之所）
28	陶山	温州安国县（今浙江瑞安），陶弘景曾隐居此处
		（第二十八福地陶公山，在广东琼州府城东南。陶安公真人栖隐处）

序 号	"福 地"名	所 在 地
29	三皇井	温州横阳县（今浙江平阳），真人鲍察治之
	（第二十九福地顶湖山，在广东肇庆府高要县东北四十里。明温倬臣仙人隐此）	
30	烂柯山	衢州信安县（今浙江衢州），王质先生隐处
	（第三十福地浈溪，在广东韶州府乐昌县。有仙人石室高三十余丈）	
31	勒溪	建州建阳东（今福建建阳），孔子遗砚之所
	（第三十一福地泉源洞，在广东惠州府博罗县与铁桥相接。唐轩辕集尝隐于此）	
32	龙虎山	信州贵溪县（今江西贵溪），正一道坛所在
	（第三十二福地龙虎山，山上两石对峙如龙昂虎踞。在江西广信府贵溪县西南。汉张道陵得道于此）	
33	灵山	信州上饶县（今江西上饶），墨真人治之
	（第三十三福地灵山，在江西广信府上饶县西北。北宋辛幼安尝隐于此）	
34	泉源	罗浮山（今广东博罗）中，仙人华子期治之
	（第三十四福地苏门山，在河南卫辉府辉县西北七里。孙登尝隐于此）	
35	金精山	虔州虔化县（今江西宁都），仇季子治之
	（第三十五福地金精山，在江西宁都洲。汉女仙张丽英飞升之所）	
36	阁皂山	吉州新淦县（今江西清江），灵宝派道坛，郭真人治之
	（第三十六福地马当山，在江西九江府彭泽县。晋王勃顺舟而下至洪州作滕王阁序）	
37	始丰山	洪州丰城县（今江西丰城），尹真人治之
	（第三十七福地始丰山，在江西南昌府丰城县。汉吴猛真人成道处）	
38	逍遥山	洪州南昌县（今江西南昌），许逊修道处，徐真人治之
	（第三十八福地逍遥山，在四川成都府简州。隋刘庆善仙人尝游于此）	
39	东白源	洪州新吴县（今江西奉新）东，刘仙人治之
	（第三十九福地砵池山，在江苏淮安府山阳县西北十五里。晋王乔真人成道处）	
40	钵池山	楚州（今江苏淮安），王乔得道处
	（第四十福地鸡笼山，在安徽和州含山县西北三十五里。宋王中正成道之所）	
41	论山	润州丹徒县（今江苏丹徒），终真人治之
	（第四十一福地毛公坛，在江苏苏州府吴县西南洞庭湖中。汉刘根真人得道处）	
42	毛公坛	苏州长洲县（今江苏吴县），庄仙人修道之所
	（第四十二福地绿萝山，在湖南常德府桃源县南十五里。魏伯阳真人栖隐处）	
43	鸡笼山	和州历阳县（今安徽和县），郭真人治之
	（第四十三福地防山，在山东兖州府曲阜县东二十里。先贤颜子有墓于此）	

序 号	"福 地"名	所 在 地
44	桐柏山	唐州桐柏县（今河南桐柏），李仙君治之
（第四十四福地桐柏山，在浙江台州府天台县。桐柏真人张大顺修道于此）		
45	平都山	忠州酆都县（今四川丰都），阴真君上升处
（第四十五福地平都山，在四川忠州酆都县东北。唐举真人得道于此）		
46	绿萝山	朗州武陵县（今湖南桃源）
（第四十六福地金堂山，在四川成都府金堂县东南五十里。唐李八百仙人尝游于此）		
47	虎溪山	江州南彭泽县（今江西彭泽），晋陶渊明隐居处
（第四十七福地虎溪山，在江西九江府德安县。晋慧远送五柳先生于此）		
48	彰龙山	潭州醴陵县（今湖南醴陵）北，臧先生治之
（第四十八福地彰龙山，在湖南长沙府醴陵县。晋司马徽隐居于此）		
49	抱福山	连州连山县（今广东连山），范真人治之
（第四十九福地抱犊山，在山西潞安府壶关县。王烈入山见石室有书归问嵇叔夜处）		
50	大面山	益州成都县（今四川都江堰），仙人柏成子治之
（第五十福地大面山，在四川成都府成都县。汉王褒真人隐于此）		
51	元晨山	江州都昌县（今江西都昌），孙真人、安期生治之
（第五十一福地苏山，一名元辰山。在江西南康府都昌县。西晋苏耽真人得道于此）		
52	马蹄山	饶州鄱阳县（今江西波阳），真人子州治之
（第五十二福地马迹山，在江西饶州府鄱阳县东北。董幼真人栖隐处）		
53	德山	朗州武陵县（今湖南桃源）仙人张巨君治之
（第五十三福地德山，在湖南常德府武陵县。地仙张巨君成道处）		
54	高溪蓝水山	雍州蓝田县（今陕西蓝田），并太上游处
（第五十四福地凉风原，在陕西西安府临潼县距蓝田县五十里）		
55	蓝水	西都蓝田县（今陕西蓝田），地仙张兆其治之
（第五十五福地蓝水山，在陕西西安府蓝田县。仙人张兆期栖隐处）		
56	玉峰	西都京兆县（今陕西西安），仙人柏户治之
（第五十六福地玉峰山，在山西平阳府洪洞县东北。地仙柏户栖隐处）		
57	天柱山	杭州于潜县（今浙江临安），地仙王柏元治之
（第五十七福地天柱山，在浙江杭州府余杭县西南。邵康节先生卜居于此）		
58	商谷山	商州（今陕西商县），四皓仙人隐处
（第五十八福地商山，在陕西商州雒南县南晋台产专天文星算之术尝隐居于此）		
59	张公洞	常州宜兴县（今江苏宜兴），真人康桑治之

序 号	"福 地"名	所 在 地
	（第五十九福地张公洞，在江苏常州府宜兴县。汉张道陵尝修炼于此）	
60	司马悔山	台州天台（今浙江天台），李明仙人治之
	（第六十福地缑氏山，在河南河南府偃师县。王子晋于七月七日升仙于此）	
61	长在山	齐州长山县（今山东邹平）
	（第六十一福地长白山，在山东济南府邹平县南二十里。宋范文正公尝居于此）	
62	中条山	河中府虞乡县（今山西永济）
	（第六十二福地少室山，在河南河南府登封县。唐李渤筑室于此自号少室山人）	
63	棻湖鱼澄洞	古姚州（今云南姚安）
	（第六十三福地中条山，在山西蒲州府永济县。汉张果隐于此尝乘白马日行数万里）	
64	绵竹山	汉州绵竹县（今四川绵竹）
	（第六十四福地绵竹山，在四川绵州绵竹县。唐李淳风真人修道于此）	
65	泸水	西梁州（今雅砻江及与金沙江汇合后一段）
	（第六十五福地武当山，一名太和山又名元狱山。在湖北襄阳府均州。昔真武修炼于此。陈希夷诵经处）	
66	甘山	黔州（今四川彭水、黔江等县邻近贵州处）
	（第六十六福地女凡山，在河南河南府洛阳县。兰香神女上升遗几于此）	
67	王晃山	汉州（今四川广汉）
	（第六十七福地瑰山，在四川成都府汉州。张桓侯成道于此）	
68	金城山	古限戍（今湖南石戍）
	（第六十八福地金城山，在安徽池州府石埭县。石长生真人得道处）	
69	云山	邵州武刚县（今湖南武冈）
	（第六十九福地云山，在湖南宝庆府武冈州。韩终真人修道处）	
70	北邙山	东都洛阳县（今河南洛阳）
	（第七十福地北邙山，在河南河南府洛阳县。邓夸父真人栖隐处）	
71	卢山	福州连江县（今福建连江）
	（第七十一福地卢山，在山东青州府诸城县东南三十里。秦人卢敖隐于此）	
72	东海山	海州（今江苏连云港海州镇）东二十五里，即云台山
	（第七十二福地东崂山，在山东青州府寿光县。孙紫阳真人修道于此）	

注：对比不同版本"福地"名录，显示出唐朝以后随北地道教的推进，南地数省（福建、浙江、安徽、湖南、江西、江苏）的福地名额有所减少，相对北地数省（山东、山西、湖北、河南）的福地名额有所增加，总体分布趋向平衡。

附录 3：宗教圣地与宗教名胜名录

列入中国国家公园和中国国家重点风景名胜区的属宗教性质（俗称宗教圣地）或含宗教内容的风景名胜区（俗称宗教名胜）名录

浙江雁荡山风景名胜区		福建武夷山风景名胜区	
浙江莫干山风景名胜区		福建鼓山风景名胜区	
浙江普陀山风景名胜区		福建玉华洞风景名胜区	
浙江天台山风景名胜区		福建清源山风景名胜区	
浙江雪窦山风景名胜区		福建桃源洞—鳞隐石林风景名胜区	
浙江方山—长屿硐天风景名胜区		福建太姥山风景名胜区	
浙江的天姥山风景名胜区		福建宝山风景名胜区	
浙江大红岩风景名胜区		福建灵通山风景名胜区	
浙江双龙风景名胜区		福建湄洲岛风景名胜区	
浙江江郎山风景名胜区		福建鸳鸯溪风景名胜区	
浙江富春江—新安江风景名胜区		福建金湖风景名胜区	
浙江仙都风景名胜区		福建海坛风景名胜区	
浙江方岩风景名胜区			
浙江仙华山风景名胜区			
浙江大盘山风景名胜区	15		12
安徽天柱山风景名胜区		四川峨眉山风景名胜区	
安徽黄山风景名胜区		四川青城山—都江堰风景名胜区	
安徽九华山风景名胜区		四川黄龙寺—九寨沟风景名胜区	
安徽齐云山风景名胜区		四川四面山风景名胜区	
安徽琅琊山风景名胜区			
安徽巢湖风景名胜区			
安徽太极洞风景名胜区			
安徽齐山—平天湖风景名胜区	8		4
陕西华山风景名胜区		辽宁千山风景名胜区	
陕西天台山风景名胜区		辽宁凤凰山风景名胜区	
陕西黄帝陵风景名胜区	3	辽宁医巫闾山风景名胜区	3
广东罗浮山风景名胜区		甘肃麦积山风景名胜区	
广东星湖风景名胜区		甘肃崆峒山风景名胜区	
广东西樵山风景名胜区		甘肃鸣沙山—月牙泉风景名胜区	
广东惠州西湖风景名胜区	4		3
云南滇池风景名胜区		天津盘山风景名胜区	
云南大理风景名胜区			
云南建水风景名胜区	3		1

江苏钟山风景名胜区 江苏瘦西湖风景名胜区 江苏云台山风景名胜区 江苏太湖风景名胜区 江苏三山风景名胜区	5	山东泰山风景名胜区 山东崂山风景名胜区 山东青州风景名胜区 山东博山风景名胜区 山东胶东半岛海滨风景名胜区 山东千佛山风景名胜区	6
江西龙虎山风景名胜区 江西三清山风景名胜区 江西庐山风景名胜区 江西武功山风景名胜区 江西云居山—柘林湖风景名胜区 江西灵山风景名胜区 江西小武当山风景名胜区 江西杨岐山风景名胜区	8	河南王屋山—云台山风景名胜区 河南嵩山风景名胜区 河南龙门山风景名胜区 河南神农山风景名胜区 河南鸡公山风景名胜区 河南桐柏山—淮源风景名胜区 河南石人山风景名胜区 河南安阳林虑山风景名胜区	8
河北承德避暑山庄—外八庙风景名胜区 河北西柏坡—天桂山风景名胜区 河北响堂山风景名胜区、 河北娲皇宫风景名胜区 河北苍岩山风景名胜区 河北嶂石岩风景名胜区	6	湖北武当山风景名胜区 湖北九宫山风景名胜区 湖北隆中风景名胜区 湖北九宫山风景名胜区 湖北大洪山风景名胜区 湖北陆水风景名胜区	6
湖南岳麓山风景名胜区 湖南衡山风景名胜区 湖南苏仙岭－万华岩风景名胜区 湖南东江湖风景名胜区 湖南凤凰风景名胜区 湖南沩山风景名胜区 湖南炎帝陵风景名胜区 湖南白水洞风景名胜区 湖南韶山风景名胜区 湖南九嶷山—舜帝陵风景名胜区	10	山西五台山风景名胜区 山西恒山风景名胜区 山西北武当山风景名胜区 山西碛口风景名胜区 山西五老峰风景名胜区 山西绵山风景名胜区	6
宁夏须弥山石窟风景名胜区	1	贵州龙宫风景名胜区	1
吉林仙景台风景名胜区	1	广西西山风景名胜区	1
重庆缙云山风景名胜区	1		
		合计 116	

附录 4: 图片目录

第四章

第五章

注①：乐卫忠拍摄、积存资料、绘制、再制。

注②：CNA 中国区 CEO 朱轶俊拍摄、积存资料。

注③：上海市园林设计院盛传龙拍摄。

注④：王明球提供资料。

注⑤：乐毅源拍摄。

注⑥：褚世秀拍摄、提供资料。

注⑦：元素源于网络效果，并加以强化。

注⑧：风景美术照采集。

注⑨：旅游宣传资料采集。

参考文献

（1）辞海·宗教分册 [M]. 上海：上海人民出版社，1977.

（2）《中国名胜词典 [M]. 上海：上海辞书出版社，1986.

（3）南怀瑾 . 易经杂说 [M]. 上海：复旦大学出版社，2000.

（4）李薇 主编 . 道德经 [M]. 延边：延边人民出版社，2006.

（5）《中国道教·基础知识》北京·宗教文化出版社，2006.

（6）许地山 . 道教史 [M]. 上海：上海古籍出版社，1999.

（7）钟肇鹏 . 道教小辞典 [M]. 上海：上海辞书出版社，2010.

（8）季羡林 主编 . 中国禅寺 [M]. 北京：中国言实出版社，2005.

（9）蒋维乔 . 中国佛教史 [M]. 上海：上海古籍出版社，2004.

后记一

1982 年我写的一篇文稿"略论中国寺观园林",刊载于《建筑师》杂志 1982 年第 10 期。此文后被转载于《中国园林艺术概论》一书。1984 年我接到南京林业大学陈植老教授的一封信,他激励我继续完善中国寺观园林的专研与写作。1984 年冬,我被上海市园林管理局任命为上海市园林设计院的行政管理职务。上海市园林设计院新建立,事务繁多,缺乏时间与精力投入继续写作事宜,但我并未放弃完善中国寺观园林这项专题的意愿。

园林规划设计与园林史研究历来在建筑界与园艺界两条学术战线上共同推进。在教育体系,工科建筑系下面和农科林业系下面设置园林专业都开始于 20 世纪 50 年代中晚期,之后发展各自的专业特色。"文革"以后成立的中国风景园林学会,最先是中国建筑学会下面的二级学会,随着风景园林业的发展,之后独立出来,升格为一级学会。早年,南京工学院建筑系刘敦桢教授、童寯教授,以及清华大学建筑系吴良镛教授,不仅研究和教学建筑学,并且都是研究中国园林史、世界园林史与园林建筑设计技术的前辈,他们都有开创性的学术著作。还有上海同济大学建筑系的冯纪忠教授和陈从周教授也是建筑学兼造园学的著名专家学者。1953 年,上海同济大学建筑系第一次分配 8 名本科毕业生为副博士研究生去清华大学与哈尔滨工业大学深造,我有幸与另外 5 名同学了哈尔滨工业大学。一年的副博士研究生预科毕业后,因苏联专家的撤换,研究生进行调动。1954 年底,我与另外 3 位同学成为刘敦桢教授的研究生,研究生毕业后留南京工学院任教。南京工学院建筑系为杨廷宝、刘敦桢与童寯三位教授筹建建筑研究室,我作为刘敦桢教授的研究室助手,参与了筹建工作,除教学任务外,从事建筑史与园林史的探研与实践。

1955 年夏秋,刘敦桢教授组织了一次古建筑、古园林考察,几乎跑遍北方多数重要的宗教圣地、古建筑、古园林与古迹。通过对嵩山(少林寺、嵩岳寺、中岳庙等)、五台山(南禅寺、佛光寺等)、山西大同(华严寺等)、云冈石窟、龙门石窟、洛阳白马寺、太原晋祠、赵州石桥、应县木塔、西安郊外汉唐古迹、承德避暑山庄与八大庙,以及北京故宫、十三陵、颐和园等古建筑、古园林的实地考察,我对中国传统文化的博大精深有了深切的认知。20 世纪 50 年代,佛寺道观尚处于休眠状态,没有人从事活动,保持着原质的环境,最触动我的是那保护良好的中国古代佛寺道观的生态环境与传神意境。五台山佛光寺与嵩山少林寺初祖庵给我印象特别深刻,其原生态般的自然环境与古拙无华的唐朝佛光寺古殿、宋朝初祖庵古殿显现出远离尘寰的静谧之境与大自然和谐之美。如此种种,给我植下探研中国寺观园林这项专题的种子。

研究生毕业后,我立即参加刘敦桢教授的《苏州古典园林》写作团队。"文革"结束后,高校恢复招生,我又参加了《中国建筑史》高等学校教科书的编著,于是又考察南北诸地不少宗教圣地、古建筑、古园林,以及中国古文物展。我在长期工作中发现,社会上较少有专题文章涉及中国寺观园林。1977 年于考察四川省峨眉山途中,哈尔滨工业大学的侯幼斌先生(《中国建筑史》编著者之一）与我同感这种缺憾，有意要为充实这个专题提供微薄之力。在准备资料期间，我有幸调去上海市园林管理局，从一名教育工作者转为从事园林与建筑的规划设计工作者。

从 20 世纪 80 年代开始，风景园林界逐渐盛行有关"生态园林"，或者名之"园林生态化"或"景观生态"的学术研究风气。21 世纪是生态环境的世纪，中国正值推进生态文明建设时期。上海市园林管理局老局长程绪珂教授是这方面重要的专家之一。生态意义的全覆盖包括自然生态、社会生态与经济生态三个领域，各生态领域各具实质内涵与基本指标，任何领域都必须对生态文明、生态环境的保护与建设持之以恒。

2000 年我退休后，去美国的女儿家小住。经过游览、探研、写作，出版了《美国国家公园巡礼》一书。在此过程中，充分认识到美国真实意义的自然属性的"生态园林"实际存在于原生态的美国国家公园中。中国自然属性的"生态园林"则实际存在于中国国家自然保护区与许多原生态的国家风景名胜区，特别是宗教性国家风景名胜区（自 2007 年起，中国国家重点风景名胜区改名为中国国家公园）之中。故而，遵循天人合一、融合自然思想进行规划与建设的中国寺观园林这种事实与历史的经验实应广泛推荐，可以给城镇建设"生态园林"作参考。并且，设计手法的应用也不存在时代的阻隔，风景区和现代公园设计与建设中运用的传统造园理念与手法很多可以从中国寺观园林的发展史中找到源头。所以，对于中国寺观园林的考察与探研便增加了必要性。把中国寺观园林发展的历史与设计经验作一些整理，将之呈现出来，是撰写本书的目的。不过，中国寺观园林宏大之极，本书也只分析和整理其典型的和主要的，实不能以一概全，企盼同业者加注补剂。

我已八十有六，步入老迈之列，且体力衰弱，难以再次去直接体验所喜爱的魅力恒久不衰的许多宗教圣地，以及去取得大量最贴近现状的资料。有幸获得思纳史密斯（集团）中国区朱轶俊执行总裁的合作，他探研佛学文化，参与第三篇的撰写工作，并提供了精美的宗教圣地图片。还得到上海市园林设计院朱祥明院长的支持，以及盛传龙摄影师协助部分图片的拍摄工作。于补充图片资料阶段又得到老同学——上海市地震局老局长王明球教授和家属乐毅源等提供原始图片，及褚世秀助理的摄影。因有诸位多方面的支持和协助，方能完成本书全部的撰写与出版工作，在此致以衷心感谢！中国建筑工业出版社编审吴宇江先生为本书的出版给予的关心与帮助，在此一并致谢！

习近平主席于 2018 年 5 月 18 日指出，生态文明建设"秉承了天人合一、顺应自然的中华优秀传统文化理念"，"我们应该遵循天人合一、道法自然的理念，寻求永续发展之路。"

正当本书即将出版之际，得到习总书记如此精辟概括与指引，极为振奋，期望这本书的出版能对建筑学、城乡规划学、风景园林学行业起到微薄参考作用！

乐卫忠

2017 年 10 月初稿，

2018 年 8 月定稿于上海

后记二

  我们必须要致谢书中所记录的所有寺院道观园林景观的设计规划者和建造者，同时也向给予天长日久维护的工作者致敬，没有他们就没有我们今天还能够看到的一张张精彩的画面。

  两千年来，中国古代的园林景观尤以皇家庭院和寺院道观为最佳，而其中寺院道观园林造景在选址策划和规划中显现出来的对自然各脉的总体把控和对水、山、筑、植等手法的运营，结合其飘逸出尘的韵味与不拘一格的布局，更是蕴含着对自然和生命的哲理，这是我们现代景观设计中很难体会到的，而这种通过大景观营造寄情于山水进行的大场景全过程情绪控制，更是现在进行"公园城市"策划规划中首先需要进行参考的方式。

  一方净土，山水相间，或曲径通幽，或亭阁林立，我们在其中感受到的不是哪位设计师创造的一个新景观标志，而是通过对天时、地利、人和的融入创造和提升的整体画面感，"疏影横斜水清浅""庭院深深深几许""山重水复疑无路"所体现造景之轻盈，之悠然，之含蓄，这就是我所崇拜的古人智慧。

朱轶俊

2020 年 5 月 10 日